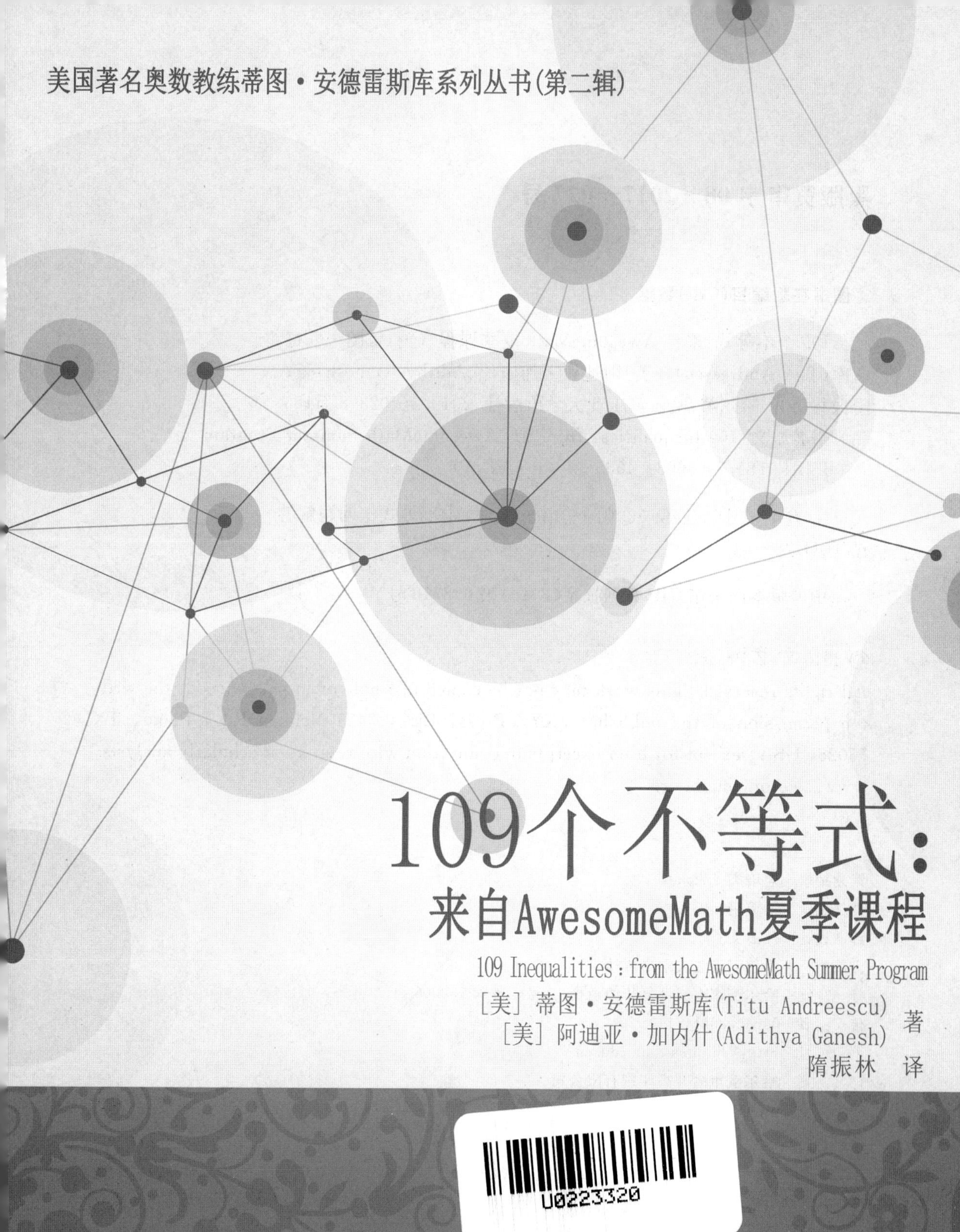

美国著名奥数教练蒂图·安德雷斯库系列丛书(第二辑)

109个不等式：来自AwesomeMath夏季课程

109 Inequalities: from the AwesomeMath Summer Program

[美] 蒂图·安德雷斯库(Titu Andreescu)
[美] 阿迪亚·加内什(Adithya Ganesh) 著
隋振林 译

哈爾濱工業大學出版社
HARBIN INSTITUTE OF TECHNOLOGY PRESS

黑版贸审字 08－2017－027 号

图书在版编目(CIP)数据

109 个不等式:来自 AwesomeMath 夏季课程/(美)蒂图・安德雷斯库(Titu Andreescu),(美)阿迪亚・加内什(Adithya Ganesh)著;隋振林译.—哈尔滨:哈尔滨工业大学出版社,2019.4(2023.8 重印)

书名原文:109 Inequalities: from the AwesomeMath Summer Program

ISBN 978-7-5603-4065-4

Ⅰ.①1… Ⅱ.①蒂…②阿…③隋… Ⅲ.①不等式－问题解答 Ⅳ.①O178－44

中国版本图书馆 CIP 数据核字(2019)第 038710 号

策划编辑　刘培杰　张永芹
责任编辑　王勇钢
封面设计　孙茵艾
出版发行　哈尔滨工业大学出版社
社　　址　哈尔滨市南岗区复华四道街 10 号　邮编 150006
传　　真　0451-86414749
网　　址　http://hitpress.hit.edu.cn
印　　刷　哈尔滨市颉升高印刷有限公司
开　　本　787mm×1092mm　1/16　印张 12.25　字数 253 千字
版　　次　2019 年 4 月第 1 版　2023 年 8 月第 4 次印刷
书　　号　ISBN 978-7-5603-4065-4
定　　价　58.00 元

(如因印装质量问题影响阅读,我社负责调换)

美国著名奥数教练蒂图·安德雷斯库

前言

本书给出了证明代数不等式的重要理论和方法. 为了开阔读者的数学视野,我们提供了来自世界各地的数学期刊和数学竞赛中的问题.

本书是按章节的结构编排的,其内容涵盖了简单的不等式、AM-GM不等式和Cauchy-Schwarz不等式、关于和的Hölder不等式、Nesbitt不等式以及重排和Chebyshev不等式. 上述不等式的知识并不是充分的——如何有效地应用这些不等式非常重要. 在阐述上,我们首先陈述并证明了相关主题的几个定理和推论以及所涉及的方法,然后提供了大量的例子来说明如何有效地使用这些定理并讨论了若干引理. 最后,在相应的章节我们提供了109个问题(其中入门问题54个,高级问题55个),所有这些问题都提供了完整的解答,许多问题我们还提供了多种解答以及这些解答背后的动机. 笔者相信,通过这109个问题的学习可以使读者在解题实践中掌握必要的技巧.

不等式是解决奥林匹克数学问题的重要课题,为了学生在国内和国际比赛中取得好成绩,这109个不等式可以作为一个有益的学习资源. 不等式也有很大的理论趣味,并为高级的主题,如分析、概率和测量理论铺平了道路. 最重要的是,我们希望读者在证明有趣的代数不等式的过程中找到灵感.

我们要真诚地感谢Dr. Richard Stong, Dr. Gabriel Dospinescu, Mr. Marius Stanean和Mr. Tran Nam Dung,他们帮助改善了原稿的草稿,发现了几处错误,并精炼了许多解答.

让我们一同分享这些问题及其解答吧!

Titu Andreescu, Adithya Ganesh

2015年1月

目　录

1 简　　介

从一个非常简单的不等式:$x^2 \geqslant 0$开始我们的学习.这个不等式对所有的实数x都成立,看上去似乎很明显,但是大量(技术上的,全部)其他的不等式都是基于这个不等式派生出来的.当我们尝试证明一个表达式是非负的时候,我们常常设法把这个表达式写成其他表达式的平方形式或者若干个表达式的平方和形式.借助于某些例子我们来说明一下,在解题实践中这个事情是如何实施的.

例 1.1　设a,b,c是实数,证明

$$a^2+b^2+c^2 \geqslant ab+bc+ca$$

证明　不等式显然等价于

$$\frac{1}{2}[(a-b)^2+(b-c)^2+(c-a)^2] \geqslant 0$$

这是一个基本的重要的不等式,自始至终贯穿于本书,其等价形式

$$(a+b+c)^2 \geqslant 3(ab+bc+ca)$$

也经常使用.当且仅当$a=b=c$时等式成立.

例 1.2　设a,b,c是正实数,证明

$$\max\left\{\frac{1}{a}+\frac{b}{4},\frac{1}{b}+\frac{c}{4},\frac{1}{c}+\frac{a}{4}\right\} \geqslant 1$$

证明　注意到,对所有的正实数x,我们有$\frac{1}{x}+\frac{x}{4} \geqslant 1$,因为这可以简化为明显的形式$(x-2)^2 \geqslant 0$.因此

$$\begin{aligned}&\left(\frac{1}{a}+\frac{b}{4}\right)+\left(\frac{1}{b}+\frac{c}{4}\right)+\left(\frac{1}{c}+\frac{a}{4}\right)\\=&\left(\frac{1}{a}+\frac{a}{4}\right)+\left(\frac{1}{b}+\frac{b}{4}\right)+\left(\frac{1}{c}+\frac{c}{4}\right)\\\geqslant&1+1+1=3\end{aligned}$$

这就是我们所希望的结果.当且仅当$a=b=c=2$时等号成立.

例 1.3　设a和b是正实数,证明

$$\frac{8}{a+b}-\frac{9}{a+b+ab} \leqslant 1$$

证明　设$s=a+b,p=ab$.可见,$s^2 \geqslant 4p$,因为这可以简化为$(a-b)^2 \geqslant 0$.经过某

些代数计算之后,不等式简化为

$$8p \leqslant s^2 + s(p+1)$$

注意到,$p+1 \geqslant 2\sqrt{p}$,因为这可以写成$(\sqrt{p}-1)^2 \geqslant 0$. 所要证明的不等式可由 $s^2 \geqslant 4p$ 和 $s(p+1) \geqslant (2\sqrt{p})(2\sqrt{p}) = 4p$ 得到.

例 1.4 设 a,b,c 是不同的实数,证明

$$\frac{a^2}{(b-c)^2} + \frac{b^2}{(c-a)^2} + \frac{c^2}{(a-b)^2} \geqslant 2$$

证明 注意到

$$\begin{aligned}
&\frac{bc}{(a-b)(a-c)} + \frac{ca}{(b-c)(b-a)} + \frac{ab}{(c-a)(c-b)} \\
&= \frac{bc(b-c)}{(a-b)(b-c)(a-c)} + \frac{ca(c-a)}{(a-b)(b-c)(a-c)} + \frac{ab(a-b)}{(a-b)(b-c)(a-c)} \\
&= \frac{(a-b)(b-c)(a-c)}{(a-b)(b-c)(a-c)} = 1
\end{aligned}$$

所以

$$\begin{aligned}
&\frac{a^2}{(b-c)^2} + \frac{b^2}{(c-a)^2} + \frac{c^2}{(a-b)^2} \\
&= \left(\frac{a}{b-c} + \frac{b}{c-a} + \frac{c}{a-b}\right)^2 + \frac{2bc}{(a-b)(a-c)} + \frac{2ca}{(b-c)(b-a)} + \frac{2ab}{(c-a)(c-b)} \\
&= \left(\frac{a}{b-c} + \frac{b}{c-a} + \frac{c}{a-b}\right)^2 + 2 \geqslant 2
\end{aligned}$$

当且仅当$\frac{a}{b-c} + \frac{b}{c-a} + \frac{c}{a-b} = 0$ 时等号成立.

例 1.5(Roberto Bosch Cabrera, Mathematical Reflections) 设 a,b,c 是不同的实数,证明

$$\left(\frac{a}{a-b}+1\right)^2 + \left(\frac{b}{b-c}+1\right)^2 + \left(\frac{c}{c-a}+1\right)^2 \geqslant 5$$

证明 由前一个例子中的等式

$$\begin{aligned}
\sum_{\text{cyc}} \frac{a}{a-b}\left(1 - \frac{b}{b-c}\right) &= -\sum_{\text{cyc}} \frac{ca}{(a-b)(b-c)} \\
&= -\sum_{\text{cyc}} \frac{ab(a-b)}{(a-b)(b-c)(c-a)} = 1
\end{aligned}$$

这就意味着

$$\sum_{\text{cyc}} \frac{a}{a-b} = 1 + \sum_{\text{cyc}} \left(\frac{a}{a-b} \cdot \frac{b}{b-c}\right)$$

利用这个恒等式来化简所证不等式的左边

$$\begin{aligned}\sum_{\text{cyc}}\left(\frac{a}{a-b}+1\right)^2&=3+\sum_{\text{cyc}}\left(\frac{a}{a-b}\right)^2+2\sum_{\text{cyc}}\frac{a}{a-b}\\&=3+\sum_{\text{cyc}}\left(\frac{a}{a-b}\right)^2+2\left[1+\sum_{\text{cyc}}\frac{a}{a-b}\cdot\frac{b}{b-c}\right]\\&=5+\left(\sum_{\text{cyc}}\frac{a}{a-b}\right)^2\geqslant 5\end{aligned}$$

证毕.

例 1.6(Titu Andreescu)　设 a,b,c 是正实数,证明下列不等式

$$\frac{3}{a}\geqslant 2-b$$

$$\frac{2}{b}\geqslant 4-c$$

$$\frac{6}{c}\geqslant 6-a$$

至少有一个是成立的.

证明　若不然,即

$$a(2-b)>3,b(4-c)>2,c(6-a)>6$$

则

$$6-a>0,2-b>0,4-c>0$$

且

$$abc(2-b)(4-c)(6-a)>36$$

但

$$0<a(6-a)\leqslant 9,0<b(2-b)\leqslant 1$$

且

$$0<c(4-c)\leqslant 4$$

因为这些不等式显然可以简化为

$$(a-3)^2\geqslant 0,(b-1)^2\geqslant 0,\ (c-2)^2\geqslant 0$$

因此

$$abc(2-b)(4-c)(6-a)\leqslant 36$$

这是一个矛盾.所以,结论是成立的.

例 1.7(Vasile Cîrtoaje, Mircea Lascu, Romania Junior TST 2003)　设 a,b,c 是正实数且满足 $abc=1$,证明

$$1+\frac{3}{a+b+c}\geqslant\frac{6}{ab+bc+ca}$$

证明 设 $x=\frac{1}{a}, y=\frac{1}{b}, z=\frac{1}{c}$. 可见 $xyz=1$. 所证不等式等价于

$$1+\frac{3}{xy+yz+zx}\geqslant\frac{6}{x+y+z}$$

由例1.1,我们有 $(x+y+z)^2\geqslant 3(xy+yz+zx)$,因此

$$1+\frac{3}{xy+yz+zx}\geqslant 1+\frac{9}{(x+y+z)^2}$$

最后,由不等式 $\left(1-\frac{3}{x+y+z}\right)^2\geqslant 0$,可得

$$1+\frac{9}{(x+y+z)^2}\geqslant\frac{6}{x+y+z}$$

这样,我们就证明了原不等式. 当且仅当 $x=y=z=1$,即 $a=b=c=1$ 时等号成立.

例1.8(Czech and Slovak Republics 2005) 设 a,b,c 是正实数且满足 $abc=1$,证明

$$\frac{a}{(a+1)(b+1)}+\frac{b}{(b+1)(c+1)}+\frac{c}{(c+1)(a+1)}\geqslant\frac{3}{4}$$

证明 去分母之后,我们得到等价的不等式

$$ab+ac+bc+a+b+c\geqslant 3(abc+1)$$

即

$$ab+ac+bc+a+b+c\geqslant 6$$

这可由下列方式得到

$$\begin{aligned}ab+ac+bc+a+b+c-6&=\frac{1}{c}+\frac{1}{b}+\frac{1}{a}+a+b+c-6\\&=\left(\frac{1}{\sqrt{a}}-\sqrt{a}\right)^2+\left(\frac{1}{\sqrt{b}}-\sqrt{b}\right)^2+\left(\frac{1}{\sqrt{c}}-\sqrt{c}\right)^2\geqslant 0\end{aligned}$$

当且仅当 $a=b=c=1$ 时,等号成立.

例1.9(Dorin Andrica, Mathematical Reflections) 设 x,y,z 是正实数且满足 $x+y+z=1$. 求下列表达式的最大值

$$E(x,y,z)=\frac{xy}{x+y}+\frac{yz}{y+z}+\frac{zx}{z+x}$$

解 注意到 $\frac{(x+y)^2}{4}\geqslant xy$,因为这可以简化为 $(x-y)^2\geqslant 0$,所以

$$\begin{aligned}E(x,y,z)&\leqslant\frac{\frac{(x+y)^2}{4}}{x+y}+\frac{\frac{(y+z)^2}{4}}{y+z}+\frac{\frac{(z+x)^2}{4}}{z+x}\\&=\frac{x+y}{4}+\frac{y+z}{4}+\frac{z+x}{4}\end{aligned}$$

$$=\frac{x+y+z}{2}=\frac{1}{2}$$

所以，$E(x,y,z)$ 的最大值是$\frac{1}{2}$. 当且仅当 $x=y=z=\frac{1}{3}$ 时，等号成立.

例 1.10(Titu Andreescu, Mathematical Reflections) 设 a 和 b 是正实数且满足

$$|a-2b|\leqslant\frac{1}{\sqrt{a}} \text{ 和 } |2a-b|\leqslant\frac{1}{\sqrt{b}}$$

证明

$$a+b\leqslant 2$$

证明 首先，所给的不等式两边平方，得到

$$a^2-4ab+4b^2\leqslant\frac{1}{a} \text{ 和 } 4a^2-4ab+b^2\leqslant\frac{1}{b}$$

由此可见

$$a^3-4a^2b+4ab^2\leqslant 1 \text{ 和 } 4a^2b-4ab^2+b^3\leqslant 1$$

两个不等式相加，我们得到

$$a^3+b^3\leqslant 2$$

为了推出结论，注意到

$$2\geqslant a^3+b^3=(a+b)(a^2-ab+b^2)\geqslant(a+b)\frac{(a+b)^2}{4}$$

即$(a+b)^3\leqslant 8$，这就得到了我们所要的结果. 当且仅当 $a=b=1$ 时等号成立.

例 1.11(Titu Andreescu) 设 a 是一正实数，证明

$$a+\frac{1}{a^2}+\frac{1}{4a^3}\geqslant 2$$

证明 去分母，不等式变成

$$4a^4-8a^3+4a+1\geqslant 0$$

或者，等价于

$$4a^4-8a^3+4a\geqslant -1$$

左边的表达式很容易写成乘积形式，即

$$a(4a^3-8a^2+4)\geqslant -1$$

由于，当 $a=1$ 时，左边表达式变成 0，所以 $a-1$ 必定整除 $4a^3-8a^2+4$. 实际上，因式分解之后，不等式可以简化为

$$4a(a-1)(a^2-a-1)=(2a^2-2a)(2a^2-2a-2)\geqslant -1$$

应用平方差公式，这等价于

$$(2a^2-2a)(2a^2-2a-2)+1=(2a^2-2a-1)^2-1^2+1=(2a^2-2a-1)^2\geqslant 0$$

这显然是成立的,当且仅当 $a=\frac{1+\sqrt{3}}{2}$(因为 $a>0$)时等号成立.

例 1.12 设 a 和 b 是正实数且满足 $a+b=1$,证明

$$2<\left(a-\frac{1}{a}\right)\left(b-\frac{1}{b}\right)\leqslant\frac{9}{4}$$

和

$$3<\left(a^2-\frac{1}{a}\right)\left(b^2-\frac{1}{b}\right)\leqslant\frac{49}{16}$$

证明 第一个不等式等价于

$$2<\frac{(a-1)(a+1)(b-1)(b+1)}{ab}\leqslant\frac{9}{4}$$

这简化为

$$2<(a+1)(b+1)\leqslant\frac{9}{4}$$

不等式的左边部分变成 $0<ab$,右边部分简化为 $ab\leqslant\frac{1}{4}$,这可由 $0\leqslant(a-b)^2$ 得到 $ab\leqslant\frac{(a+b)^2}{4}$ 而得证.

对于第二个不等式,注意到

$$\begin{aligned}\left(a^2-\frac{1}{a}\right)\left(b^2-\frac{1}{b}\right)&=\frac{(a-1)(a^2+a+1)(b-1)(b^2+b+1)}{ab}\\&=(a^2+a+1)(b^2+b+1)=a^2b^2+3\end{aligned}$$

其中,我们利用了条件 $a+b=1$. 所以,很明显

$$3<a^2b^2+3\leqslant\frac{49}{16}$$

由于这不等式的右边可以简化为同样的 $ab\leqslant\frac{1}{4}$,这个早些时候已证. 当且仅当 $a=b=\frac{1}{2}$ 时,在两个上边界等号成立.

例 1.13 设 a,b,c 是正实数且满足 $a+b+c=1$,证明

$$\frac{a^3}{a^2+b^2}+\frac{b^3}{b^2+c^2}+\frac{c^3}{c^2+a^2}\geqslant\frac{1}{2}$$

证明 由很显然的不等式 $(a-b)^2\geqslant 0$,可以得到

$$\frac{ab}{a^2+b^2}\leqslant\frac{1}{2}$$

所以

$$\frac{a^3}{a^2+b^2}=a-b\cdot\frac{ab}{a^2+b^2}\geqslant a-\frac{b}{2}$$

类似的方法可以得到

$$\frac{b^3}{b^2+c^2}\geqslant b-\frac{c}{2}$$

$$\frac{c^3}{c^2+a^2}\geqslant c-\frac{a}{2}$$

上述结果相加并利用给定的条件 $a+b+c=1$，我们得到

$$\frac{a^3}{a^2+b^2}+\frac{b^3}{b^2+c^2}+\frac{c^3}{c^2+a^2}\geqslant a+b+c-\frac{a+b+c}{2}=\frac{1}{2}$$

不等式得证. 当且仅当 $a=b=c=\frac{1}{3}$ 时等号成立.

例 1.14　设 a,b,c 是正实数且满足 $abc=1$，证明

$$\frac{1}{a^2+a+1}+\frac{1}{b^2+b+1}+\frac{1}{c^2+c+1}\geqslant 1$$

证明　采取“暴力”的手段，不等式的两边同时乘以

$$(a^2+a+1)(b^2+b+1)(c^2+c+1)$$

除去分母，这样不等式等价于

$$\sum_{\text{cyc}}(a^2+a+1)(b^2+b+1)\geqslant(a^2+a+1)(b^2+b+1)(c^2+c+1)$$

简单的计算之后，不等式简化为我们熟悉的例 1.1

$$a^2+b^2+c^2\geqslant ab+bc+ca$$

例 1.15　设 x 和 y 是区间 $(0,1)$ 内的正实数，证明

$$\frac{2}{1-xy}\leqslant\frac{1}{1-x^2}+\frac{1}{1-y^2}$$

证明　这个不等式可以改写成

$$0\leqslant\frac{1}{1-x^2}-\frac{1}{1-xy}+\frac{1}{1-y^2}-\frac{1}{1-xy}$$

这等价于

$$0\leqslant\frac{x(x-y)}{(1-x^2)(1-xy)}-\frac{y(x-y)}{(1-y^2)(1-xy)}$$

这最后的不等式可以简化为

$$0\leqslant\frac{(x-y)^2(1+xy)}{(1-x^2)(1-y^2)(1-xy)}$$

这显然成立.

例 1.16　设 a,b,c 是小于 1 的正实数，证明

$$\frac{1}{1-\sqrt{ab}}+\frac{1}{1-\sqrt{bc}}+\frac{1}{1-\sqrt{ca}}\leqslant\frac{1}{1-a}+\frac{1}{1-b}+\frac{1}{1-c}$$

证明 应用前一个例子的结果,我们有

$$\frac{2}{1-\sqrt{ab}}\leqslant\frac{1}{1-a}+\frac{1}{1-b}$$

以及其他两个相对应的不等式

$$\frac{2}{1-\sqrt{bc}}\leqslant\frac{1}{1-b}+\frac{1}{1-c}$$

$$\frac{2}{1-\sqrt{ca}}\leqslant\frac{1}{1-c}+\frac{1}{1-a}$$

这3个不等式相加即得所证不等式.

例 1.17 设 a,b,c 是非负实数,其中没有两个同时为0,证明

$$\frac{a^2(b+c)}{b^2+c^2}+\frac{b^2(c+a)}{c^2+a^2}+\frac{c^2(a+b)}{a^2+b^2}\geqslant a+b+c$$

证明 注意到

$$\begin{aligned}\sum_{\text{cyc}}\left(\frac{a^2(b+c)}{b^2+c^2}-a\right)&=\sum_{\text{cyc}}\frac{ab(a-b)+ac(a-c)}{b^2+c^2}\\&=\sum_{\text{cyc}}\frac{ab(a-b)}{b^2+c^2}+\sum_{\text{cyc}}\frac{ba(b-a)}{c^2+a^2}\\&=\sum_{\text{cyc}}\frac{ab(a-b)(c^2+a^2-b^2-c^2)}{(b^2+c^2)(c^2+a^2)}\\&=\sum_{\text{cyc}}\frac{ab(a+b)(a-b)^2}{(b^2+c^2)(c^2+a^2)}\geqslant 0\end{aligned}$$

当 $a=b=c$,以及 $a=0,b=c$,或 $b=0,c=a$,或 $c=0,a=b$ 时等号成立.

例 1.18 设 a,b,c 是非负实数,证明

$$(a^2+ab+b^2)(b^2+bc+c^2)(c^2+ca+a^2)\geqslant(ab+bc+ca)^3$$

证明 注意到

$$4(a^2+ab+b^2)-3(a+b)^2=(a-b)^2\geqslant 0$$

不等式 $4(a^2+ab+b^2)\geqslant 3(a+b)^2$ 与其轮换不等式相乘,我们得到

$$64(a^2+ab+b^2)(b^2+bc+c^2)(c^2+ca+a^2)\geqslant 27(a+b)^2(b+c)^2(c+a)^2$$

为证明原不等式,余下的需要证明

$$27(a+b)^2(b+c)^2(c+a)^2\geqslant 64(ab+bc+ca)^3$$

但由不等式 $(a+b+c)^2\geqslant 3(ab+bc+ca)$ 可知,我们只须证明

$$81(a+b)^2(b+c)^2(c+a)^2\geqslant 64(a+b+c)^2(ab+bc+ca)^2$$

这个不等式等价于

$$9(a+b)(b+c)(c+a)\geqslant 8(a+b+c)(ab+bc+ca)$$

这可以简化为

$$a(b-c)^2+b(c-a)^2+c(a-b)^2\geqslant 0$$

当且仅当 $a=b=c=1$ 或当变量中有两个为 0 时等号成立.

例 1.19　设 x 和 y 是非负实数,证明

$$\frac{1}{(1+x)^2}+\frac{1}{(1+y)^2}\geqslant\frac{1}{1+xy}$$

证明　注意到

$$\frac{1}{(1+x)^2}+\frac{1}{(1+y)^2}-\frac{1}{1+xy}=\frac{xy(x^2+y^2)-x^2y^2-2xy+1}{(1+x)^2(1+y)^2(1+xy)}$$

$$=\frac{xy(x-y)^2+(xy-1)^2}{(1+x)^2(1+y)^2(1+xy)}\geqslant 0$$

这就证明了不等式.

例 1.20(Vasile Cîrtoaje, Gazeta Matematică)　设 a,b,c,d 是正实数且满足 $abcd=1$,证明

$$\frac{1}{(1+a)^2}+\frac{1}{(1+b)^2}+\frac{1}{(1+c)^2}+\frac{1}{(1+d)^2}\geqslant 1$$

证明　利用前一个例子已经证明过的结果,我们得到

$$\frac{1}{(1+a)^2}+\frac{1}{(1+b)^2}+\frac{1}{(1+c)^2}+\frac{1}{(1+d)^2}$$

$$\geqslant\frac{1}{1+ab}+\frac{1}{1+cd}=\frac{1}{1+ab}+\frac{1}{1+\frac{1}{ab}}$$

$$=\frac{1}{1+ab}+\frac{ab}{1+ab}=1$$

当且仅当 $a=b=c=d=1$ 时等号成立.

2　算术－几何平均不等式

我们先介绍 AM-GM 不等式(即算术－几何平均不等式)最简单的情况

$$a+b\geqslant 2\sqrt{ab}$$

对于所有非负实数 a 和 b ,该不等式等价于 $(\sqrt{a}-\sqrt{b})^2\geqslant 0$,这显然是成立的. 当且仅当 $\sqrt{a}=\sqrt{b}$,即 $a=b$ 时,等号成立. 对于 4 个非负实数 a,b,c,d ,应用前面的不等式两次,我们可以得到类似的结果. 实际上

$$\begin{aligned}a+b+c+d&\geqslant 2\sqrt{ab}+2\sqrt{cd}=2(\sqrt{ab}+\sqrt{cd})\\&\geqslant 4\sqrt{\sqrt{ab}\cdot\sqrt{cd}}=4\sqrt[4]{abcd}\end{aligned}$$

处理 3 个非负数的情况有一点小困难. 我们来考察两种方法,即推论法或其他. 对于后者,我们使用经典的因式分解方法. 设 a,b,c 是非负实数,利用恒等式

$$x^3+y^3+z^3-3xyz=(x+y+z)\left[\frac{(x-y)^2+(y-z)^2+(z-x)^2}{2}\right]$$

设 $x=\sqrt[3]{a}$, $y=\sqrt[3]{b}$, $z=\sqrt[3]{c}$,则

$$a+b+c-3\sqrt[3]{abc}=(\sqrt[3]{a}+\sqrt[3]{b}+\sqrt[3]{c})\cdot\frac{(\sqrt[3]{a}-\sqrt[3]{b})^2+(\sqrt[3]{b}-\sqrt[3]{c})^2+(\sqrt[3]{c}-\sqrt[3]{a})^2}{2}$$

因为 a,b,c 是非负实数,上式右边显然是非负的,因此

$$a+b+c\geqslant 3\sqrt[3]{abc}$$

这就是 3 个变量的 AM-GM 不等式. 现在,我们使用推论的技术再来证明这个结果. 假设 $a,b,c,d\geqslant 0$,利用前面我们已经证明过的不等式

$$a+b+c+d\geqslant 4\sqrt[4]{abcd}$$

取 $d=\dfrac{a+b+c}{3}$,则

$$\frac{4}{3}(a+b+c)\geqslant 4\sqrt[4]{abc\left(\frac{a+b+c}{3}\right)}$$

两边同时除以 4,然后再 4 次平方,最后两边再除以 $a+b+c$,得到

$$(a+b+c)^3\geqslant 27abc$$

这可以简化为

$$a+b+c \geqslant 3\sqrt[3]{abc}$$

这就是 3 个变量的 AM-GM 不等式，证毕. 我们必须要注意到当 $a=b=c=0$ 时除以 $a+b+c$ 时的一个小问题，但是在这种情况下不等式是显然成立的(事实上，等号成立). 我们现在模仿这个方法来证明 AM-GM 不等式的一般情况.

定理 2.1(AM-GM 不等式)　对于所有非负实数 $x_1, x_2, \cdots, x_n$

$$\frac{x_1+x_2+\cdots+x_n}{n} \geqslant \sqrt[n]{x_1x_2\cdots x_n}$$

即 $x_1, x_2, \cdots, x_n$ 的算术平均大于或等于相应数的几何平均.

证明　我们首先来证明变量个数是 2 的幂个时，不等式成立. 采用归纳法，即我们对 k 进行归纳，来证明

$$x_1+x_2+\cdots+x_{2^k} \geqslant 2^k \sqrt[2^k]{x_1x_2\cdots x_{2^k}}$$

对所有非负实数 $x_1, x_2, \cdots, x_{2^k}$(其中 $k \geqslant 1$)成立. 在前面，已经证明了 $k=1$ 的情况. 我们可以采用两次归纳假设从 k 推出 $k+1$. 实际上

$$\begin{aligned} x_1+x_2+\cdots+x_{2^k}+\cdots+x_{2^{k+1}} &\geqslant 2^k \sqrt[2^k]{x_1x_2\cdots x_{2^k}} + 2^k \sqrt[2^k]{x_{2^k+1}x_{2^k+2}\cdots x_{2^{k+1}}} \\ &\geqslant 2^{k+1} \sqrt[2^{k+1}]{x_1x_2\cdots x_{2^{k+1}}} \end{aligned}$$

其中，这最后的不等式是对 $2^k \sqrt[2^k]{x_1x_2\cdots x_{2^k}}$ 和 $2^k \sqrt[2^k]{x_{2^k+1}x_{2^k+2}\cdots x_{2^{k+1}}}$ 应用了 $k=1$ 的情况. 这就证明了当变量个数是 2 的幂个时，AM-GM 不等式是成立的. 注意到这是上面 AM-GM 不等式从两个变量到 4 个变量的过程.

现在，我们考虑任意一个正整数 n 和非负实数 $x_1, x_2, \cdots, x_n$. 考虑到 k 满足 $2^k > n$(比如 $k=n$)，设

$$x_{n+1}=x_{n+2}=\cdots=x_{2^k}=\frac{x_1+x_2+\cdots+x_n}{n}$$

则，使用上述不等式

$$x_1+\cdots+x_n+(2^k-n)\left(\frac{x_1+\cdots+x_n}{n}\right) \geqslant 2^k \sqrt[2^k]{x_1\cdots x_n\left(\frac{x_1+\cdots+x_n}{n}\right)^{2^k-n}}$$

不等式两边同时除以 $2^k \cdot \frac{x_1+\cdots+x_n}{n}$，然后再 2^k 次方，则

$$1 \geqslant x_1x_2\cdots x_n \cdot \left(\frac{x_1+x_2+\cdots+x_n}{n}\right)^{-n}$$

这可以简化为

$$\frac{x_1+x_2+\cdots+x_n}{n} \geqslant \sqrt[n]{x_1x_2\cdots x_n}$$

这正是我们所要证明的不等式. 这个方法模仿了我们证明 3 个变量不等式的情况. 在上面

的证明中再次出现了当 $x_i=0(i=1,2,\cdots,n)$ 除以 $2^k\cdot\frac{x_1+\cdots+x_n}{n}$ 的小问题,但是这种情况不等式是显然成立的.

我们也可以证明当且仅当 $x_1=x_2=\cdots=x_n$ 时,AM-GM不等式等号成立,这个问题作为练习题留给读者.

我们提供 AM-GM 不等式的第二个证明是使用下面这个引理.

引理 设 $a_1,a_2,\cdots,a_n$ 是正实数且满足 $a_1a_2\cdots a_n=1$,则 $a_1+a_2+\cdots+a_n\geqslant n$.

引理的证明 采用归纳法.当 $n=1$ 时,不等式显然成立.仔细观察,我们很快地得到当 $n=2$ 的情况,因为 $a_1a_2=1$,因此

$$a_1+a_2-2=(\sqrt{a_1}-\sqrt{a_2})^2\geqslant 0$$

这就证明了当 $n=2$ 时,不等式成立.采用归纳步骤,假设不等式对任何 n 个数 $a_1,a_2,\cdots,a_n$ 成立.现在考察 $n+1$ 个数 $a_1,a_2,\cdots,a_{n+1}$,满足 $a_1a_2\cdots a_{n+1}=1$,因为它们的乘积是1,因此它们不可能同时都小于1或者同时都大于1.至少有一个数大于或等于1,不妨设为 b_n,并且至少有一个数小于或等于1,不妨设为 b_{n+1},则

$$(b_n-1)(b_{n+1}-1)\leqslant 0$$

即

$$b_n+b_{n+1}\geqslant 1+b_nb_{n+1}$$

现在,令 $b_1=a_1,b_2=a_2,\cdots,b_{n-1}=a_{n-1}$,并且考虑 n 个数 $b_1,b_2,\cdots,b_{n-1},b_nb_{n+1}$(乘积 b_nb_{n+1} 作为一个数处理).由假设,我们有

$$b_1+b_2+\cdots+b_{n-1}+b_nb_{n+1}\geqslant n$$

和不等式 $b_n+b_{n+1}\geqslant 1+b_nb_{n+1}$ 相加,可得

$$b_1+b_2+\cdots+b_{n-1}+b_n+b_{n+1}\geqslant n+1$$

这就证明了引理.

现在来证明 AM-GM 不等式,设

$$a_1=\frac{x_1}{\sqrt[n]{x_1x_2\cdots x_n}},a_2=\frac{x_2}{\sqrt[n]{x_1x_2\cdots x_n}},\cdots,a_n=\frac{x_n}{\sqrt[n]{x_1x_2\cdots x_n}}$$

很显然,其乘积是1,由引理可知其和至少是 n,即

$$\frac{x_1+x_2+\cdots+x_n}{\sqrt[n]{x_1x_2\cdots x_n}}\geqslant n$$

这就等价于 AM-GM 不等式.

现在,我们提出两个相关的不等式:QM-AM 不等式和 GM-HM 不等式.

定理 2.2(QM-AM 不等式) 设 $a_1,a_2,\cdots,a_n$ 是正实数,则

$$\sqrt{\frac{a_1^2+\cdots+a_n^2}{2}} \geqslant \frac{a_1+a_2+\cdots+a_n}{n}$$

在上面的不等式中，其左边的量被称为数 $a_1, a_2, \cdots, a_n$ 的均方平均(QM).

证明 只须证明

$$n(a_1^2+a_2^2+\cdots+a_n^2) \geqslant (a_1+a_2+\cdots+a_n)^2$$

但这等价于

$$\sum_{1\leqslant i<j\leqslant n}(a_i-a_j)^2 \geqslant 0$$

定理 2.3(GM-HM 不等式) 设 $a_1, a_2, \cdots, a_n$ 是正实数，则

$$\sqrt[n]{a_1a_2\cdots a_n} \geqslant \frac{n}{\frac{1}{a_1}+\cdots+\frac{1}{a_n}}$$

在上面的不等式中，其右边的量被称为数 $a_1, a_2, \cdots, a_n$ 的调和平均(HM).

证明 由 AM-GM 不等式

$$\frac{\sum_{i=1}^{n}\sqrt[n]{\frac{a_1\cdots a_n}{a_i^n}}}{n} \geqslant 1$$

即

$$\sqrt[n]{a_1\cdots a_n}\,\frac{\sum_{i=1}^{n}\frac{1}{a_i}}{n} \geqslant 1$$

简单的代数运算即得所证不等式.

事实上，更一般的结果称为幂平均的不等式.

定义 1 设 $a=(a_1, a_2, \cdots, a_n)$ 是正实数序列，$r\neq 0$ 是实数，则该序列的 r 次幂平均定义为

$$M_r(a)=\left(\frac{a_1^r+a_2^r+\cdots+a_n^r}{n}\right)^{\frac{1}{r}}$$

注意到对于 $r=1$，$r=2$ 和 $r=-1$，我们分别得到相应数 $a_1, a_2, \cdots, a_n$ 的算术平均、均方平均和调和平均. 如果 r 接近于 0，我们可以证明 $M_r(a)$ 接近于 $a_1, a_2, \cdots, a_n$ 的几何平均.

定理 2.4(幂平均不等式) 设 $a=(a_1, a_2, \cdots, a_n)$ 是正实数序列，并且 $r\leqslant s$ 是非零实数，则

$$M_r(a) \leqslant M_s(a)$$

例 2.1 设 a, b, c 是不同的实数，证明

$$(a+b)(b+c)(c+a) \geqslant 8abc$$

证明 3次应用 AM-GM 不等式,我们有

$$a+b\geqslant 2\sqrt{ab},b+c\geqslant 2\sqrt{bc},c+a\geqslant 2\sqrt{ca}$$

上述3个不等式相乘即得结果.

或者,以其他方式展开($2abc$ 分成 $abc+abc$),并应用 AM-GM 不等式于8个表达式

$$\begin{aligned}(a+b)(b+c)(c+a)&=a^2b+a^2c+b^2a+b^2c+c^2a+c^2b+abc+abc\\&\geqslant 8\sqrt[8]{a^2b\cdot a^2c\cdot b^2a\cdot b^2c\cdot c^2a\cdot c^2b\cdot abc\cdot abc}\\&=8abc\end{aligned}$$

这就证明了不等式.

或者,略有不同,展开得到等价的不等式

$$a^2b+a^2c+b^2a+b^2c+c^2a+c^2b\geqslant 6abc$$

这可以对6个项直接由 AM-GM 不等式就可以得到结果.

下面这个方法就得不到结果,对展开左边的7个项应用 AM-GM 不等式,有

$$\begin{aligned}(a+b)(b+c)(c+a)&=a^2b+a^2c+b^2a+b^2c+c^2a+c^2b+2abc\\&\geqslant 7\sqrt[7]{a^2b\cdot a^2c\cdot b^2a\cdot b^2c\cdot c^2a\cdot c^2b\cdot 2abc}\\&=7\sqrt[7]{2}abc\end{aligned}$$

无论怎样,$7\sqrt[7]{2}\approx 7.73$. 我们得到了一个成立的不等式,但是,比我们要求的不等式要弱.事实上,追究这个方法失败的原因,是因为 AM-GM 不等式中的相等条件,在此处是 $a^2b=a^2c=b^2a=b^2c=c^2a=c^2b=2abc$,很容易看出,这是不可能成立的.这就表明,并不是所有试图利用均值不等式(或任何其他的不等式)一定会导致一个足够强的结果.

例 2.2 设 a,b,c 是某半周长为1的三角形的三边,证明

$$1<ab+bc+ca-abc\leqslant\frac{28}{27}$$

证明 由三角形不等式,$a+b>c$,得到 $a+b+c>2c$,因此,$\frac{a+b+c}{2}>c$. 同样的,三角形的每一个边都小于其半周.所以,$1-a,1-b,1-c$ 是正数,由 AM-GM 不等式,我们得到

$$\sqrt[3]{(1-a)(1-b)(1-c)}\leqslant\frac{(1-a)+(1-b)+(1-c)}{3}=\frac{1}{3}$$

因而

$$0<(1-a)(1-b)(1-c)\leqslant\frac{1}{27}$$

现在,注意到

$$\begin{aligned}(1-a)(1-b)(1-c)&=1-(a+b+c)+(ab+bc+ca)-abc\\&=ab+bc+ca-abc-1\end{aligned}$$

这就证明了不等式.

例 2.3 (a) 设 n 是大于 1 的正整数,证明

$$\left(1+\frac{1}{n-1}\right)^{n}>\left(1+\frac{1}{n}\right)^{n+1}$$

(b) 设 n 是正整数,证明

$$\left(1+\frac{1}{n}\right)^{n}<\left(1+\frac{1}{n+1}\right)^{n+1}$$

证明 (a) 对一个项是1,其他 n 个项是 $\frac{n-1}{n}$ 的一个序列应用 AM-GM 不等式,我们有

$$\begin{aligned}\sqrt[n+1]{\left(\frac{n-1}{n}\right)^{n}}&=\sqrt[n+1]{1\cdot\left(\frac{n-1}{n}\right)\cdot\cdots\cdot\left(\frac{n-1}{n}\right)}\\&<\frac{1+\left(\frac{n-1}{n}\right)+\cdots+\left(\frac{n-1}{n}\right)}{n+1}\\&=\frac{1+n\left(\frac{n-1}{n}\right)}{n+1}=\frac{n}{n+1}\end{aligned}$$

所以

$$\left(1+\frac{1}{n-1}\right)^{n}=\frac{1}{\left(\frac{n-1}{n}\right)^{n}}>\frac{1}{\left(\frac{n}{n+1}\right)^{n+1}}=\left(1+\frac{1}{n}\right)^{n+1}$$

(b) 对一个项是 1,其他 n 个项是 $\frac{n+1}{n}$ 的一个序列应用 AM-GM 不等式,我们有

$$\begin{aligned}\sqrt[n+1]{\left(\frac{n+1}{n}\right)^{n}}&=\sqrt[n+1]{1\cdot\left(\frac{n+1}{n}\right)\cdot\cdots\cdot\left(\frac{n+1}{n}\right)}\\&<\frac{1+\left(\frac{n+1}{n}\right)+\cdots+\left(\frac{n+1}{n}\right)}{n+1}\\&=\frac{1+n\left(\frac{n+1}{n}\right)}{n+1}=\frac{n+2}{n+1}\end{aligned}$$

所以

$$\left(1+\frac{1}{n}\right)^{n}=\left(\frac{n+1}{n}\right)^{n}<\left(\frac{n+2}{n+1}\right)^{n+1}=\left(1+\frac{1}{n+1}\right)^{n+1}$$

例 2.4(Dinu Serbanescu, Romania Junior TST 2002) 如果$a,b,c\in(0,1)$,证明

$$\sqrt{abc}+\sqrt{(1-a)(1-b)(1-c)}<1$$

证法 1 注意到,对于$x\in(0,1)$,有$x^{\frac{1}{2}}<x^{\frac{1}{3}}$,所以

$$\sqrt{abc}<\sqrt[3]{abc}$$

并且

$$\sqrt{(1-a)(1-b)(1-c)}<\sqrt[3]{(1-a)(1-b)(1-c)}$$

应用AM-GM不等式,我们有

$$\sqrt{abc}<\sqrt[3]{abc}\leqslant\frac{a+b+c}{3}$$

并且

$$\begin{aligned}\sqrt{(1-a)(1-b)(1-c)}&<\sqrt[3]{(1-a)(1-b)(1-c)}\\&\leqslant\frac{(1-a)+(1-b)+(1-c)}{3}\end{aligned}$$

综合这些结果,我们得到

$$\sqrt{abc}+\sqrt{(1-a)(1-b)(1-c)}<\frac{a+b+c+1-a+1-b+1-c}{3}=1$$

这就完成了证明.

证法 2 我们也可以通过三角代换来证明这个问题.设$a=\sin^2x,b=\sin^2y,c=\sin^2z$,其中,$x,y,z\in\left(0,\frac{\pi}{2}\right)$. 这样,所给不等式可以写成

$$\sin x\cdot\sin y\cdot\sin z+\cos x\cdot\cos y\cdot\cos z<1$$

利用$x,y,z\in\left(0,\frac{\pi}{2}\right)$,则所证不等式由下式即可得出

$$\begin{aligned}&\sin x\cdot\sin y\cdot\sin z+\cos x\cdot\cos y\cdot\cos z\\&<\sin x\cdot\sin y+\cos x\cdot\cos y=\cos(x-y)\leqslant1\end{aligned}$$

例 2.5(Arkady Alt, Mathematical Reflections) 设a,b,c是正实数,证明

$$\frac{1}{2a^2+bc}+\frac{1}{2b^2+ca}+\frac{1}{2c^2+ab}\leqslant\frac{1}{9}\left(\frac{1}{a}+\frac{1}{b}+\frac{1}{c}\right)^2$$

证明 由AM-GM不等式

$$\frac{1}{2a^2+bc}=\frac{1}{a^2+a^2+bc}\leqslant\frac{1}{3a\sqrt[3]{abc}}$$

通过轮换得到另外两个不等式,可见

$$\frac{1}{2a^2+bc}+\frac{1}{2b^2+ca}+\frac{1}{2c^2+ab}\leqslant\frac{1}{3\sqrt[3]{abc}}\left(\frac{1}{a}+\frac{1}{b}+\frac{1}{c}\right)$$

所以,只须证明

$$\frac{1}{3\sqrt[3]{abc}}\left(\frac{1}{a}+\frac{1}{b}+\frac{1}{c}\right)\leqslant\frac{1}{9}\left(\frac{1}{a}+\frac{1}{b}+\frac{1}{c}\right)^2$$

上述不等式可以简化为

$$\frac{3}{\sqrt[3]{abc}}\leqslant\frac{1}{a}+\frac{1}{b}+\frac{1}{c}$$

这可由 AM-GM 不等式得到,证明完成.

例 2.6 设 x,y,z 是正实数,证明

$$xyz\geqslant(x+y-z)(y+z-x)(z+x-y)$$

证明 假设,不失一般性,$x\geqslant y\geqslant z\geqslant 0$.

我们来考虑两种情况,即 $x\geqslant y+z$ 和 $x<y+z$.

情况 1:$x\geqslant y+z$. 在这种情况下,不等式左边是正的,而 $x+y-z\geqslant 0$,$y+z-x\leqslant 0$,$z+x-y\geqslant 0$. 所以,右边是非正的,不等式得证.

情况 2:$x<y+z$. 在这种情况下,使用替换

$$a=\frac{x+y-z}{2},b=\frac{y+z-x}{2},c=\frac{z+x-y}{2}$$

则 a,b,c 是非负数,所证不等式可以简化为 $(a+b)(b+c)(c+a)\geqslant 8abc$. 由例 2.1 可知,不等式得证.

备注 这个不等式的更一般的形式,称为 Schur 不等式,其证明是非常简单的. 设 x,y,z 是非负实数,t 是正实数,则

$$x^t(x-y)(x-z)+y^t(y-z)(y-x)+z^t(z-x)(z-y)\geqslant 0$$

当且仅当 $x=y=z$ 或者变量中有两个相等且另一个等于 0 时,等号成立.

证明:因为不等式关于 x,y 和 z 是对称的,我们可以假定 $x\geqslant y\geqslant z$,则不等式可以改写成

$$(x-y)\left[x^t(x-z)-y^t(y-z)\right]+z^t(x-z)(y-z)\geqslant 0$$

这显然是成立的,因为不等式左边的每一项都是非负的. 简单的代数运算给我们提供了 Schur 不等式. 例 2.6 是 Schur 不等式当 $t=1$ 的情况.

例 2.7 设 $x_1,x_2,\cdots,x_n$ 和 $y_1,y_2,\cdots,y_n$ 都是正实数,证明

$$\left(\frac{x_1}{y_1}+\frac{x_2}{y_2}+\cdots+\frac{x_n}{y_n}\right)\left(\frac{y_1}{x_1}+\frac{y_2}{x_2}+\cdots+\frac{y_n}{x_n}\right)\geqslant n^2$$

证明 对序列 $\frac{x_1}{y_1},\frac{x_2}{y_2},\cdots,\frac{x_n}{y_n}$ 应用 AM-GM 不等式,我们有

$$\frac{\frac{x_1}{y_1}+\frac{x_2}{y_2}+\cdots+\frac{x_n}{y_n}}{n}\geqslant\sqrt[n]{\frac{x_1}{y_1}\cdot\frac{x_2}{y_2}\cdot\cdots\cdot\frac{x_n}{y_n}}$$

对序列$\frac{y_1}{x_1},\frac{y_2}{x_2},\cdots,\frac{y_n}{x_n}$应用AM-GM不等式,我们有

$$\frac{\frac{y_1}{x_1}+\frac{y_2}{x_2}+\cdots+\frac{y_n}{x_n}}{n}\geqslant\sqrt[n]{\frac{y_1}{x_1}\cdot\frac{y_2}{x_2}\cdot\cdots\cdot\frac{y_n}{x_n}}$$

将上述两个不等式相乘,即得所证不等式.

例 2.8 设a,b,c是正实数且满足$a+b+c=1$,证明

$$\left(1+\frac{1}{a}\right)\left(1+\frac{1}{b}\right)\left(1+\frac{1}{c}\right)\geqslant 64$$

证法 1 由题设条件$a+b+c=1$以及AM-GM不等式

$$\frac{1+\frac{1}{a}}{4}=\frac{1+\frac{a+b+c}{a}}{4}=\frac{1+1+\frac{b}{a}+\frac{c}{a}}{4}\geqslant\sqrt[4]{1\cdot 1\cdot\frac{b}{a}\cdot\frac{c}{a}}=\sqrt[4]{\frac{bc}{a^2}}$$

类似可得

$$\frac{1+\frac{1}{b}}{4}\geqslant\sqrt[4]{\frac{ca}{b^2}},\frac{1+\frac{1}{c}}{4}\geqslant\sqrt[4]{\frac{ab}{c^2}}$$

这3个不等式相乘,即得所证结果.

证法 2 由例2.1,注意到

$$\begin{aligned}(a+1)(b+1)(c+1)&=[(a+b)+(c+a)][(a+b)+(b+c)][(c+a)+(b+c)]\\&\geqslant 2\sqrt{(a+b)\cdot(c+a)}\cdot 2\sqrt{(a+b)\cdot(b+c)}\cdot\\&\quad 2\sqrt{(c+a)\cdot(b+c)}\\&=8(a+b)(b+c)(c+a)\\&\geqslant 8\cdot 2\sqrt{ab}\cdot 2\sqrt{bc}\cdot 2\sqrt{ca}\\&=64abc\end{aligned}$$

两边同时除以abc,即得所证不等式.

例 2.9(An Zhen-ping, Mathematical Reflections) 设a,b,c是正实数,证明

$$\frac{a}{2a^2+b^2+3}+\frac{b}{2b^2+c^2+3}+\frac{c}{2c^2+a^2+3}\leqslant\frac{1}{2}$$

证明 由AM-GM不等式,可见

$$2a^2+b^2+3=2(a^2+1)+(b^2+1)\geqslant 4a+2b$$

所以,只须证明

$$\sum_{\text{cyc}} \frac{a}{2a+b} \leqslant 1$$

这等价于 $ab^2+bc^2+ca^2 \geqslant 3abc$. 这是 AM-GM 不等式的一个直接结果. 当且仅当 $a=b=c=1$ 时等号成立.

例 2.10 设 a,b,c 是非负实数,证明

$$\frac{a-b}{2a+1}+\frac{b-c}{2b+1}+\frac{c-a}{2c+1} \leqslant 0$$

证明 因为

$$\begin{aligned}&2\left(\frac{a-b}{2a+1}+\frac{b-c}{2b+1}+\frac{c-a}{2c+1}\right)\\=&\left(\frac{2a+1}{2a+1}-\frac{2b+1}{2a+1}\right)+\left(\frac{2b+1}{2b+1}-\frac{2c+1}{2b+1}\right)+\left(\frac{2c+1}{2c+1}-\frac{2a+1}{2c+1}\right)\end{aligned}$$

则,所证不等式等价于

$$3 \leqslant \frac{2b+1}{2a+1}+\frac{2c+1}{2b+1}+\frac{2a+1}{2c+1}$$

对 $\frac{2b+1}{2a+1},\frac{2c+1}{2b+1},\frac{2a+1}{2c+1}$ 应用 AM-GM 不等式,我们有

$$\frac{\frac{2b+1}{2a+1}+\frac{2c+1}{2b+1}+\frac{2a+1}{2c+1}}{3} \geqslant \sqrt[3]{\frac{2b+1}{2a+1}\cdot\frac{2c+1}{2b+1}\cdot\frac{2a+1}{2c+1}}=1$$

不等式得证. 当且仅当 $2a+1=2b+1=2c+1$,即 $a=b=c$ 时,等号成立.

例 2.11(Zdravko Starc, Mathematical Reflections) 设 a,b,c 是正实数且满足 $abc=1$, 证明

$$a(b^2-\sqrt{b})+b(c^2-\sqrt{c})+c(a^2-\sqrt{a}) \geqslant 0$$

证明 由 AM-GM 不等式,我们有

$$ab^2+bc^2 \geqslant 2\sqrt{ab^3c^2}=2\sqrt{b^2c}=2b\sqrt{c}$$

类似可得

$$bc^2+ca^2 \geqslant 2c\sqrt{a}$$

$$ca^2+ab^2 \geqslant 2a\sqrt{b}$$

上述三个不等式相加,即得所证不等式. 当且仅当 $a=b=c=1$ 时,等号成立.

例 2.12(Titu Andreescu, Mathematical Reflections) 设 a,b,c 是正实数,证明

$$\frac{a^2b^2(b-c)}{a+b}+\frac{b^2c^2(c-a)}{b+c}+\frac{c^2a^2(a-b)}{c+a} \geqslant 0$$

证明 不等式两边同时乘以 $(a+b)(b+c)(c+a)$,则不等式可以改写成

$$\sum_{\text{cyc}} a^2b^2(b^2-c^2)(c+a)\geqslant 0$$

简化为

$$\sum_{\text{cyc}}(a^4bc^2+b^3c^4)\geqslant\sum_{\text{cyc}}2a^3b^2c^2$$

由 AM-GM 不等式

$$(a^4bc^2+b^3c^4)\geqslant 2a^2b^2c^3$$

类似可得

$$(b^4ca^2+c^3a^4)\geqslant 2b^2c^2a^3$$

$$(c^4ab^2+a^3b^4)\geqslant 2c^2a^2b^3$$

上述三个不等式相加,即得所证不等式.

例 2.13 设 a,b,c 是正实数且其和为 1,证明

$$\frac{a^2+b}{b+c}+\frac{b^2+c}{c+a}+\frac{c^2+a}{a+b}\geqslant 2$$

证明 不等式可以改写成

$$\sum_{\text{cyc}}\left(\frac{a^2+b}{b+c}+a\right)\geqslant 3$$

对左边的表达式进行通分,则不等式等价于

$$\sum_{\text{cyc}}\frac{a(a+b+c)+b}{b+c}\geqslant 3$$

利用给定的条件 $a+b+c=1$,上述不等式可以化简为

$$\sum_{\text{cyc}}\frac{a+b}{b+c}\geqslant 3$$

这个由 AM-GM 不等式即可得到.当且仅当 $a=b=c=\frac{1}{3}$ 时,等号成立.

例 2.14(Netherlands 2012) 设 a,b,c,d 是正实数,证明

$$\frac{a-b}{b+c}+\frac{b-c}{c+a}+\frac{c-d}{d+a}+\frac{d-a}{a+b}\geqslant 0$$

证明 不等式等价于

$$\sum_{\text{cyc}}\left(\frac{a-b}{b+c}+1\right)=\sum_{\text{cyc}}\frac{a+b}{b+c}\geqslant 4$$

但由 AM-HM 不等式

$$\frac{a+c}{b+c}+\frac{a+c}{d+a}\geqslant\frac{4(a+c)}{a+b+c+d}$$

$$\frac{b+d}{c+a}+\frac{b+d}{a+b}\geqslant\frac{4(b+d)}{a+b+c+d}$$

上述两个不等式相加,即得所证不等式.

例 2.15(Phan Van Thuan) 设 a 和 b 是非负实数,满足 $a^2+b^2=1$,证明

$$ab+\max\{a,b\}\leqslant\frac{3\sqrt{3}}{4}$$

证法 1 不失一般性,我们假设 $a\geqslant b$,由 AM-GM 不等式

$$\frac{a^2+3b^2}{2}\geqslant\sqrt{3}\,ab$$

$$\frac{4a^2+3}{2}\geqslant 2\sqrt{3}\,a$$

整理这两个不等式,得到

$$ab\leqslant\frac{a^2+3b^2}{2\sqrt{3}},\ a\leqslant\frac{4a^2+3}{4\sqrt{3}}$$

所以

$$ab+\max\{a,b\}=ab+a\leqslant\frac{2(a^2+3b^2)+(4a^2+3)}{4\sqrt{3}}=\frac{6(a^2+b^2)+3}{4\sqrt{3}}=\frac{3\sqrt{3}}{4}$$

证法 2 设 $a=\sin x,b=\cos x$,其中 $x\in\left[0,\frac{\pi}{2}\right]$. 不失一般性,我们假定 $\sin x\geqslant\cos x$,即 $x\in\left[\frac{\pi}{4},\frac{\pi}{2}\right]$. 由 AM-GM 不等式

$$ab+\max\{a,b\}=\sin x\cos x+\sin x=\sin x(1+\cos x)=4\sin\frac{x}{2}\cos^3\frac{x}{2}$$

$$=12\sqrt{3}\sqrt{\left(\sin^2\frac{x}{2}\right)\left(\frac{\cos^2\frac{x}{2}}{3}\right)\left(\frac{\cos^2\frac{x}{2}}{3}\right)\left(\frac{\cos^2\frac{x}{2}}{3}\right)}$$

$$\leqslant 12\sqrt{3}\sqrt{\frac{\left(\sin^2\frac{x}{2}+\frac{\cos^2\frac{x}{2}}{3}+\frac{\cos^2\frac{x}{2}}{3}+\frac{\cos^2\frac{x}{2}}{3}\right)^4}{4^4}}$$

$$=12\sqrt{3}\cdot\frac{1}{4^2}=\frac{3\sqrt{3}}{4}$$

例 2.16 设 $n\geqslant 2$ 是正整数,证明

$$\sqrt[n]{n}<1+\frac{1}{\sqrt{n}}$$

证明 对于 $n=2,3,4$,我们可以直接计算来验证. 对于 $n\geqslant 5$,对表达式$\frac{\sqrt{n}}{2},\frac{\sqrt{n}}{2},2,2$ 和 $n-4$ 个重复的数字 1,应用 AM-GM 不等式,得到

$$1+\frac{1}{\sqrt{n}}=\frac{\frac{\sqrt{n}}{2}+\frac{\sqrt{n}}{2}+2+2+\overbrace{1+1+\cdots+1}^{n-4}}{n}\geqslant\sqrt[n]{\frac{\sqrt{n}}{2}\cdot\frac{\sqrt{n}}{2}\cdot 2\cdot 2}=\sqrt[n]{n}$$

因为AM-GM当所有变量都相等时等号成立,该不等式等号不可能达到,因此原不等式成立.

例2.17 设a,b,c是正实数,且满足$a+b+c=1$,证明

$$\sqrt{1+\frac{bc}{a}}+\sqrt{1+\frac{ca}{b}}+\sqrt{1+\frac{ab}{c}}\geqslant 2\sqrt{3}$$

证明 由AM-GM不等式

$$\sqrt{1+\frac{bc}{a}}+\sqrt{1+\frac{ca}{b}}+\sqrt{1+\frac{ab}{c}}\geqslant 3\sqrt[6]{\left(1+\frac{bc}{a}\right)\left(1+\frac{ca}{b}\right)\left(1+\frac{ab}{c}\right)}$$

所以,只须证明

$$\left(1+\frac{bc}{a}\right)\left(1+\frac{ca}{b}\right)\left(1+\frac{ab}{c}\right)\geqslant\frac{64}{27}$$

注意到

$$\begin{aligned}\prod_{\text{cyc}}\left(1+\frac{bc}{a}\right)&=\prod_{\text{cyc}}\frac{a(a+b+c)+bc}{a}\\&=\prod_{\text{cyc}}\frac{(a+b)(a+c)}{a}\\&=\frac{(a+b)^2(b+c)^2(c+a)^2}{abc}\end{aligned}$$

应用下列结果(在例1.18中已经证明过)

$$(a+b)(b+c)(c+a)\geqslant\frac{8}{9}(a+b+c)(ab+bc+ca)$$

我们得到

$$\prod_{\text{cyc}}\left(1+\frac{bc}{a}\right)\geqslant\frac{64(ab+bc+ca)^2}{81abc}\geqslant\frac{64\cdot 3abc(a+b+c)}{81abc}=\frac{64}{27}$$

不等式得证.

例2.18 设a,b,c是正实数且满足$a+b+c=3$,证明

$$a+ab+2abc\leqslant\frac{9}{2}$$

证明 由AM-GM不等式

$$ab+2abc=2ab\left(c+\frac{1}{2}\right)\leqslant 2a\left(\frac{b+c+\frac{1}{2}}{2}\right)^2=2a\left(\frac{7-2a}{4}\right)^2$$

其中,不等式的最后一步,我们使用了给定的条件$a+b+c=3$.所以,只须证明

$$a+2a\left(\frac{7-2a}{4}\right)^2\leqslant\frac{9}{2}$$

这等价于

$$(4-a)(2a-3)^2\geqslant 0$$

这显然是成立的,因为 $a<3$. 当且仅当 $a=\frac{3}{2},b+c=\frac{3}{2}$ 以及 $b=c+\frac{1}{2}$,即 $(a,b,c)=\left(\frac{3}{2},1,\frac{1}{2}\right)$ 时等号成立.

例 2.19(Mircea Becheanu, Mathematical Reflections) 设 a,b,c 是正实数且满足 $ab+bc+ca=1$,证明

$$\left(a+\frac{1}{b}\right)^2+\left(b+\frac{1}{c}\right)^2+\left(c+\frac{1}{a}\right)^2\geqslant 16$$

证明 由例 1.1 以及 AM-GM 和 AM-HM 不等式

$$a^2+b^2+c^2=\frac{a^2+b^2}{2}+\frac{b^2+c^2}{2}+\frac{c^2+a^2}{2}\geqslant ab+bc+ca=1$$

$$\frac{a}{b}+\frac{b}{c}+\frac{c}{a}\geqslant 3$$

$$\frac{1}{a^2}+\frac{1}{b^2}+\frac{1}{c^2}\geqslant\frac{1}{ab}+\frac{1}{bc}+\frac{1}{ca}\geqslant\frac{9}{ab+bc+ca}=9$$

利用上述这些不等式,我们推出

$$\left(a+\frac{1}{b}\right)^2+\left(b+\frac{1}{c}\right)^2+\left(c+\frac{1}{a}\right)^2\geqslant 1+9+2\cdot 3=16$$

证毕.

例 2.20(Pedro H. O. Pantoja, Mathematical Reflections) 设 a,b,c,d 是正实数,证明

$$\left(\frac{a+b}{2}\right)^3+\left(\frac{c+d}{2}\right)^3\leqslant\left(\frac{a^2+d^2}{a+d}\right)^3+\left(\frac{b^2+c^2}{b+c}\right)^3$$

证明 使用幂平均不等式,$\left(\frac{x+y}{2}\right)^3\leqslant\frac{x^3+y^3}{2}$. 因此

$$\left(\frac{a+b}{2}\right)^3+\left(\frac{c+d}{2}\right)^3\leqslant\frac{a^3+b^3}{2}+\frac{c^3+d^3}{2}$$

当且仅当 $a=b$ 和 $c=d$ 时,等号成立. 现在,只须证明下面两个不等式

$$\frac{a^3+d^3}{2}\leqslant\left(\frac{a^2+d^2}{a+d}\right)^3$$

$$\frac{b^3+c^3}{2}\leqslant\left(\frac{b^2+c^2}{b+c}\right)^3$$

做替换$\frac{a}{d}=x$,则第一个不等式化简为

$$x^3+1\leqslant 2\left(\frac{x^2+1}{x+1}\right)^3$$

去分母,除去不连续点 $x=-1$,创建一个多项式放在左边,这等价于

$$x^6-3x^5+3x^4-2x^3+3x^2-3x+1\geqslant 0$$

现在,由有理根定理,注意到 $x-1$ 是一个因子,我们看到,这可以简化为

$$(x-1)^4(x^2+x+1)\geqslant 0$$

这显然成立.所以

$$\frac{a^3+d^3}{2}\leqslant\left(\frac{a^2+d^2}{a+d}\right)^3$$

当且仅当 $a=d$ 时,等号成立.仿此可以证明第二个,这就证明了所要证明的不等式,当且仅当 $a=b=c=d$ 时等号成立.

例 2.21(Pham Huu Duc, Mathematical Reflections)　设 a,b,c 是正实数,证明

$$\sqrt{\frac{b+c}{a}}+\sqrt{\frac{c+a}{b}}+\sqrt{\frac{a+b}{c}}\geqslant\sqrt{6\cdot\frac{a+b+c}{\sqrt[3]{abc}}}$$

证明　注意到,不等式是齐次的,我们可以引入条件 $abc=1$. 应用这个条件,不等式可以化简为

$$\sqrt{bc(b+c)}+\sqrt{ac(a+c)}+\sqrt{ab(a+b)}\geqslant\sqrt{6(a+b+c)}$$

两边平方,不等式等价于

$$bc(b+c)+ac(a+c)+ab(a+b)+2\sum_{\text{cyc}}\sqrt{c^2(ab+ac)(ab+bc)}\geqslant 6(a+b+c)$$

由不等式$\sqrt{(x_1^2+x_2^2)(y_1^2+y_2^2)}\geqslant x_1y_1+x_2y_2$(这可由简单的不等式$(x_1y_2-x_2y_1)^2\geqslant 0$ 得到),可见

$$\sum_{\text{cyc}}\sqrt{c^2(ab+ac)(ab+bc)}\geqslant\sum_{\text{cyc}}c\left(ab+\sqrt{abc^2}\right)=\sum_{\text{cyc}}c\left(ab+\sqrt{c}\right)$$

利用条件 $abc=1$, 这等价于

$$\sum_{\text{cyc}}\sqrt{c^2(ab+ac)(ab+bc)}\geqslant 3+\sqrt{a^3}+\sqrt{b^3}+\sqrt{c^3}$$

所以,只须证明

$$bc(b+c)+ac(a+c)+ab(a+b)+6+2\left(\sqrt{a^3}+\sqrt{b^3}+\sqrt{c^3}\right)\geqslant 6(a+b+c)$$

由 AM-GM 不等式

$$\sqrt{c^3}+\sqrt{c^3}+ac^2+bc^2+1+1\geqslant 6\sqrt[6]{c^7ab}=6c$$

类似可得

$$2\sqrt{a^3}+ba^2+ca^2+1+1\geqslant 6a$$

$$2\sqrt{b^3}+cb^2+ab^2+1+1\geqslant 6b$$

这些不等式相加,即得所要证明的不等式.

例 2.22(Vasile Cîrtoaje, Gazeta Matematică) 设 a,b,c 是正实数,令 $x=a+\frac{1}{b}$, $y=b+\frac{1}{c}$, $z=c+\frac{1}{a}$,证明

$$xy+yz+zx\geqslant 2(x+y+z)$$

证明(Tran Nam Dung) 从任意 3 个实数 x,y,z 中,我们总可以选出两个数满足或者 $\geqslant 2$,或者 $\leqslant 2$. 不失一般性,假设这两个数分别是 x 和 y,则

$$(x-2)(y-2)\geqslant 0$$

因此

$$xy+4\geqslant 2(x+y) \tag{1}$$

另一方面

$$z(x+y-2)=\left(c+\frac{1}{a}\right)\left(a+\frac{1}{b}+b+\frac{1}{c}-2\right)\geqslant\left(c+\frac{1}{a}\right)\left(a+\frac{1}{c}\right)\geqslant 4$$

这就表明

$$zx+yz\geqslant 4+2z \tag{2}$$

(我们使用AM-GM不等式证明了 $b+\frac{1}{b}\geqslant 2$ 和 $\left(c+\frac{1}{a}\right)\left(a+\frac{1}{c}\right)\geqslant 4$.) 由式(1)和(2),即得所要证明的不等式.

例 2.23(Po-Ru Loh, Crux Mathematicorum) 设 a,b,c 是大于 1 的实数,满足 $\frac{1}{a^2-1}+\frac{1}{b^2-1}+\frac{1}{c^2-1}=1$,证明

$$\frac{1}{a+1}+\frac{1}{b+1}+\frac{1}{c+1}\leqslant 1$$

证明 注意到 $\frac{1}{a^2-1}=\frac{1}{2}\left(\frac{1}{a-1}-\frac{1}{a+1}\right)$. 所以,所给条件可以改写成

$$\frac{1}{a-1}+\frac{1}{b-1}+\frac{1}{c-1}=2+\frac{1}{a+1}+\frac{1}{b+1}+\frac{1}{c+1} \tag{1}$$

由 AM-HM 不等式

$$\frac{1}{a-1}+\frac{1}{1}+\frac{1}{1}\geqslant\frac{9}{a-1+1+1}=\frac{9}{a+1}$$

类似可得

$$\frac{1}{b-1}+2\geqslant\frac{9}{b+1}$$

$$\frac{1}{c-1}+2\geqslant\frac{9}{c+1}$$

这3个不等式相加,我们有

$$\frac{1}{a-1}+\frac{1}{b-1}+\frac{1}{c-1}+6\geqslant 9\left(\frac{1}{a+1}+\frac{1}{b+1}+\frac{1}{c+1}\right)\tag{2}$$

由式(1)和(2)即得所证不等式.

例 2.24(Mircea Lascu, Marius Stanean, Mathematical Reflections) 设 x,y,z 是正实数且满足 $x\leqslant 2,y\leqslant 3,x+y+z=11$,证明 $xyz\leqslant 36$.

证明 由 AM-GM 不等式,我们有

$$xyz=\frac{1}{6}\cdot(3x)\cdot(2y)\cdot z\leqslant\frac{1}{6}\left(\frac{3x+2y+z}{3}\right)^3$$

由所给条件 $x\leqslant 2,y\leqslant 3,x+y+z=11$. 可见

$$\frac{1}{6}\left(\frac{3x+2y+z}{3}\right)^3=\frac{1}{6}\left(\frac{2x+y+11}{3}\right)^3\leqslant\frac{1}{6}\left(\frac{2\cdot 2+3+11}{3}\right)^3=36$$

这就证明了不等式,当且仅当 $x=2,y=3,z=6$ 时等号成立.

例 2.25(Marin Bancos, Mathematical Reflections) 设 k 和 n 是整数,满足 $k>n\geqslant 1$,令 $a_1,a_2,\cdots,a_k\in(0,1)$,证明

$$\min\{a_1(1-a_2)^n,a_2(1-a_3)^n,\cdots,a_k(1-a_1)^n\}\leqslant\frac{n^n}{(n+1)^{n+1}}$$

证明 若不然,即不等式为假,则 $a_i(1-a_{i+1})^n>\frac{n^n}{(n+1)^{n+1}},i\in\{1,2,\cdots,k\}$,为方便起见,约定 $i_{k+1}=i_1$. 可见

$$a_1(1-a_2)^n\geqslant\frac{n^n}{(n+1)^{n+1}}$$

$$a_2(1-a_3)^n\geqslant\frac{n^n}{(n+1)^{n+1}}$$

$$\vdots$$

$$a_k(1-a_1)^n\geqslant\frac{n^n}{(n+1)^{n+1}}$$

上述不等式相乘,我们得到

$$a_1\cdot a_2\cdot\cdots\cdot a_k\cdot(1-a_1)^n\cdot(1-a_2)^n\cdot\cdots\cdot(1-a_k)^n>\left[\frac{n^n}{(n+1)^{n+1}}\right]^k\tag{1}$$

对于所有实数 $a\in(0,1)$(确保每一个量都是正的),由 AM-GM 不等式,有

$$a(1-a)^n=\frac{1}{n}\cdot na(1-a)^n\leqslant\frac{1}{n}\left[\frac{na+\overbrace{(1-a)+\cdots+(1-a)}^{n}}{n+1}\right]^{n+1}$$

$$=\frac{1}{n}\left(\frac{n}{n+1}\right)^{n+1}=\frac{n^n}{(n+1)^{n+1}}$$

对于上述不等式，当且仅当 $na=1-a$，即 $a=\frac{1}{n+1}\in(0,1)$ 时，等号成立. 对 $a_1,a_2,\cdots,a_k$利用这个结果，可见

$$a_i(1-a_i)^n\leqslant\frac{n^n}{(n+1)^{n+1}},i\in\{1,2,\cdots,k\}$$

这 k 个不等式相乘，我们得到

$$\prod_{i=1}^{n}a_i(1-a_i)^n=a_1\cdot a_2\cdot\cdots\cdot a_k\cdot(1-a_1)^n\cdot(1-a_2)^n\cdot\cdots\cdot(1-a_k)^n\leqslant\left[\frac{n^n}{(n+1)^{n+1}}\right]^k$$

这与不等式(1) 矛盾，所以，我们的假设是不对的，这说明原不等式是成立的. 当且仅当 $a_1=a_2=\cdots=a_k=\frac{1}{n+1}$ 时等号成立.

例 2.26(Romania 1999)　设 $x_1,x_2,\cdots,x_n$是正实数，满足 $x_1x_2\cdots x_n=1$，证明

$$\frac{1}{n-1+x_1}+\frac{1}{n-1+x_2}+\cdots+\frac{1}{n-1+x_n}\leqslant 1$$

证明　注意到

$$1=\frac{n-1+x_j}{n-1+x_j}=(n-1)\frac{1}{n-1+x_j}+\frac{x_j}{n-1+x_j},j=1,2,\cdots,n$$

所以

$$n=(n-1)\sum_{j=1}^{n}\frac{1}{n-1+x_j}+\sum_{j=1}^{n}\frac{x_j}{n-1+x_j}$$

因此，只须证明

$$\frac{x_1}{n-1+x_1}+\frac{x_2}{n-1+x_2}+\cdots+\frac{x_n}{n-1+x_n}\geqslant 1$$

这可由下述方式推出

$$\frac{x_j}{n-1+x_j}\geqslant\frac{x_j^{1-\frac{1}{n}}}{x_1^{1-\frac{1}{n}}+x_2^{1-\frac{1}{n}}+\cdots+x_n^{1-\frac{1}{n}}},j=1,2,\cdots,n$$

因为这 n 个不等式相加，就给出了所要证明的不等式. 实际上，上面的不等式可以写成

$$x_1^{1-\frac{1}{n}}+x_2^{1-\frac{1}{n}}+\cdots+x_{j-1}^{1-\frac{1}{n}}+x_{j+1}^{1-\frac{1}{n}}+\cdots+x_n^{1-\frac{1}{n}}\geqslant(n-1)x_j^{-\frac{1}{n}}$$

除以 x_j之后，交叉相乘，然后两边同时减去 $x_j^{1-\frac{1}{n}}$，这可以由 AM-GM 不等式得到证明

$$\frac{x_1^{1-\frac{1}{n}}+x_2^{1-\frac{1}{n}}+\cdots+x_{j-1}^{1-\frac{1}{n}}+x_{j+1}^{1-\frac{1}{n}}+\cdots+x_n^{1-\frac{1}{n}}}{n-1}\geqslant$$

$$((x_1x_2\cdots x_{j-1}x_{j+1}\cdots x_n)^{\frac{n-1}{n}})^{\frac{1}{n-1}}=(x_1x_2\cdots x_{j-1}x_{j+1}\cdots x_n)^{\frac{1}{n}}=x_j^{-\frac{1}{n}}$$

这里,我们使用了假设条件 $x_1x_2\cdots x_n=1$. 不等式得证.

例 2.27 设 a,b,c 是正实数,证明

$$\frac{1}{a(b+1)}+\frac{1}{b(c+1)}+\frac{1}{c(a+1)}\geqslant\frac{3}{1+abc}$$

证法 1 我们有

$$\begin{aligned}\frac{1}{a(1+b)}+\frac{1}{1+abc}&=\frac{1}{1+abc}\left[\frac{1+abc}{a(1+b)}+1\right]\\&=\frac{1}{1+abc}\cdot\frac{1+abc+a+ab}{a(1+b)}\\&=\frac{1}{1+abc}\cdot\frac{(1+a)+ab(1+c)}{a(1+b)}\\&=\frac{1}{1+abc}\left[\frac{1+a}{a(1+b)}+\frac{b(1+c)}{1+b}\right]\end{aligned}$$

3 次应用这个结果,并由 AM-GM 不等式可得

$$\begin{aligned}&\frac{1}{a(1+b)}+\frac{1}{b(1+c)}+\frac{1}{c(1+a)}+\frac{3}{1+abc}\\&=\frac{1}{a(1+b)}+\frac{1}{1+abc}+\frac{1}{b(1+c)}+\frac{1}{1+abc}+\frac{1}{c(1+a)}+\frac{1}{1+abc}\\&=\frac{1}{1+abc}\left[\frac{1+a}{a(1+b)}+\frac{b(1+c)}{1+b}+\frac{1+b}{b(1+c)}+\frac{c(1+a)}{1+c}+\frac{1+c}{c(1+a)}+\frac{a(1+b)}{1+a}\right]\\&\geqslant\frac{6}{1+abc}\end{aligned}$$

不等式两边同时减去 $\frac{3}{1+abc}$,即得所证不等式.

证法 2 采用"暴力"的手段,不等式两边同时乘以

$$(1+abc)a(b+1)b(c+1)c(a+1)$$

展开之后,得到等价的不等式

$$abc(ab^2+bc^2+ca^2)+(abc)^2(a+b+c)+ab+bc+ca+ab^2+bc^2+ca^2\geqslant$$
$$2abc(a+b+c)+2abc(ab+bc+ca)$$

上述不等式左边由 12 个加数组成. 左边的项重新组合成下列 6 对

$$\{a^2b^3c,bc\},\{ab^2c^3,ac\},\{a^3bc^2,ab\},\{a^3b^2c^2,ab^2\},\{a^2b^3c^2,bc^2\},\{a^2b^2c^3,ca^2\}$$

现在,对这些对应用 AM-GM 不等式之后,将其相加,即得所要证明的不等式.

例 2.28(Tran Quoc Anh) 设 a,b,c 是正实数,证明

$$\sum_{cyc}\frac{a}{a+2b}\geqslant\sum_{cyc}\frac{a}{\sqrt{3(a^2+ab+bc)}}$$

证明 由 AM-GM 不等式

$$\frac{3a^2}{a^2+ab+bc}+1\geqslant\frac{2\sqrt{3}\,a}{\sqrt{a^2+ab+bc}}$$

所以,只须证明

$$6\sum_{cyc}\frac{a}{a+2b}\geqslant\sum_{cyc}\left(\frac{3a^2}{a^2+ab+bc}+1\right)$$

这可以简化为

$$2\sum_{cyc}\frac{a}{a+2b}\geqslant\sum_{cyc}\frac{a^2}{a^2+ab+bc}+1$$

由于 $\sum_{cyc}\frac{ac}{ab+bc+ca}=1$,则上述不等式等价于

$$\sum_{cyc}\left(\frac{2a}{a+2b}-\frac{a^2}{a^2+ab+bc}-\frac{ac}{ab+bc+ca}\right)\geqslant 0$$

这个不等式是成立的,因为

$$\frac{2a}{a+2b}-\frac{a^2}{a^2+ab+bc}-\frac{ac}{ab+bc+ca}=\frac{a^2b(a-c)^2}{(a+2b)(ab+bc+ca)(a^2+ab+bc)}\geqslant 0$$

当且仅当 $a=b=c$ 时等号成立.

例 2.29(Ukraine 2001) 设 a,b,c,x,y,z 是正实数,满足 $x+y+z=1$,证明

$$ax+by+cz+2\sqrt{(ab+bc+ca)(xy+yz+zx)}\leqslant a+b+c$$

证明 注意到,不等式关于 a,b,c 是齐次的,所以,我们可以假设 $a+b+c=1$. 由 AM-GM 不等式

$$\begin{aligned}&ax+by+cz+2\sqrt{(ab+bc+ca)(xy+yz+zx)}\\ \leqslant\ &ax+by+cz+ab+bc+ca+xy+yz+zx\end{aligned}$$

利用条件 $a+b+c=x+y+z=1$ 以及 AM-GM 不等式,有

$$\begin{aligned}&ab+bc+ca+xy+yz+zx\\ =&\frac{(a+b+c)^2-a^2-b^2-c^2}{2}+\frac{(x+y+z)^2-x^2-y^2-z^2}{2}\\ =&\frac{1-a^2-b^2-c^2}{2}+\frac{1-x^2-y^2-z^2}{2}\\ =&1-\frac{a^2+x^2}{2}-\frac{b^2+y^2}{2}-\frac{c^2+z^2}{2}\\ \leqslant&1-ax-by-cz\end{aligned}$$

当且仅当 $a=x$,$b=y$ 和 $c=z$ 时,等号成立.考虑到我们设定的条件 $a+b+c=1$,则当且仅当 $\frac{a}{x}=\frac{b}{y}=\frac{c}{z}$ 时,原不等式等号成立.

例 2.30(Marian Tetiva) 设 x,y,z 是正实数,满足条件

$$x^2+y^2+z^2+2xyz=1$$

证明:(a) $xyz\leqslant\frac{1}{8}$;

(b) $x+y+z\leqslant\frac{3}{2}$;

(c) $xy+yz+zx\leqslant\frac{3}{4}\leqslant x^2+y^2+z^2$;

(d) $xy+yz+zx\leqslant\frac{1}{2}+2xyz$.

证明 (a) 由 AM-GM 不等式

$$1=x^2+y^2+z^2+2xyz\geqslant 4\sqrt[4]{2x^3y^3z^3}$$

可见

$$x^3y^3z^3\leqslant\frac{1}{2\cdot 4^4}$$

这就意味着 $xyz\leqslant\frac{1}{8}$.

(b) 由条件 $x^2+y^2+z^2+2xyz=1$. 我们必有 $x,y,z\in(0,1)$.

设 $s=x+y+z$. 由此可见

$$s^2-2s+1=2(1-x)(1-y)(1-z)$$

应用 AM-GM 不等式(这是合理的,因为 $1-x,1-y,1-z$ 都是正数),我们得到

$$s^2-2s+1\leqslant 2\left(\frac{1-x+1-y+1-z}{3}\right)^3=2\left(\frac{3-s}{3}\right)^3$$

少量的代数运算之后,这就意味着

$$2s^3+9s^2-27\leqslant 0$$

这可以因式分解为

$$(2s-3)(s+3)^2\leqslant 0$$

因而,$s\leqslant\frac{3}{2}$,得证.

(c) 调用不等式 $(x+y+z)^2\geqslant 3(xy+yz+zx)$(由例 1.1)以及应用前面已经证明过的两个不等式,注意到

$$xy+yz+zx\leqslant\frac{(x+y+z)^2}{3}\leqslant\frac{1}{3}\cdot\frac{9}{4}=\frac{3}{4}$$

和

$$x^2+y^2+z^2=1-2xyz\geqslant 1-2\cdot\frac{1}{8}=\frac{3}{4}$$

(d) 首先，注意到，三个数 x,y,z 中，总有两个或者都大于$\frac{1}{2}$，或者都小于$\frac{1}{2}$. 由对称性，不失一般性，我们可以假定这两个数是 x 和 y，由此可见

$$\left(x-\frac{1}{2}\right)\left(y-\frac{1}{2}\right)\geqslant 0$$

因此

$$x+y-2xy\leqslant\frac{1}{2} \tag{1}$$

还注意到

$$1=x^2+y^2+z^2+2xyz\geqslant 2xy+z^2+2xyz$$

因此

$$2xy(1+z)\leqslant 1-z^2$$

即

$$z\leqslant 1-2xy \tag{2}$$

由式(1) 和(2) 相乘，我们得到

$$xz+yz-2xyz\leqslant\frac{1}{2}-xy$$

这就证明了不等式成立. 尽管下面的证明不是必要的，但还是要注意到

$$x+y-2xy=xy\left(\frac{1}{x}+\frac{1}{y}-2\right)>0$$

因为$\frac{1}{x}$ 和$\frac{1}{y}$ 都大于 1.

备注　(1) 使用

$$z+2xy\leqslant 1$$

及其类似的不等式 $y+2xz\leqslant 1$，$x+2yz\leqslant 1$. 可以获得更多的结果.

例如，这些不等式分别用 z,y,x 相乘并相加，我们得到

$$x^2+y^2+z^2+6xyz\leqslant x+y+z$$

或者

$$1+4xyz\leqslant x+y+z$$

(2) 我们也可以进行三角代换. 如果 $\triangle ABC$ 是任意三角形，则

$$x=\sin\frac{A}{2},y=\sin\frac{B}{2},z=\sin\frac{C}{2}$$

满足这个问题的条件;反之,如果 $x,y,z>0$ 满足

$$x^2+y^2+z^2+2xyz=1$$

则,存在一个 $\triangle ABC$ 使得

$$x=\sin\frac{A}{2},y=\sin\frac{B}{2},z=\sin\frac{C}{2}$$

使用这个架构,可以提供上述许多不等式的轮换证明.

例 2.31 设 a,b,c 是正实数,证明

$$4a^2b^2c^2\geqslant(a+b-c)(b+c-a)(c+a-b)(a^3+b^3+c^3+abc)$$

证明 不失一般性,我们可以假定 $a\geqslant b\geqslant c$. 如果 $a\geqslant b+c$,则不等式显然成立,因为不等式右边是负的.所以,我们考虑条件 $b+c>a$ 的情况.此时,不等式等价于

$$16a^2b^2c^2(a+c)^2\geqslant 4(a+c)^2[b^2-(a-c)^2](c+a-b)(a^3+b^3+c^3+abc)$$

用 A 表示上述不等式的右边,由 AM-GM 不等式,我们有

$$A\leqslant[(a+c)^2(b^2-(a-c)^2)+(c+a-b)(a^3+b^3+c^3+abc)]^2$$

所以,只须证明

$$4abc(a+c)\geqslant(a+c)^2[b^2-(a-c)^2]+(c+a-b)(a^3+b^3+c^3+abc)$$

利用关系式 $4abc(a+c)=4abc(a+c-b)+4ab^2c$,则上述不等式等价于

$$4ab^2c-(a+c)^2[b^2-(a-c)^2]\geqslant(a+c-b)(a^3+b^3+c^3-3abc)$$

这可以改写成

$$(a-c)^2[(a+c)^2-b^2]\geqslant[(a+c)^2-b^2](a^2+b^2+c^2-ab-bc-ca)$$

由于

$$(a+c)^2-b^2>0$$

和

$$(a-c)^2-(a^2+b^2+c^2-ab-bc-ca)=(a-b)(b-c)\geqslant 0$$

所以,不等式得证,当且仅当 $a=b=c$ 时等号成立.

例 2.32(Russian Olympiad) 如果 a,b,c,d 是正实数,证明

$$\sqrt[3]{(a+b+c)(a+b+d)}\geqslant\sqrt[3]{ac}+\sqrt[3]{bd}$$

证明 由 AM-GM 不等式

$$\frac{a}{a+b}+\frac{c}{a+b+c}+\frac{a+b}{a+b+d}\geqslant 3\sqrt[3]{\frac{ac}{(a+b+c)(a+b+d)}}$$

和

$$\frac{b}{a+b}+\frac{a+b}{a+b+c}+\frac{d}{a+b+d}\geqslant 3\sqrt[3]{\frac{bd}{(a+b+c)(a+b+d)}}$$

上述两个不等式相加即可. 当且仅当$\frac{a}{b}=\frac{c}{a+b}=\frac{a+b}{d}$时等号成立.

例 2.33 设 a,b,c,d 是实数,证明

$$(a-c)^2(b-d)^2+4(a-b)(b-c)(c-d)(d-a)\geqslant 0$$

证明 做代换,令

$$x=a-b,y=b-c,z=c-d,t=d-a$$

则

$$x+y+z+t=0,a-c=x+y,b-d=y+z$$

这样,不等式等价于

$$(x+y)^2(y+z)^2+4xyzt\geqslant 0$$

利用条件 $x+y+z+t=0$,这个不等式可以改写成

$$(x+y)^2(y+z)^2\geqslant 4xyz(x+y+z)$$

由 AM-GM 不等式

$$(x+y)^2(y+z)^2=[y(x+y+z)+xz]^2\geqslant 4xyz(x+y+z)$$

不等式得证. 当且仅当 $y(x+y+z)=xz$,即$(a-b)(c-d)+(b-c)(d-a)=0$ 时等号成立.

例 2.34(Vasile Cîrtoaje) 设 a,b,c 是正实数,证明

$$\frac{4a^2-b^2-c^2}{a(b+c)}+\frac{4b^2-c^2-a^2}{b(c+a)}+\frac{4c^2-a^2-b^2}{c(a+b)}\leqslant 3$$

证明 不等式可以写成

$$\sum_{\text{cyc}}\frac{b^2+c^2}{a(b+c)}+3\geqslant 4\sum_{\text{cyc}}\frac{a}{b+c}$$

首先,注意到

$$\sum_{\text{cyc}}\frac{b^2+c^2}{a(b+c)}+3=\sum_{\text{cyc}}\frac{b(a+b)+c(c+a)}{a(b+c)}=\sum_{\text{cyc}}\frac{b(a+b)}{a(b+c)}+\sum_{\text{cyc}}\frac{c(c+a)}{a(b+c)}$$

$$=\sum_{\text{cyc}}\frac{a(c+a)}{c(a+b)}+\sum_{\text{cyc}}\frac{a(a+b)}{b(c+a)}$$

由 AM-GM 不等式

$$\sum_{\text{cyc}}\frac{a(c+a)}{c(a+b)}+\sum_{\text{cyc}}\frac{a(a+b)}{b(c+a)}\geqslant 2\sum_{\text{cyc}}\frac{a}{\sqrt{bc}}\geqslant 4\sum_{\text{cyc}}\frac{a}{b+c}$$

证毕. 当且仅当 $a=b=c$ 时等号成立.

3 Cauchy-Schwarz 不等式

Cauchy-Schwarz 不等式具有很多应用，是一个重要的不等式.

定理 3.1（Cauchy-Schwarz 不等式） 对于所有实数 $a_1, a_2, \cdots, a_n$ 和 $b_1, b_2, \cdots, b_n$，则

$$(a_1^2 + a_2^2 + \cdots + a_n^2)(b_1^2 + b_2^2 + \cdots + b_n^2) \geqslant (a_1b_1 + a_2b_2 + \cdots + a_nb_n)^2$$

当且仅当下列条件之一满足时等号成立：

(a) $a_i = 0$ 或者 $b_i = 0 (i = 1, 2, \cdots, n)$.

(b) 存在一个实数 t 满足 $ta_i = b_i (i = 1, 2, \cdots, n)$.

证明 设 $a_1, a_2, \cdots, a_n$ 和 $b_1, b_2, \cdots, b_n$ 是实数. 对每个实数 t，则下列不等式显然成立

$$f(t) = (a_1t - b_1)^2 + (a_2t - b_2)^2 + \cdots + (a_nt - b_n)^2 \geqslant 0 \tag{1}$$

展开每一个二项式，得到关于 t 的二次不等式

$$(a_1^2 + a_2^2 + \cdots + a_n^2)t^2 - 2(a_1b_1 + a_2b_2 + \cdots + a_nb_n)t + (b_1^2 + b_2^2 + \cdots + b_n^2) \geqslant 0$$

现在，我们利用二次函数的性质：一个二次函数 $ax^2 + bx + c (a > 0)$ 对所有实数 x 是非负的充要条件是其判别式 $b^2 - 4ac$ 是非正的.

在我们这里，$a = a_1^2 + a_2^2 + \cdots + a_n^2$ 是正的，除非 $a_i = 0, i = 1, 2, \cdots, n$，此时 Cauchy-Schwarz 不等式是显然成立的. 排除这个平凡的情况，取判别式

$$4(a_1b_1 + a_2b_2 + \cdots + a_nb_n)^2 - 4(a_1^2 + a_2^2 + \cdots + a_n^2)(b_1^2 + b_2^2 + \cdots + b_n^2) \leqslant 0 \tag{2}$$

这就等价于 Cauchy-Schwarz 不等式.

在 Cauchy-Schwarz 不等式中，取等号的情况是：当 $a_i = 0, i = 1, 2, \cdots, n$ 或者式(2) 取等号，后者意味着二次函数的判别式是零，如果二次函数有一个实根 t_0，则

$$(a_1t_0 - b_1)^2 + (a_2t_0 - b_2)^2 + \cdots + (a_nt_0 - b_n)^2 = 0$$

如果一个平方和等于 0，则每一个单独的平方项必须等于 0，这就给出了 $b_i = t_0a_i (i = 1, 2, \cdots, n)$，即(b). 注意到 $t_0 = 0$ 的情况表明，当 $b_i = 0 (i = 1, 2, \cdots, n)$ 时，等号成立，这就给出了(a) 的另一部分.

现在，我们给出 Cauchy-Schwarz 不等式的替代形式，这个公式使用起来更为容易.

推论 3.1 设 $x_1, x_2, \cdots, x_n$ 是实数，$y_1, y_2, \cdots, y_n$ 是正实数，则

$$\frac{x_1^2}{y_1} + \frac{x_2^2}{y_2} + \cdots + \frac{x_n^2}{y_n} \geqslant \frac{(x_1 + x_2 + \cdots + x_n)^2}{y_1 + y_2 + \cdots + y_n}$$

证明 这由下列形式的 Cauchy-Schwarz 不等式立即得到

$$\left(\frac{x_1^2}{y_1}+\frac{x_2^2}{y_2}+\cdots+\frac{x_n^2}{y_n}\right)(y_1+y_2+\cdots+y_n)\geqslant(x_1+x_2+\cdots+x_n)^2$$

（注意到 y_i 必须是正数，这是因为我们是对 $\frac{x_1}{\sqrt{y_1}},\frac{x_2}{\sqrt{y_2}},\cdots,\frac{x_n}{\sqrt{y_n}}$；$\sqrt{y_1},\sqrt{y_2},\cdots,\sqrt{y_n}$ 应用了 Cauchy-Schwarz 不等式.）

例 3.1 设 a,b,c 是实数，证明

$$\left(\frac{a+b+c}{3}\right)^2\leqslant\frac{a^2+b^2+c^2}{3}$$

证明 不等式改写成

$$(a\cdot1+b\cdot1+c\cdot1)^2\leqslant(a^2+b^2+c^2)(1^2+1^2+1^2)$$

这由 Cauchy-Schwarz 不等式即得.

例 3.2 设 a,b,c 是实数，证明

$$2a^2+3b^2+6c^2\geqslant(a+b+c)^2$$

证法 1 由 Cauchy-Schwarz 不等式

$$2a^2+3b^2+6c^2=(2a^2+3b^2+6c^2)\left(\frac{1}{2}+\frac{1}{3}+\frac{1}{6}\right)\geqslant(a+b+c)^2$$

当且仅当 $2a=3b=6c$ 时等号成立.

证法 2 不等式等价于

$$a^2+2b^2+5c^2-2ab-2bc-2ca\geqslant0$$

或者，不等式两边同时乘以 6 并配方

$$(2a-3b)^2+3(b-2c)^2+2(3c-a)^2\geqslant0$$

证法 3 不等式改写成

$$a^2-2a(b+c)+2b^2-2bc+5c^2\geqslant0$$

上述不等式的左边可以看成是 a 的二次多项式，其判别式是

$$4[(b+c)^2-(2b^2-2bc+5c^2)]=-4(b-2c)^2\leqslant0$$

回顾首相系数是非负的二次多项式，当其判别式是非正时，这个多项式是非负的，这就证明了不等式.

例 3.3 设 $a\in\left(0,\frac{\pi}{2}\right)$，证明

$$\frac{1}{\sin a}+\frac{1}{\cos a}\geqslant\frac{1}{\sin^5a+\cos^5a}$$

证明 由于 $\sin a>0,\cos a>0$，则由 Cauchy-Schwarz 不等式

$$(\sin^5a+\cos^5a)\left(\frac{1}{\sin a}+\frac{1}{\cos a}\right)\geqslant(\sin^2a+\cos^2a)^2=1$$

当且仅当 $\sin a=\cos a$,即 $a=\frac{\pi}{4}$ 时等号成立.

例 3.4 设 a,b,c 是正实数,证明

$$\frac{a^3}{b+c}+\frac{b^3}{c+a}+\frac{c^3}{a+b}\geqslant\frac{a^2+b^2+c^2}{2}$$

证明 由 Cauchy-Schwarz 不等式的推论 3.1 形式,我们有

$$\sum_{\text{cyc}}\frac{a^3}{b+c}=\sum_{\text{cyc}}\frac{a^4}{a(b+c)}\geqslant\frac{(a^2+b^2+c^2)^2}{2(ab+bc+ca)}$$

回顾例 1.1 的不等式 $a^2+b^2+c^2\geqslant ab+bc+ca$,我们有

$$\sum_{\text{cyc}}\frac{a^3}{b+c}\geqslant\frac{(a^2+b^2+c^2)^2}{2(ab+bc+ca)}\geqslant\frac{a^2+b^2+c^2}{2}$$

证毕.

(今后,我们不再区分定理 3.1 和推论 3.1 之间的差异,而把提供的两个公式简单地称为"Cauchy-Schwarz 不等式".)

例 3.5(Titu Andreescu, Mathematical Reflections) 设 a,b,c 是非负实数且满足 $\sqrt{a}+\sqrt{b}+\sqrt{c}=3$,证明

$$\sqrt{(a+b+1)(c+2)}+\sqrt{(b+c+1)(a+2)}+\sqrt{(c+a+1)(b+2)}\geqslant 9$$

证明 应用 Cauchy-Schwarz 不等式,我们得到

$$(a+b+1)(c+2)=(a+b+1)(1+1+c)\geqslant(\sqrt{a}+\sqrt{b}+\sqrt{c})^2=9$$

因此,所证不等式左边的每一个加数至少是 3,不等式显然成立.

例 3.6 求所有正实数三元组 (x,y,z) ,使得 $\frac{2x+2y+z}{\sqrt{x^2+y^2+z^2}}=3$ 成立.

解 所给等式等价于

$$(2x+2y+z)^2=(x^2+y^2+z^2)(2^2+2^2+1^2)$$

注意到,这是 Cauchy-Schwarz 不等式取等号的情况. 因为根据这个不等式给出 $(x^2+y^2+z^2)(2^2+2^2+1^2)\geqslant(2x+2y+z)^2$. 因此可见 $(x,y,z)=(2t,2t,t)$, $t>0$.

例 3.7 设 $a_1,a_2,\cdots,a_n$ 是实数,其和为 n ,证明

$$a_1^4+a_2^4+\cdots+a_n^4\geqslant n$$

证明 由 Cauchy-Schwarz 不等式

$$(1+1+\cdots+1)(a_1^2+a_2^2+\cdots+a_n^2)\geqslant(a_1+a_2+\cdots+a_n)^2=n^2$$

所以, $a_1^2+a_2^2+\cdots+a_n^2\geqslant n$. 再次使用 Cauchy-Schwarz 不等式,我们有

$$(1+1+\cdots+1)(a_1^4+a_2^4+\cdots+a_n^4)\geqslant(a_1^2+a_2^2+\cdots+a_n^2)^2$$

这就表明, $a_1^4+a_2^4+\cdots+a_n^4\geqslant n$. 证毕.

例 3.8 设 a_1,a_2,a_3 是正实数，证明

$$\frac{a_1^2+a_2^2+a_3^2}{a_1^3+a_2^3+a_3^3}\geqslant\frac{a_1^3+a_2^3+a_3^3}{a_1^4+a_2^4+a_3^4}$$

证明 不等式改写成

$$(a_1^2+a_2^2+a_3^2)\left[(a_1^2)^2+(a_2^2)^2+(a_3^2)^2\right]\geqslant\left[a_1(a_1^2)+a_2(a_2^2)+a_3(a_3^2)\right]^2$$

这由 Cauchy-Schwarz 不等式即得.

例 3.9 设 $a_1,a_2,\cdots,a_n$ 是实数，求下式的最大值

$$a_1a_{\sigma(1)}+a_2a_{\sigma(2)}+\cdots+a_na_{\sigma(n)}$$

其中 σ 是集合 $\{1,2,\cdots,n\}$ 的任意一个排列.

解 由 Cauchy-Schwarz 不等式

$$\begin{aligned}&(a_1a_{\sigma(1)}+a_2a_{\sigma(2)}+\cdots+a_na_{\sigma(n)})^2\\ \leqslant&(a_1^2+a_2^2+\cdots+a_n^2)(a_{\sigma(1)}^2+a_{\sigma(2)}^2+\cdots+a_{\sigma(n)}^2)=(a_1^2+a_2^2+\cdots+a_n^2)^2\end{aligned}$$

所以，最大值是 $a_1^2+a_2^2+\cdots+a_n^2$. 如果 $a_1,a_2,\cdots,a_n$ 互不相同，那么达到最大值的唯一排列就是恒等排列.

例 3.10 设 $x_1,x_2,\cdots,x_n$ 是实数，$f_1,f_2,\cdots,f_n$ 是正实数，证明

$$f_1x_1^2+f_2x_2^2+\cdots+f_nx_n^2-\frac{(f_1x_1+f_2x_2+\cdots+f_nx_n)^2}{f_1+f_2+\cdots+f_n}\geqslant 0$$

证明 对序列 $\sqrt{f_1}x_1,\sqrt{f_2}x_2,\cdots,\sqrt{f_n}x_n$ 和 $\sqrt{f_1},\sqrt{f_2},\cdots,\sqrt{f_n}$，应用 Cauchy-Schwarz 不等式，我们得到

$$(f_1x_1^2+f_2x_2^2+\cdots+f_nx_n^2)(f_1+f_2+\cdots+f_n)\geqslant(f_1x_1+f_2x_2+\cdots+f_nx_n)^2$$

证毕.

例 3.11 设 P 是一个正实系数的多项式，证明：对所有的正实数 a 和 b 有

$$\sqrt{P(a)P(b)}\geqslant P(\sqrt{ab})$$

证明 设 $P(x)=c_0x^n+c_1x^{n-1}+\cdots+c_n$. 由 Cauchy-Schwarz 不等式，我们有

$$\begin{aligned}P(a)P(b)&=(c_0a^n+c_1a^{n-1}+\cdots+c_n)(c_0b^n+c_1b^{n-1}+\cdots+c_n)\\&\geqslant\left[c_0(\sqrt{ab})^n+c_1(\sqrt{ab})^{n-1}+\cdots+c_n\right]^2=\left[P(\sqrt{ab})\right]^2\end{aligned}$$

不等式两边开平方根，即得所证不等式.

例 3.12 证明：正实数序列 $a_0,a_1,a_2,\cdots,a_n$ 是几何序列，当且仅当

$$(a_0a_1+a_1a_2+\cdots+a_{n-1}a_n)^2=(a_0^2+a_1^2+\cdots+a_{n-1}^2)(a_1^2+a_2^2+\cdots+a_n^2)$$

证明 直接观察可以看到，几何序列满足等式. 相反的，注意到 Cauchy-Schwarz 不等式等号成立的情况，即等号成立，当且仅当

$$\frac{a_0}{a_1}=\frac{a_1}{a_2}=\cdots=\frac{a_{n-1}}{a_n}$$

即,当且仅当 $a_0,a_1,a_2,\cdots,a_n$ 是几何序列.

例 3.13(Iran, 1997) 设 x,y,z 是大于1的实数,满足 $\frac{1}{x}+\frac{1}{y}+\frac{1}{z}=2$,证明

$$\sqrt{x+y+z}\geqslant\sqrt{x-1}+\sqrt{y-1}+\sqrt{z-1}$$

证明 对 $\sqrt{x},\sqrt{y},\sqrt{z}$ 和 $\sqrt{\frac{x-1}{x}},\sqrt{\frac{y-1}{y}},\sqrt{\frac{z-1}{z}}$,应用 Cauchy-Schwarz 不等式,得到

$$\begin{aligned}&(\sqrt{x-1}+\sqrt{y-1}+\sqrt{z-1})^2\\=&\left(\sqrt{x}\sqrt{\frac{x-1}{x}}+\sqrt{y}\sqrt{\frac{y-1}{y}}+\sqrt{z}\sqrt{\frac{z-1}{z}}\right)^2\\\leqslant&\left[(\sqrt{x})^2+(\sqrt{y})^2+(\sqrt{z})^2\right]\left[\left(\sqrt{\frac{x-1}{x}}\right)^2+\left(\sqrt{\frac{y-1}{y}}\right)^2+\left(\sqrt{\frac{z-1}{z}}\right)^2\right]\\=&(x+y+z)\left(3-\frac{1}{x}-\frac{1}{y}-\frac{1}{z}\right)=x+y+z\end{aligned}$$

不等式两边开平方根,即得所证不等式.

例 3.14 考虑实数 $x_0>x_1>x_2>\cdots>x_n$,证明

$$x_0+\frac{1}{x_0-x_1}+\frac{1}{x_1-x_2}+\cdots+\frac{1}{x_{n-1}-x_n}\geqslant x_n+2n$$

证明 如果 $a_1,a_2,\cdots,a_n$ 是正实数,则由 Cauchy-Schwarz 不等式,得到

$$(a_1+a_2+\cdots+a_n)\left(\frac{1}{a_1}+\frac{1}{a_2}+\cdots+\frac{1}{a_n}\right)\geqslant(1+1+\cdots+1)^2=n^2$$

所以

$$\frac{1}{a_1}+\frac{1}{a_2}+\cdots+\frac{1}{a_n}\geqslant\frac{n^2}{a_1+a_2+\cdots+a_n}$$

令 $a_1=x_0-x_1,a_2=x_1-x_2,\cdots,a_n=x_{n-1}-x_n$,则我们有

$$\frac{1}{x_0-x_1}+\frac{1}{x_1-x_2}+\cdots+\frac{1}{x_{n-1}-x_n}\geqslant\frac{n^2}{x_0-x_1+x_1-x_2+\cdots+x_{n-1}-x_n}=\frac{n^2}{x_0-x_n}$$

最后,由 AM-GM 不等式,有

$$x_0-x_n+\frac{n^2}{x_0-x_n}\geqslant 2n$$

这就证明了原不等式.在 Cauchy-Schwarz 不等式中,当且仅当 $x_0-x_1,x_1-x_2,\cdots,x_{n-1}-x_n$ 与 $\frac{1}{x_0-x_1},\frac{1}{x_1-x_2},\cdots,\frac{1}{x_{n-1}-x_n}$ 对应成比例,这就是说

$$x_0 - x_1 = x_1 - x_2 = \cdots = x_{n-1} - x_n$$

在 AM-GM 不等式中，当且仅当 $x_0 - x_n = n$ 时，等号成立. 因此，当且仅当 $x_0, x_1, x_2, \cdots, x_n$ 是公差为 -1 的算术序列时，原不等式等号成立.

例 3.15(IMO 1995) 设 a,b,c 是正实数且满足 $abc=1$，证明

$$\frac{1}{a^3(b+c)} + \frac{1}{b^3(c+a)} + \frac{1}{c^3(a+b)} \geqslant \frac{3}{2}$$

证明 由 Cauchy-Schwarz 不等式，我们有

$$\sum_{\text{cyc}} \frac{1}{a^3(b+c)} = \sum_{\text{cyc}} \frac{\frac{1}{a^2}}{a(b+c)} \geqslant \frac{\left(\frac{1}{a}+\frac{1}{b}+\frac{1}{c}\right)^2}{2(ab+bc+ca)} = \frac{(ab+bc+ca)^2}{2(ab+bc+ca)}$$

$$= \frac{ab+bc+ca}{2}$$

由 AM-GM 不等式，我们有

$$\frac{ab+bc+ca}{2} \geqslant \frac{3}{2}$$

这就完成了不等式的证明.

例 3.16 设 a,b,c,d 是实数，其和为 1，证明

$$\frac{a^2}{a+b} + \frac{b^2}{b+c} + \frac{c^2}{c+d} + \frac{d^2}{d+a} \geqslant \frac{1}{2}$$

证明 由 Cauchy-Schwarz 不等式，有

$$\frac{a^2}{a+b} + \frac{b^2}{b+c} + \frac{c^2}{c+d} + \frac{d^2}{d+a} \geqslant \frac{(a+b+c+d)^2}{(a+b)+(b+c)+(c+d)+(d+a)}$$

$$= \frac{a+b+c+d}{2} = \frac{1}{2}$$

等号成立，当且仅当序列

$$\sqrt{a+b}, \sqrt{b+c}, \sqrt{c+d}, \sqrt{d+a}$$

和

$$\frac{a}{\sqrt{a+b}}, \frac{b}{\sqrt{b+c}}, \frac{c}{\sqrt{c+d}}, \frac{d}{\sqrt{d+a}}$$

对应成比例. 也就是

$$\frac{a+b}{a} = \frac{b+c}{b} = \frac{c+d}{c} = \frac{d+a}{d}$$

即

$$\frac{b}{a} = \frac{c}{b} = \frac{d}{c} = \frac{a}{d}$$

因为,$\frac{b}{a}\cdot\frac{c}{b}\cdot\frac{d}{c}\cdot\frac{a}{d}=1$,并且它们都是正数,所以等号成立,当且仅当 $a=b=c=d=\frac{1}{4}$.

例 3.17(Alex Anderson, Mathematical Reflections) 设 a,b,c 是正实数满足

$$\frac{1}{a^2+b^2+1}+\frac{1}{b^2+c^2+1}+\frac{1}{c^2+a^2+1}\geqslant 1$$

证明

$$ab+bc+ca\leqslant 3$$

证明 由 Cauchy-Schwarz 不等式,可见

$$(a^2+b^2+1)(1+1+c^2)\geqslant(a+b+c)^2$$

因此

$$\frac{1}{a^2+b^2+1}\leqslant\frac{2+c^2}{(a+b+c)^2}$$

类似可得

$$\frac{1}{b^2+c^2+1}\leqslant\frac{2+a^2}{(a+b+c)^2}$$

$$\frac{1}{c^2+a^2+1}\leqslant\frac{2+b^2}{(a+b+c)^2}$$

上述3个不等式相加,并注意到

$$1\leqslant\frac{1}{a^2+b^2+1}+\frac{1}{b^2+c^2+1}+\frac{1}{c^2+a^2+1}\leqslant\frac{6+a^2+b^2+c^2}{(a+b+c)^2}$$

因此 $(a+b+c)^2\leqslant 6+a^2+b^2+c^2$,这等价于不等式 $ab+bc+ca\leqslant 3$.

例 3.18(Titu Andreescu) 设 a,b,c 是正实数且满足 $a^2+b^2+c^2+2abc=1$,证明

$$\frac{a^3}{b^2+c^2}+\frac{b^3}{c^2+a^2}+\frac{c^3}{a^2+b^2}+2abc\geqslant\frac{1}{(a+b)(b+c)(c+a)}$$

证明 由 Cauchy-Schwarz 不等式,有

$$\frac{a^4}{a(b^2+c^2)}+\frac{b^4}{b(c^2+a^2)}+\frac{c^4}{c(a^2+b^2)}+\frac{4a^2b^2c^2}{2abc}$$

$$\geqslant\frac{(a^2+b^2+c^2+2abc)^2}{a(b^2+c^2)+b(c^2+a^2)+c(a^2+b^2)+2abc}$$

$$=\frac{1}{(a+b)(b+c)(c+a)}$$

当且仅当 $a=b=c=\frac{1}{2}$ 时等号成立.

例 3.19(Balkan Junior Olympiad) 设 a,b,c 是大于 -1 的实数,证明

$$\frac{1+a^2}{1+b+c^2}+\frac{1+b^2}{1+c+a^2}+\frac{1+c^2}{1+a+b^2}\geqslant 2$$

证明 注意到 $1+b+c^2 \geqslant 1+b>0$ 以及 $1+b+c^2 \leqslant \frac{1+b^2}{2}+1+c^2$，则

$$\frac{1+a^2}{1+b+c^2} \geqslant \frac{2(1+a^2)}{1+b^2+2(1+c^2)}$$

令 $x=1+a^2, y=1+b^2, z=1+c^2$. 我们只须证明等价不等式

$$\frac{x}{y+2z}+\frac{y}{z+2x}+\frac{z}{x+2y} \geqslant 1$$

由 Cauchy-Schwarz 不等式，我们有

$$\begin{aligned}\frac{x}{y+2z}+\frac{y}{z+2x}+\frac{z}{x+2y} &= \frac{x^2}{xy+2zx}+\frac{y^2}{yz+2xy}+\frac{z^2}{xz+2yz} \\ &\geqslant \frac{(x+y+z)^2}{3(xy+yz+zx)} \geqslant 1\end{aligned}$$

这最后的不等式等价于

$$x^2+y^2+z^2 \geqslant xy+yz+zx$$

这在例 1.1 中已经证明过. 当且仅当 $a=b=c=1$ 时等号成立.

例 3.20 设 a,b,c 是正实数，证明

$$\frac{a}{b^2+bc+c^2}+\frac{b}{c^2+ca+a^2}+\frac{c}{a^2+ab+b^2} \geqslant \frac{a+b+c}{ab+bc+ca}$$

证明 令 A 表示不等式左边的表达式，由 Cauchy-Schwarz 不等式，我们有

$$\begin{aligned}A &= \frac{a^2}{a(b^2+bc+c^2)}+\frac{b^2}{b(c^2+ca+a^2)}+\frac{c^2}{c(a^2+ab+b^2)} \\ &\geqslant \frac{(a+b+c)^2}{a(b^2+bc+c^2)+b(c^2+ca+a^2)+c(a^2+ab+b^2)} \\ &= \frac{(a+b+c)^2}{(a+b+c)(ab+bc+ca)} \\ &= \frac{a+b+c}{ab+bc+ca}\end{aligned}$$

证毕.

例 3.21(Pham Huu Duc, Mathematical Reflections) 设 a,b,c 是正实数，证明

$$\frac{bc}{a^2+bc}+\frac{ca}{b^2+ca}+\frac{ab}{c^2+ab} \leqslant \frac{a}{b+c}+\frac{b}{c+a}+\frac{c}{a+b}$$

证明 首先，注意到

$$\frac{bc}{a^2+bc}=1-\frac{a^2}{a^2+bc}$$

利用这个恒等式，给定的不等式可以改写成

$$\frac{a^2}{a^2+bc}+\frac{b^2}{b^2+ca}+\frac{c^2}{c^2+ab}+\frac{a}{b+c}+\frac{b}{c+a}+\frac{c}{a+b} \geqslant 3$$

令 A 表示上述不等式的左边的表达式,由 Cauchy-Schwarz 不等式,我们有

$$A=\frac{a^2}{a^2+bc}+\frac{b^2}{b^2+ca}+\frac{c^2}{c^2+ab}+\frac{a^2}{a(b+c)}+\frac{b^2}{b(c+a)}+\frac{c^2}{c(a+b)}$$
$$\geqslant\frac{4(a+b+c)^2}{a^2+b^2+c^2+3(ab+bc+ca)}$$

为了完成证明,注意到

$$\frac{4(a+b+c)^2}{a^2+b^2+c^2+3(ab+bc+ca)}\geqslant 3$$

等价于例 1.1 中的不等式

$$a^2+b^2+c^2\geqslant ab+bc+ca$$

这就完成了证明.

例 3.22 设 a,b,c,d,e 是非负实数,其中没有 3 个同时为 0,满足 $a^2+b^2+c^2+d^2+e^2=5$,证明

$$\frac{a^2}{b+c+d}+\frac{b^2}{c+d+e}+\frac{c^2}{d+e+a}+\frac{d^2}{e+a+b}+\frac{e^2}{a+b+c}\geqslant\frac{5}{3}$$

证明 由显然的不等式 $(x-1)^2\geqslant 0$ (对所有的实数 x 都成立),我们得到

$$2b+2c+2d\leqslant(b^2+1)+(c^2+1)+(d^2+1)=8-a^2-e^2$$

这样一来,只须证明

$$\sum_{\text{cyc}}\frac{a^2}{8-a^2-e^2}\geqslant\frac{5}{6}$$

这可以由 Cauchy-Schwarz 不等式来完成. 实际上,我们有

$$\sum_{\text{cyc}}\frac{a^2}{8-a^2-e^2}\geqslant\frac{\left(\sum_{\text{cyc}}a^2\right)^2}{\sum_{\text{cyc}}a^2(8-a^2-e^2)}=\frac{25}{40-\sum_{\text{cyc}}a^4-\sum_{\text{cyc}}a^2e^2}$$
$$=\frac{50}{80-\sum_{\text{cyc}}(a^2+e^2)^2}\geqslant\frac{50}{80-\frac{1}{5}\left[\sum_{\text{cyc}}(a^2+e^2)\right]^2}=\frac{5}{6}$$

这就证明了所要证明的不等式.

例 3.23(Titu Andreescu, IMO Shortlist 1993) 设 a,b,c,d 是正实数,证明

$$\frac{a}{b+2c+3d}+\frac{b}{c+2d+3a}+\frac{c}{d+2a+3b}+\frac{d}{a+2b+3c}\geqslant\frac{2}{3}$$

证明 令 A 表示不等式左边的表达式,则

$$4(ab+ac+ad+bc+bd+cd)A$$
$$=[a(b+2c+3d)+b(c+2d+3a)+c(d+2a+3b)+d(a+2b+3c)]\cdot$$
$$\left(\frac{a}{b+2c+3d}+\frac{b}{c+2d+3a}+\frac{c}{d+2a+3b}+\frac{d}{a+2b+3c}\right)$$

$$\geqslant (a+b+c+d)^2$$

其中,最后的不等式利用了 Cauchy-Schwarz 不等式. 最后,注意到

$$3(a+b+c+d)^2 \geqslant 8(ab+ac+ad+bc+bd+cd)$$

因为,这可以简化为

$$(a-b)^2+(a-c)^2+(a-d)^2+(b-c)^2+(b-d)^2+(c-d)^2 \geqslant 0$$

综合这两个不等式我们就得到了原不等式. 当且仅当 $a=b=c=d$ 时等号成立.

例 3.24(Proposed, Balkan Mathematical Olympiad) 设 a,b,c 是正实数,证明

$$\frac{a^3}{b^2-bc+c^2}+\frac{b^3}{c^2-ca+a^2}+\frac{c^3}{a^2-ab+b^2} \geqslant a+b+c$$

证明 应用 Cauchy-Schwarz 不等式,我们有

$$\sum_{\text{cyc}} \frac{a^3}{b^2-bc+c^2}=\sum_{\text{cyc}} \frac{a^4}{a(b^2-bc+c^2)} \geqslant \frac{\left(\sum_{\text{cyc}} a^2\right)^2}{\sum_{\text{cyc}} a(b^2-bc+c^2)}$$

所以,只须证明

$$(a^2+b^2+c^2)^2 \geqslant (a+b+c)\sum_{\text{cyc}} a(b^2-bc+c^2)$$

某些代数运算之后,注意到这个不等式可以简化为

$$a^4+b^4+c^4+abc(a+b+c) \geqslant ab(a^2+b^2)+bc(b^2+c^2)+ca(c^2+a^2)$$

由 Schur 不等式可知,它是成立的.

备注 这个不等式是 Vasile Cîrtoaje 在 Gazeta Matematică 上发布的不等式的一个特例($n=3$),其一般形式是

$$\frac{2a^n-b^n-c^n}{b^2-bc+c^2}+\frac{2b^n-c^n-a^n}{c^2-ca+a^2}+\frac{2c^n-a^n-b^n}{a^2-ab+b^2} \geqslant 0$$

例 3.25(Pham Huu Duc, Mathematical Reflections) 设 a,b,c 是正实数,证明

$$\frac{1}{a+b+c}\left(\frac{1}{a+b}+\frac{1}{b+c}+\frac{1}{c+a}\right) \geqslant \frac{1}{ab+bc+ca}+\frac{1}{2(a^2+b^2+c^2)}$$

证明 给定的不等式可以改写成

$$(ab+bc+ca)\left(\frac{1}{a+b}+\frac{1}{b+c}+\frac{1}{c+a}\right) \geqslant a+b+c+\frac{(a+b+c)(ab+bc+ca)}{2(a^2+b^2+c^2)}$$

首先,注意到 $\frac{ab+bc+ca}{a+b}=c+\frac{ab}{a+b}$,则上述不等式等价于

$$\frac{ab}{a+b}+\frac{bc}{b+c}+\frac{ca}{c+a} \geqslant \frac{(a+b+c)(ab+bc+ca)}{2(a^2+b^2+c^2)}$$

应用 Cauchy-Schwarz 不等式,我们有

$$\sum_{cyc} ab(a+b)\sum_{cyc}\frac{ab}{a+b}\geqslant(ab+bc+ca)^2$$

因此,只须证明

$$2(ab+bc+ca)(a^2+b^2+c^2)\geqslant(a+b+c)[ab(a+b)+bc(b+c)+ca(c+a)]$$

这又可以改写成

$$(ab+bc+ca)\sum_{cyc}(a^2+b^2)\geqslant(a+b+c)\sum_{cyc}c(a^2+b^2)$$

对项重新分组,这等价于

$$\sum_{cyc}ab(a^2+b^2)+\sum_{cyc}c(a+b)(a^2+b^2)\geqslant\sum_{cyc}c(a+b)(a^2+b^2)+\sum_{cyc}c^2(a^2+b^2)$$

消去公共项,上面的不等式可以简化为

$$\sum_{cyc}ab(a^2+b^2)\geqslant\sum_{cyc}c^2(a^2+b^2)$$

这又等价于

$$ab(a-b)^2+bc(b-c)^2+ca(c-a)^2\geqslant 0$$

这显然是成立的,不等式得证.当且仅当 $a=b=c$ 时等号成立.

例 3.26 设 a,b,c 是正实数,证明

$$\frac{a^7}{b+c}+\frac{b^7}{c+a}+\frac{c^7}{a+b}\geqslant\frac{(a^2+b^2+c^2)^3}{18}$$

证明 令 A 表示不等式左边的表达式,由 Cauchy-Schwarz 不等式,我们有

$$A=\frac{a^8}{ab+ca}+\frac{b^8}{bc+ab}+\frac{c^8}{ca+ab}\geqslant\frac{(a^4+b^4+c^4)^2}{2(ab+bc+ca)}$$

再由 Cauchy-Schwarz 不等式给出 $3(a^4+b^4+c^4)\geqslant(a^2+b^2+c^2)^2$,所以

$$A\geqslant\frac{(a^2+b^2+c^2)^4}{9\cdot 2(ab+bc+ca)}\geqslant\frac{(a^2+b^2+c^2)^3(ab+bc+ca)}{18(ab+bc+ca)}=\frac{(a^2+b^2+c^2)^3}{18}$$

例 3.27(Vasile Cîrtoaje, Mathematical Reflections) 设 a,b,c 是正实数,证明

$$\frac{a^2-bc}{4a^2+4b^2+c^2}+\frac{b^2-ca}{4b^2+4c^2+a^2}+\frac{c^2-ab}{4c^2+4a^2+b^2}\geqslant 0$$

并找出等号成立的所有情况.

证明 利用恒等式 $1-\frac{4(a^2-bc)}{4a^2+4b^2+c^2}=\frac{(2b+c)^2}{4a^2+4b^2+c^2}$,则给定的不等式等价于

$$\frac{(2b+c)^2}{4a^2+4b^2+c^2}+\frac{(2c+a)^2}{4b^2+4c^2+a^2}+\frac{(2a+b)^2}{4c^2+4a^2+b^2}\leqslant 3$$

由 Cauchy-Schwarz 不等式,我们有

$$\frac{(2b+c)^2}{4a^2+4b^2+c^2}=\frac{(2b+c)^2}{2(a^2+2b^2)+c^2+2a^2}\leqslant\frac{2b^2}{a^2+2b^2}+\frac{c^2}{c^2+2a^2}$$

这个不等式与其他两个通过变量轮换得到的类似不等式相加，即得所证不等式. 等号成立，当且仅当

$$a(b^2+2c^2)=b(c^2+2a^2)=c(a^2+2b^2)$$

注意到 $a(b^2+2c^2)=b(c^2+2a^2)$ 等价于 $(c^2-ab)(2a-b)=0$. 所以，或者 $c^2=ab$ 或者 $2a=b$. 类似可得或者 $b^2=ac$ 或者 $2c=a$. 综合所有情况表明，当且仅当下列条件满足时，等号成立

$$a=b=c,4a=2b=c,4b=2c=a,4c=2a=b$$

例 3.28(Andrei Ciupan, Mathematical Reflections) 设 a,b,c 是正实数且满足

$$4abc=a+b+c+1$$

证明

$$\frac{b^2+c^2}{a}+\frac{c^2+a^2}{b}+\frac{a^2+b^2}{c}\geqslant 2(ab+bc+ca)$$

证明 应用 AM-GM 不等式，有

$$4abc=a+b+c+1\geqslant 4\sqrt[4]{abc}$$

所以，$abc\geqslant 1$，并且 $a+b+c=4abc-1=3abc+abc-1\geqslant 3abc$. 再次利用 AM-GM 不等式，有

$$\frac{b^2+c^2}{a}+\frac{c^2+a^2}{b}+\frac{a^2+b^2}{c}\geqslant 2\left(\frac{bc}{a}+\frac{ca}{b}+\frac{ab}{c}\right)$$

由 Cauchy-Schwarz 不等式，我们有

$$2\left(\frac{bc}{a}+\frac{ca}{b}+\frac{ab}{c}\right)=2\left(\frac{(bc)^2}{abc}+\frac{(ca)^2}{abc}+\frac{(ab)^2}{abc}\right)\geqslant 2\,\frac{(ab+bc+ca)^2}{3abc}$$

所以，这只须证明 $ab+bc+ca\geqslant 3abc$. 注意到，我们前面已经证明了

$$a+b+c\geqslant 3abc$$

所以，只须证明

$$ab+bc+ca\geqslant\sqrt{3abc(a+b+c)}$$

而这又等价于

$$(ab+bc+ca)^2\geqslant 3abc(a+b+c)$$

这可以简化为

$$a^2b^2+b^2c^2+c^2a^2\geqslant a^2bc+b^2ca+c^2ab$$

由 AM-GM 不等式，有

$$\frac{a^2b^2+b^2c^2}{2}\geqslant ab^2c$$

这个不等式与其他两个通过变量轮换得到的类似不等式相加，即得所证不等式.

例 3.29(Andrei Razvan Baleanu, Mathematical Reflections) 设 a,b,c 是正实数,证明

$$\frac{a+b}{a+b+2c}+\frac{b+c}{b+c+2a}+\frac{c+a}{c+a+2b}+\frac{2(ab+bc+ca)}{3(a^2+b^2+c^2)}\leqslant\frac{13}{6}$$

证明 利用恒等式 $\frac{a+b}{a+b+2c}=1-\frac{2c}{a+b+2c}$,则不等式等价于

$$\sum_{cyc}\frac{2a}{2a+b+c}\geqslant\frac{5}{6}+\frac{2(ab+bc+ca)}{3(a^2+b^2+c^2)}$$

应用 Cauchy-Schwarz 不等式,有

$$\sum_{cyc}\frac{a}{2a+b+c}=\sum_{cyc}\frac{a^2}{2a^2+ab+ca}\geqslant\frac{(a+b+c)^2}{2(a^2+b^2+c^2)+2(ab+bc+ca)}$$

所以,只须证明

$$\frac{(a+b+c)^2}{2(a^2+b^2+c^2)+2(ab+bc+ca)}-\frac{1}{3}\cdot\frac{ab+bc+ca}{a^2+b^2+c^2}\geqslant\frac{5}{12}$$

做替换 $ab+bc+ca=x$,注意到,因为不等式是齐次的,我们可以引入条件

$$a+b+c=1$$

这样一来,所证不等式可以简化为

$$\frac{1}{2}\cdot\frac{1}{1-x}-\frac{1}{3}\cdot\frac{x}{1-2x}\geqslant\frac{5}{12}$$

由例 1.1,我们有

$$1-2x=a^2+b^2+c^2\geqslant ab+bc+ca=x$$

所以,$x\leqslant\frac{1}{3}$. 因此,只须证明

$$\frac{1}{12}\cdot\frac{(2x+1)(1-3x)}{(1-x)(1-2x)}\geqslant 0,0\leqslant x\leqslant\frac{1}{3}$$

这显然是成立的. 当且仅当 $a=b=c$ 时,等号成立.

例 3.30(Vazgen Mikayelyan, Mathematical Reflections) 设 x,y,z 是正实数,证明

$$\sqrt{2(x^2y^2+y^2z^2+z^2x^2)\left(\frac{1}{x^3}+\frac{1}{y^3}+\frac{1}{z^3}\right)}\geqslant x\sqrt{\frac{1}{y}+\frac{1}{z}}+y\sqrt{\frac{1}{z}+\frac{1}{x}}+z\sqrt{\frac{1}{x}+\frac{1}{y}}$$

证明 应用 Cauchy-Schwarz 不等式,我们有

$$\sum_{cyc}x\sqrt{\frac{1}{y}+\frac{1}{z}}\leqslant\sqrt{\sum_{cyc}x^2\sum_{cyc}\left(\frac{1}{y}+\frac{1}{z}\right)}=\sqrt{2\sum_{cyc}x^2\sum_{cyc}\frac{1}{x}}$$

所以,只须证明

$$(x^2y^2+y^2z^2+z^2x^2)\left(\frac{1}{x^3}+\frac{1}{y^3}+\frac{1}{z^3}\right)\geqslant(x^2+y^2+z^2)\left(\frac{1}{x}+\frac{1}{y}+\frac{1}{z}\right)$$

做替换 $a=\frac{1}{x},b=\frac{1}{y},c=\frac{1}{z}$,则所证不等式转化为

$$\left(\frac{1}{a^2b^2}+\frac{1}{b^2c^2}+\frac{1}{c^2a^2}\right)(a^3+b^3+c^3)\geqslant\left(\frac{1}{a^2}+\frac{1}{b^2}+\frac{1}{c^2}\right)(a+b+c)$$

这等价于

$$(a^2+b^2+c^2)(a^3+b^3+c^3)\geqslant(a^2b^2+b^2c^2+c^2a^2)(a+b+c)$$

即

$$\sum_{\text{cyc}}a^5+\sum_{\text{cyc}}a^3(b^2+c^2)\geqslant\sum_{\text{cyc}}a^3(b^2+c^2)+\sum_{\text{cyc}}ab^2c^2$$

消去公共项,这又等价于

$$\sum_{\text{cyc}}a^5\geqslant\sum_{\text{cyc}}ab^2c^2$$

这可由下列形式的 AM-GM 不等式得到证明

$$a^5+a^5+b^5+b^5+c^5\geqslant 5a^2b^2c$$
$$b^5+b^5+c^5+c^5+a^5\geqslant 5b^2c^2a$$
$$c^5+c^5+a^5+a^5+b^5\geqslant 5c^2a^2b$$

例 3.31(Tran Quoc Anh) 设 a,b,c 是正实数,证明

$$\frac{a^2+b^2+c^2}{ab+bc+ca}\geqslant\frac{a^2}{a^2+ab+bc}+\frac{b^2}{b^2+bc+ca}+\frac{c^2}{c^2+ca+ab}$$

证明 由 Cauchy-Schwarz 不等式,我们得到

$$\frac{a^2}{a^2+ab+bc}=\frac{2a^2}{(a^2+2bc)+(a^2+2ab)}\leqslant\frac{a^2}{2(a^2+2bc)}+\frac{a^2}{2(a^2+2ab)}$$

由这个不等式以及通过变量置换得到的两个类似的不等式可见,只须证明

$$\frac{2(a^2+b^2+c^2)}{ab+bc+ca}\geqslant\sum_{\text{cyc}}\frac{a^2}{a^2+2bc}+\sum_{\text{cyc}}\frac{a}{a+2b}$$

我们通过下面两个不等式来证明

$$\frac{a^2+b^2+c^2}{ab+bc+ca}\geqslant\sum_{\text{cyc}}\frac{a^2}{a^2+2bc}\tag{1}$$

和

$$\frac{a^2+b^2+c^2}{ab+bc+ca}\geqslant\sum_{\text{cyc}}\frac{a}{a+2b}\tag{2}$$

实际上,不等式(1) 等价于

$$\sum_{\text{cyc}}\left(\frac{a^2}{ab+bc+ca}-\frac{a^2}{a^2+2bc}\right)\geqslant 0$$

这可以简化为

$$\sum_{cyc}\frac{a^2(a-b)(a-c)}{a^2+2bc}\geqslant 0$$

不失一般性,假设 $a\geqslant b\geqslant c$, 只须证明

$$\frac{a^2(a-b)(a-c)}{a^2+2bc}+\frac{b^2(b-c)(b-a)}{b^2+2ca}\geqslant 0$$

简单的代数运算之后,这可以简化为

$$(a-b)^2[a^2b^2+2a^3c+2c(b-c)(a^2+ab+b^2)]\geqslant 0$$

这显然是成立的.不等式(2)可以改写成

$$\frac{a^2+b^2+c^2}{ab+bc+ca}+2\sum_{cyc}\frac{b}{a+2b}\geqslant 3$$

由 Cauchy-Schwarz 不等式,有

$$\sum_{cyc}\frac{b}{a+2b}=\sum_{cyc}\frac{b^2}{b(a+2b)}\geqslant\frac{(b+c+a)^2}{b(a+2b)+c(b+2c)+a(c+2a)}$$

余下的来证明

$$\frac{a^2+b^2+c^2}{ab+bc+ca}+\frac{2(a+b+c)^2}{2(a^2+b^2+c^2)+(ab+bc+ca)}\geqslant 3$$

这可以简化为

$$(a^2+b^2+c^2-ab-bc-ca)(2a^2+2b^2+2c^2-ab-bc-ca)\geqslant 0$$

这个可以由例 1.1 得到证明.这样我们就完成了原不等式的证明.当且仅当 $a=b=c$ 时等号成立.

例 3.32(JBMO 2002 Shortlist) 设 a,b,c 是正实数且满足 $abc=2$,证明

$$a^3+b^3+c^3\geqslant a\sqrt{b+c}+b\sqrt{c+a}+c\sqrt{a+b}$$

证明 由 Cauchy-Schwarz 不等式,我们有

$$3(a^2+b^2+c^2)\geqslant(a+b+c)^2$$

以及

$$(a+b+c)(a^3+b^3+c^3)\geqslant(a^2+b^2+c^2)^2$$

由此,我们得到

$$\begin{aligned}a^3+b^3+c^3&\geqslant\frac{(a^2+b^2+c^2)(a+b+c)}{3}\\&=\frac{(a^2+b^2+c^2)[(b+c)+(a+c)+(a+b)]}{6}\\&\geqslant\frac{(a\sqrt{b+c}+b\sqrt{a+c}+c\sqrt{a+b})^2}{6}\end{aligned}$$

所以,只须证明

$$(a\sqrt{b+c}+b\sqrt{c+a}+c\sqrt{a+b})^2\geqslant 6(a\sqrt{b+c}+b\sqrt{c+a}+c\sqrt{a+b})$$

事实上，由 AM-GM 不等式，我们有

$$\begin{aligned}a\sqrt{b+c}+b\sqrt{c+a}+c\sqrt{a+b}&\geqslant 3\sqrt[3]{abc(\sqrt{(a+b)(b+c)(c+a)})}\\&\geqslant 3\sqrt[3]{abc\sqrt{8abc}}=3\sqrt[3]{8}=6\end{aligned}$$

证毕.

例 3.33(Tran Quoc Anh)　设 a,b,c 是正实数，证明

$$\sum_{\text{cyc}}\frac{a}{a+2b}\geqslant\sum_{\text{cyc}}\frac{a}{\sqrt{3(a^2+ab+bc)}}$$

证明　我们回到 AM-GM 章节的一个例子. 由 Cauchy-Schwarz 不等式并注意到

$$\left(\sum_{\text{cyc}}\frac{a}{\sqrt{a^2+ab+bc}}\right)^2\leqslant\left(\sum_{\text{cyc}}\frac{a}{a+2b}\right)\left[\sum_{\text{cyc}}\frac{a(a+2b)}{a^2+ab+bc}\right]$$

所以，只须证明

$$3\sum_{\text{cyc}}\frac{a}{a+2b}\geqslant\sum_{\text{cyc}}\frac{a^2+2ab}{a^2+ab+bc}$$

这可以改写成

$$3\sum_{\text{cyc}}\frac{a}{a+2b}+\sum_{\text{cyc}}\left(2-\frac{a^2+2ab}{a^2+ab+bc}\right)\geqslant 6$$

这又等价于

$$3\sum_{\text{cyc}}\frac{a}{a+2b}+\sum_{\text{cyc}}\frac{a^2}{a^2+ab+bc}+2\sum_{\text{cyc}}\frac{bc}{a^2+ab+bc}\geqslant 6$$

由 Cauchy-Schwarz 不等式，有

$$\sum_{\text{cyc}}\frac{a}{a+2b}\geqslant\frac{(a+b+c)^2}{\sum_{\text{cyc}}a(a+2b)}=1$$

$$\sum_{\text{cyc}}\frac{a^2}{a^2+ab+bc}\geqslant\frac{(a+b+c)^2}{\sum_{\text{cyc}}(a^2+ab+bc)}=1$$

以及

$$\sum_{\text{cyc}}\frac{bc}{a^2+ab+bc}\geqslant\frac{(ab+bc+ca)^2}{\sum_{\text{cyc}}bc(a^2+ab+bc)}=1$$

综合这三个不等式，就完成了证明. 当且仅当 $a=b=c$ 时等号成立.

例 3.34(Romania 2007)　设 $n\geqslant 2$ 是正整数，又设 $a_1,a_2,\cdots,a_n,b_1,b_2,\cdots,b_n$ 是实数，满足

$$a_1^2+a_2^2+\cdots+a_n^2=b_1^2+b_2^2+\cdots+b_n^2=1$$

和

$$a_1b_1+a_2b_2+\cdots+a_nb_n=0$$

证明

$$\left(\sum_{i=1}^{n}a_i\right)^2+\left(\sum_{i=1}^{n}b_i\right)^2\leqslant n$$

证明 设 $A=\sum\limits_{i=1}^{n}a_i$ 和 $B=\sum\limits_{i=1}^{n}b_i$,由 Cauchy-Schwarz 不等式,有

$$\begin{aligned}(A^2+B^2)^2&=\left[\sum_{i=1}^{n}(a_iA+b_iB)\right]^2\leqslant n\sum_{i=1}^{n}(a_iA+b_iB)^2\\&=n\sum_{i=1}^{n}(a_i^2A^2+b_i^2B^2+2a_ib_iAB)\\&=n\left(A^2\sum_{i=1}^{n}a_i^2+B^2\sum_{i=1}^{n}b_i^2+2AB\sum_{i=1}^{n}a_ib_i\right)\\&=n(A^2+B^2)\end{aligned}$$

其中,我们利用了给定的条件. 可见 $A^2+B^2\leqslant n$, 证毕.

例 3.35(Ukraine 2001) 设 a,b,c,x,y,z 是正实数且满足 $x+y+z=1$,证明

$$ax+by+cz+2\sqrt{(ab+bc+ca)(xy+yz+zx)}\leqslant a+b+c$$

证明 这个不等式, 在 AM-GM 章节已经证明过, 这里是另一个证法. 由 Cauchy-Schwarz 不等式,我们有

$$ax+by+cz\leqslant\sqrt{a^2+b^2+c^2}\cdot\sqrt{x^2+y^2+z^2}$$

再次应用 Cauchy-Schwarz 不等式,可得

$$\begin{aligned}&ax+by+cz+2\sqrt{(ab+bc+ca)(xy+yz+zx)}\\\leqslant&\sqrt{\sum_{\text{cyc}}a^2}\cdot\sqrt{\sum_{\text{cyc}}x^2}+\sqrt{2\sum_{\text{cyc}}ab}\cdot\sqrt{2\sum_{\text{cyc}}xy}\\\leqslant&\sqrt{\sum_{\text{cyc}}a^2+2\sum_{\text{cyc}}ab}\cdot\sqrt{\sum_{\text{cyc}}x^2+2\sum_{\text{cyc}}xy}\\=&(x+y+z)(a+b+c)=a+b+c\end{aligned}$$

当且仅当 $\frac{a}{x}=\frac{b}{y}=\frac{c}{z}$ 时等号成立. 证毕.

例 3.36(Vasile Cîrtoaje) 设 a,b,c 是正实数,证明

$$\sqrt{(a+b+c)\left(\frac{1}{a}+\frac{1}{b}+\frac{1}{c}\right)}\geqslant 1+\sqrt{1+\sqrt{(a^2+b^2+c^2)\left(\frac{1}{a^2}+\frac{1}{b^2}+\frac{1}{c^2}\right)}}$$

证明 由 Cauchy-Schwarz 不等式,有

$$(a+b+c)\left(\frac{1}{a}+\frac{1}{b}+\frac{1}{c}\right)=\sqrt{\left(\sum_{\text{cyc}}a^2+2\sum_{\text{cyc}}bc\right)\left(\sum_{\text{cyc}}\frac{1}{a^2}+2\sum_{\text{cyc}}\frac{1}{bc}\right)}$$

$$\geqslant\sqrt{\left(\sum_{\text{cyc}}a^2\right)\left(\sum_{\text{cyc}}\frac{1}{a^2}\right)}+2\sqrt{\left(\sum_{\text{cyc}}bc\right)\left(\sum_{\text{cyc}}\frac{1}{bc}\right)}$$

$$=\sqrt{\left(\sum_{\text{cyc}}a^2\right)\left(\sum_{\text{cyc}}\frac{1}{a^2}\right)}+2\sqrt{\left(\sum_{\text{cyc}}a\right)\left(\sum_{\text{cyc}}\frac{1}{a}\right)}$$

所以

$$\left(\sqrt{\left(\sum_{\text{cyc}}a\right)\left(\sum_{\text{cyc}}\frac{1}{a}\right)}-1\right)^2\geqslant 1+\sqrt{\left(\sum_{\text{cyc}}a^2\right)\left(\sum_{\text{cyc}}\frac{1}{a^2}\right)}$$

因此,不等式得证.等号成立,当且仅当

$$(a^2+b^2+c^2)\left(\frac{1}{bc}+\frac{1}{ca}+\frac{1}{ab}\right)=\left(\frac{1}{a^2}+\frac{1}{b^2}+\frac{1}{c^2}\right)(ab+bc+ca)$$

这可简化为

$$(a^2-bc)(b^2-ca)(c^2-ab)=0$$

所以,等号成立,当且仅当 $a^2=bc$,$b^2=ca$,或者 $c^2=ab$.

例 3.37(Tran Nam Dung, Mathematics and Youth 1997) 设 $a_1,a_2,\cdots,a_n,x_1,x_2,\cdots,x_n$ 是实数,证明

$$\sum_{i=1}^n a_ix_i+\sqrt{\left(\sum_{i=1}^n a_i^2\right)\left(\sum_{i=1}^n x_i^2\right)}\geqslant\frac{2}{n}\left(\sum_{i=1}^n a_i\right)\left(\sum_{i=1}^n x_i\right)$$

证明 设 $X=\sum_{i=1}^n x_i$,并且 m 是一个实数.对 $a_1,a_2,\cdots,a_n,X-mx_1,X-mx_2,\cdots,X-mx_n$,应用 Cauchy-Schwarz 不等式,得到

$$\sqrt{\left(\sum_{i=1}^n a_i^2\right)\left(\sum_{i=1}^n (X-mx_i)^2\right)}\geqslant\left(\sum_{i=1}^n a_i(X-mx_i)\right)$$

整理得

$$\sqrt{\left(\sum_{i=1}^n a_i^2\right)\left(nX^2-2mX^2+m^2\sum_{i=1}^n x_i^2\right)}\geqslant\left(\sum_{i=1}^n a_i(X-mx_i)\right)$$

令 $m=\frac{n}{2}$,即得所证不等式.

例 3.38(IMO 2001) 设 a,b,c 是正实数,证明

$$\frac{a}{\sqrt{a^2+8bc}}+\frac{b}{\sqrt{b^2+8ca}}+\frac{c}{\sqrt{c^2+8ab}}\geqslant 1$$

证明 由 Cauchy-Schwarz 不等式,我们有

$$\left(\frac{a}{\sqrt{a^2+8bc}}+\frac{b}{\sqrt{b^2+8ca}}+\frac{c}{\sqrt{c^2+8ab}}\right)(a\sqrt{a^2+8bc}+b\sqrt{b^2+8ca}+c\sqrt{c^2+8ab})$$
$$\geqslant(a+b+c)^2$$

再一次由 Cauchy-Schwarz 不等式,我们有

$$\begin{aligned}&a\sqrt{a^2+8bc}+b\sqrt{b^2+8ca}+c\sqrt{c^2+8ab}\\=&\sqrt{a}\sqrt{a^3+8abc}+\sqrt{b}\sqrt{b^3+8abc}+\sqrt{c}\sqrt{c^3+8abc}\\\leqslant&\sqrt{a+b+c}\cdot\sqrt{a^3+b^3+c^3+24abc}\end{aligned}$$

综合这些不等式,我们有

$$\frac{a}{\sqrt{a^2+8bc}}+\frac{b}{\sqrt{b^2+8ca}}+\frac{c}{\sqrt{c^2+8ab}}\geqslant\frac{(a+b+c)^2}{\sqrt{a+b+c}\cdot\sqrt{a^3+b^3+c^3+24abc}}$$

余下的只须证明

$$\frac{(a+b+c)^2}{\sqrt{a+b+c}\cdot\sqrt{a^3+b^3+c^3+24abc}}\geqslant 1$$

但这又等价于

$$(a+b+c)^3\geqslant a^3+b^3+c^3+24abc$$

即

$$a^2b+a^2c+b^2c+b^2a+c^2a+c^2b\geqslant 6abc$$

这可由 AM-GM 不等式得证.

例 3.39(KMO Summer Program Test, 2001) 设 a,b,c 是正实数,证明

$$\sqrt{a^4+b^4+c^4}+\sqrt{a^2b^2+b^2c^2+c^2a^2}\geqslant\sqrt{a^3b+b^3c+c^3a}+\sqrt{ab^3+bc^3+ca^3}$$

证明 不等式两边同时平方,我们看到,只须证明下面两个不等式

$$\sum_{cyc}a^4+\sum_{cyc}a^2b^2\geqslant\sum_{cyc}a^3b+\sum_{cyc}ab^3$$

和

$$\left(\sum_{cyc}a^4\right)\left(\sum_{cyc}a^2b^2\right)\geqslant\left(\sum_{cyc}a^3b\right)\left(\sum_{cyc}ab^3\right)$$

第一个不等式,由下列形式的 Schur 不等式

$$\sum_{cyc}a^4+abc\sum_{cyc}a\geqslant\sum_{cyc}a^3b+\sum_{cyc}ab^3$$

以及 $\sum_{cyc}a^2b^2\geqslant abc\sum_{cyc}a$ 联合得到.

第二个不等式,由 Cauchy-Schwarz 不等式的下面两个不等式联合得到

$$(a^2b^2+b^2c^2+c^2a^2)(a^4+b^4+c^4)\geqslant(a^3b+b^3c+c^3a)^2$$
$$(a^2b^2+b^2c^2+c^2a^2)(a^4+b^4+c^4)\geqslant(ab^3+bc^3+ca^3)^2$$

证毕.

例 3.40(Tran Minh Vuong) 设 a,b,c,d 是正实数,满足

$$(a^2+1)(b^2+1)(c^2+1)(d^2+1)=16$$

证明

$$abc+bcd+cda+dab\leqslant 4$$

证明 两次使用 Cauchy-Schwarz 不等式,我们有

$$16=(a^2+1)(1+b^2)(c^2+1)(1+d^2)\geqslant (a+b)^2(c+d)^2$$

再多次使用 Cauchy-Schwarz 不等式,我们有

$$16=(a^2+1)(b^2+1)(1+c^2)(1+d^2)\geqslant [(ab+1)(1+cd)]^2\geqslant (\sqrt{ab}+\sqrt{cd})^4$$

由此可见,$(a+b)(c+d)\leqslant 4$ 和 $\sqrt{ab}+\sqrt{cd}\leqslant 2$. 由 AM-GM 不等式,有

$$\begin{aligned}abc+bcd+cda+dab&=ab(c+d)+cd(a+b)\\&\leqslant \sqrt{ab}\left(\frac{a+b}{2}\right)(c+d)+\sqrt{cd}\left(\frac{c+d}{2}\right)(a+b)\\&=\frac{1}{2}(a+b)(c+d)(\sqrt{ab}+\sqrt{cd})\leqslant 4\end{aligned}$$

当且仅当$(a,b,c,d)=(1,1,1,1)$ 时等号成立. 证毕.

例 3.41(Ukraine 2008) 设 a,b,c,d 是正实数,证明

$$\begin{aligned}&(a+b)(b+c)(c+d)(d+a)(1+\sqrt[4]{abcd})^4\\&\geqslant 16abcd(1+a)(1+b)(1+c)(1+d)\end{aligned}$$

证明 我们使用一个引理.

引理:对所有正实数 x 和 y,则

$$\frac{x+y}{(1+x)(1+y)}\geqslant \frac{2\sqrt{xy}}{(1+\sqrt{xy})^2}$$

证明:注意到

$$\begin{aligned}\frac{x+y}{2\sqrt{xy}}-\frac{(1+x)(1+y)}{(1+\sqrt{xy})^2}&=\left(\frac{x+y}{2\sqrt{xy}}-1\right)-\left[\frac{(1+x)(1+y)}{(1+\sqrt{xy})^2}-1\right]\\&=\frac{(\sqrt{x}-\sqrt{y})^2}{2\sqrt{xy}}-\frac{(\sqrt{x}-\sqrt{y})^2}{(1+\sqrt{xy})^2}\\&=\frac{(\sqrt{x}-\sqrt{y})^2(xy+1)}{2\sqrt{xy}(1+\sqrt{xy})^2}\geqslant 0\end{aligned}$$

这最后的不等式显然成立,因为 $x,y>0$,这样我们就证明了引理.

现在,结合引理并使用 Cauchy-Schwarz 不等式,我们得到

$$\frac{(a+b)(b+c)(c+d)(d+a)}{(1+a)(1+b)(1+c)(1+d)} \geqslant \frac{4\sqrt{abcd}\,(b+c)(d+a)}{(1+\sqrt{ab})^2(1+\sqrt{cd})^2}$$

$$\geqslant \frac{4\sqrt{abcd}\,(\sqrt{ab}+\sqrt{cd})^2}{(1+\sqrt{ab})^2(1+\sqrt{cd})^2}$$

对于 $x=\sqrt{ab}$ 和 $y=\sqrt{cd}$,应用引理,我们有

$$\frac{4\sqrt{abcd}\,(\sqrt{ab}+\sqrt{cd})^2}{(1+\sqrt{ab})^2(1+\sqrt{cd})^2} \geqslant 4\sqrt{abcd}\left[\frac{2\sqrt{\sqrt{ab}\cdot\sqrt{cd}}}{\left(1+\sqrt{\sqrt{ab}\cdot\sqrt{cd}}\right)^2}\right]^2 = \frac{16abcd}{(1+\sqrt[4]{abcd})^4}$$

去分母,可得

$$(a+b)(b+c)(c+d)(d+a)(1+\sqrt[4]{abcd})^4 \geqslant 16abcd(1+a)(1+b)(1+c)(1+d)$$

当且仅当 $a=b=c=d$ 时等号成立. 证毕.

例 3.42(Walther Janous) 设 a,b,c 是正实数,证明

$$\frac{a^2}{\sqrt{a^2+b^2}}+\frac{b^2}{\sqrt{b^2+c^2}}+\frac{c^2}{\sqrt{c^2+a^2}} \geqslant \frac{a+b+c}{\sqrt{2}}$$

证明 不等式两边平方之后,等价于

$$\sum_{\text{cyc}}\frac{a^4}{a^2+b^2}+2\sum_{\text{cyc}}\frac{a^2b^2}{\sqrt{(a^2+b^2)(b^2+c^2)}} \geqslant \frac{1}{2}\left(\sum_{\text{cyc}}a^2+2\sum_{\text{cyc}}ab\right)$$

由 Cauchy-Schwarz 不等式与 AM-GM 不等式,我们有

$$\sum_{\text{cyc}}\frac{a^2b^2}{\sqrt{(a^2+b^2)(b^2+c^2)}} \geqslant \frac{(ab+bc+ca)^2}{\sum\limits_{\text{cyc}}\sqrt{(a^2+b^2)(b^2+c^2)}} \geqslant \frac{(ab+bc+ca)^2}{\sum\limits_{\text{cyc}}\frac{a^2+b^2+b^2+c^2}{2}}$$

$$=\frac{(ab+bc+ca)^2}{2(a^2+b^2+c^2)}$$

所以,只须证明

$$\sum_{\text{cyc}}\frac{a^4}{a^2+b^2}+\frac{(ab+bc+ca)^2}{a^2+b^2+c^2} \geqslant \frac{1}{2}\left(\sum_{\text{cyc}}a^2+2\sum_{\text{cyc}}ab\right)$$

注意到

$$\sum_{\text{cyc}}\frac{a^4}{a^2+b^2}-\frac{1}{2}\sum_{\text{cyc}}\frac{a^4+b^4}{a^2+b^2}=\frac{1}{2}\sum_{\text{cyc}}\frac{a^4-b^4}{a^2+b^2}=\frac{1}{2}\sum_{\text{cyc}}(a^2-b^2)=0$$

所以,上述不等式可以化为

$$\sum_{\text{cyc}}\frac{2(a^4+b^4)}{a^2+b^2}+\frac{4(ab+bc+ca)^2}{a^2+b^2+c^2} \geqslant \sum_{\text{cyc}}(a^2+b^2)+4\sum_{\text{cyc}}ab$$

即

$$\sum_{\text{cyc}}\left[\frac{2(a^4+b^4)}{a^2+b^2}-a^2-b^2\right] \geqslant 4\left(\sum_{\text{cyc}}ab\right)\left(1-\frac{ab+bc+ca}{a^2+b^2+c^2}\right)$$

最后，这个不等式等价于

$$\sum_{\text{cyc}} \frac{(a^2-b^2)^2}{a^2+b^2} \geqslant \frac{2(ab+bc+ca)}{a^2+b^2+c^2} \sum_{\text{cyc}} (a-b)^2$$

这个不等式是成立的，因为

$$\frac{(a^2-b^2)^2}{a^2+b^2} - \frac{2(ab+bc+ca)}{a^2+b^2+c^2}(a-b)^2 = \frac{(a-b)^2(a^2+b^2-ac-bc)^2}{(a^2+b^2)(a^2+b^2+c^2)} \geqslant 0$$

当且仅当 $a=b=c$ 时等号成立. 证毕.

例 3.43(Goran Drazic)　设 $a_1, a_2, \cdots, a_n$ 是正实数，证明

$$\left(\sum_{i=1}^{n} a_i\right)\left(\sum_{i=1}^{n} \frac{1}{a_i}\right) \geqslant n^2 - 2n + 2 + \frac{(n-1)^2 \sum_{i=1}^{n} a_i^2}{\sum_{1 \leqslant i < j \leqslant n} a_i a_j}$$

证明　利用关系式

$$\left(\sum_{i=1}^{n} a_i\right)\left(\sum_{i=1}^{n} \frac{1}{a_i}\right) = n + \sum_{1 \leqslant i < j \leqslant n} \left(\frac{a_i}{a_j} + \frac{a_j}{a_i}\right) = 2n - n^2 + \sum_{1 \leqslant i < j \leqslant n} \frac{(a_i+a_j)^2}{a_i a_j}$$

则不等式可以化为

$$\sum_{1 \leqslant i < j \leqslant n} \frac{(a_i+a_j)^2}{a_i a_j} \geqslant 2n^2 - 4n + 2 + \frac{(n-1)^2 \sum_{i=1}^{n} a_i^2}{\sum_{1 \leqslant i < j \leqslant n} a_i a_j}$$

即

$$\sum_{1 \leqslant i < j \leqslant n} \frac{(a_i+a_j)^2}{a_i a_j} \geqslant \frac{(n-1)^2 \left(\sum_{i=1}^{n} a_i\right)^2}{\sum_{1 \leqslant i < j \leqslant n} a_i a_j}$$

这最后的不等式，我们可以使用 Cauchy-Schwarz 不等式来证明. 事实上，注意到

$$\sum_{1 \leqslant i < j \leqslant n} \frac{(a_i+a_j)^2}{a_i a_j} \geqslant \frac{\left[\sum_{1 \leqslant i < j \leqslant n} (a_i+a_j)\right]^2}{\sum_{1 \leqslant i < j \leqslant n} a_i a_j} = \frac{(n-1)^2 \left(\sum_{i=1}^{n} a_i\right)^2}{\sum_{1 \leqslant i < j \leqslant n} a_i a_j}$$

这就证明了不等式. 当且仅当 $a_1 = a_2 = \cdots = a_n$ 时等号成立.

4 关于和的 Hölder 不等式

Hölder 不等式是数学分析的一个基本不等式和重要工具，其离散形式包含在定理 4.1 中.

定理 4.1(关于和的 Hölder 不等式)　设 $a_1,a_2,\cdots,a_n,b_1,b_2,\cdots,b_n$ 是正实数，又设 $p,q>1$ 是正实数，满足 $\frac{1}{p}+\frac{1}{q}=1$，则

$$\sum_{j=1}^{n}a_jb_j\leqslant\left(\sum_{j=1}^{n}a_j^p\right)^{\frac{1}{p}}\left(\sum_{j=1}^{n}b_j^q\right)^{\frac{1}{q}}$$

当且仅当 $\frac{a_1^p}{b_1^q}=\frac{a_2^p}{b_2^q}=\cdots=\frac{a_n^p}{b_n^q}$ 时等号成立.

证明　为了证明这个定理，我们将借助一个中间结果，即 Young 不等式.

引理(Young 不等式)：设 $x,y>0$ 和 $p,q>1$ 是实数，满足 $\frac{1}{p}+\frac{1}{q}=1$，则

$$xy\leqslant\frac{x^p}{p}+\frac{y^q}{q}$$

当且仅当 $x^p=y^q$ 时，等号成立.

对于 p,q 是有理数的情况来证明引理. 尽管对于情况 $\{p,q\in\mathbf{Q}\mid p,q>1\}$ 可以直接证明这个引理，但对于情况 $\{p,q\in\mathbf{R}\mid p,q>1\}$ 需要分析学的知识.

特别的，由于 $\frac{1}{p}+\frac{1}{q}=1$，我们可以设 $p=\frac{m+n}{m}$，$q=\frac{m+n}{n}$，其中 m,n 都是正整数. 令 $x=a^{\frac{1}{p}}$，$y=b^{\frac{1}{q}}$，则我们有

$$\frac{x^p}{p}+\frac{y^q}{q}=\frac{a}{\frac{m+n}{m}}+\frac{b}{\frac{m+n}{n}}=\frac{ma+bn}{m+n}$$

由 AM-GM 不等式，我们有

$$\frac{ma+bn}{m+n}\geqslant(a^m\cdot b^n)^{\frac{1}{m+n}}=a^{\frac{1}{p}}b^{\frac{1}{q}}=xy$$

这就完成了引理的证明. 当且仅当 $a=b$，即 $x^p=y^q$ 时等号成立.

返回到定理的证明，对

$$x=\frac{a_i}{\left(\sum_{i=1}^{n}a_i^p\right)^{\frac{1}{p}}},y=\frac{b_i}{\left(\sum_{i=1}^{n}b_i^q\right)^{\frac{1}{q}}},i=1,2,\cdots,n$$

应用 Young 不等式,对 $i=1,2,\cdots,n$, 我们得到

$$\frac{a_ib_i}{\left(\sum_{i=1}^{n}a_i^p\right)^{\frac{1}{p}}\left(\sum_{i=1}^{n}b_i^q\right)^{\frac{1}{q}}}\leqslant\frac{1}{p}\frac{a_i^p}{\sum_{i=1}^{n}a_i^p}+\frac{1}{q}\frac{b_i^q}{\sum_{i=1}^{n}b_i^q}$$

这 n 个不等式求和,我们得到

$$\frac{\sum_{i=1}^{n}a_ib_i}{\left(\sum_{i=1}^{n}a_i^p\right)^{\frac{1}{p}}\left(\sum_{i=1}^{n}b_i^q\right)^{\frac{1}{q}}}\leqslant\frac{1}{p}\frac{\sum_{i=1}^{n}a_i^p}{\sum_{i=1}^{n}a_i^p}+\frac{1}{q}\frac{\sum_{i=1}^{n}b_i^q}{\sum_{i=1}^{n}b_i^q}=\frac{1}{p}+\frac{1}{q}=1$$

即

$$\sum_{j=1}^{n}a_jb_j\leqslant\left(\sum_{j=1}^{n}a_j^p\right)^{\frac{1}{p}}\left(\sum_{j=1}^{n}b_j^q\right)^{\frac{1}{q}}$$

当且仅当$\frac{a_1^p}{b_1^q}=\frac{a_2^p}{b_2^q}=\cdots=\frac{a_n^p}{b_n^q}$ 时等号成立.

下面的定理给出了这个不等式的一般情况.

定理 4.2 设 $a_{ij}, i=1,2,\cdots,k, j=1,2,\cdots,n$ 是正实数,又设 $p_1,p_2,\cdots,p_k$是正实数,且满足$\sum_{i=1}^{k}\frac{1}{p_i}=1$,则

$$\sum_{j=1}^{n}\prod_{i=1}^{k}a_{ij}\leqslant\prod_{i=1}^{k}\left(\sum_{j=1}^{n}a_{ij}^{p_i}\right)^{\frac{1}{p_i}}$$

关于和的 Hölder 不等式是 Cauchy-Schwarz 不等式的一般情形. 要注意的是 Cauchy-Schwarz 不等式是 $k=2, p_1=p_2=\frac{1}{2}$ 的情况.

我们经常使用的 Hölder 不等式是下面的推论形式.

推论 4.1 设 $a_{11},a_{12},\cdots,a_{1n},a_{21},a_{22},\cdots,a_{2n},\cdots,a_{k1},a_{k2},\cdots,a_{kn}$是非负实数,则

$$(a_{11}+a_{12}+\cdots+a_{1n})(a_{21}+a_{22}+\cdots+a_{2n})\cdots(a_{k1}+a_{k2}+\cdots+a_{kn})\geqslant$$
$$(\sqrt[k]{a_{11}a_{21}\cdots a_{k1}}+\sqrt[k]{a_{12}a_{22}\cdots a_{k2}}+\cdots+\sqrt[k]{a_{1n}a_{2n}\cdots a_{kn}})^k$$

备注 推论 4.1 是定理 4.2 在条件 $p_i=k, i=1,2,\cdots,k$ 以及 $a_{ij}\rightarrow\sqrt[k]{a_{ij}}, i=1,2,\cdots,k, j=1,2,\cdots,n$ 的情况下得到的. 基于 AM-GM 不等式的一个直接证明如下.

证明 设

$$S_1=a_{11}+a_{12}+\cdots+a_{1n}$$
$$S_2=a_{21}+a_{22}+\cdots+a_{2n}$$
$$\vdots$$
$$S_k=a_{k1}+a_{k2}+\cdots+a_{kn}$$

不等式两边取 k 次方根,则不等式等价于

$$\sqrt[k]{a_{11}a_{21}\cdots a_{k1}}+\sqrt[k]{a_{12}a_{22}\cdots a_{k2}}+\cdots+\sqrt[k]{a_{1n}a_{2n}\cdots a_{kn}}\leqslant\sqrt[k]{S_1S_2\cdots S_k}$$

两边同时除以 $\sqrt[k]{S_1S_2\cdots S_k}$,则不等式等价于

$$\sqrt[k]{\frac{a_{11}a_{21}\cdots a_{k1}}{S_1S_2\cdots S_k}}+\sqrt[k]{\frac{a_{12}a_{22}\cdots a_{k2}}{S_1S_2\cdots S_k}}+\cdots+\sqrt[k]{\frac{a_{1n}a_{2n}\cdots a_{kn}}{S_1S_2\cdots S_k}}\leqslant 1$$

这个不等式可以通过由AM-GM不等式得到的下面 n 个不等式相加求得

$$\sqrt[k]{\frac{a_{11}a_{21}\cdots a_{k1}}{S_1S_2\cdots S_k}}\leqslant\frac{1}{k}\left(\frac{a_{11}}{S_1}+\frac{a_{21}}{S_2}+\cdots+\frac{a_{k1}}{S_k}\right)$$

$$\sqrt[k]{\frac{a_{12}a_{22}\cdots a_{k2}}{S_1S_2\cdots S_k}}\leqslant\frac{1}{k}\left(\frac{a_{12}}{S_1}+\frac{a_{22}}{S_2}+\cdots+\frac{a_{k2}}{S_k}\right)$$

$$\vdots$$

$$\sqrt[k]{\frac{a_{1n}a_{2n}\cdots a_{kn}}{S_1S_2\cdots S_k}}\leqslant\frac{1}{k}\left(\frac{a_{1n}}{S_1}+\frac{a_{2n}}{S_2}+\cdots+\frac{a_{kn}}{S_k}\right)$$

例4.1(Ivan Borsenco, Mathematical Reflections) 设 a,b,c 是正实数,证明

$$(ab+bc+ca)^3\leqslant 3(a^2b+b^2c+c^2a)(ab^2+bc^2+ca^2)$$

证法1 由Hölder不等式,我们有

$$(ab+bc+ca)^3\leqslant(1+1+1)(a^2b+b^2c+c^2a)(ab^2+bc^2+ca^2)$$

证法2 应用Cauchy-Schwarz不等式,我们有

$$(a^2b+b^2c+c^2a)(ab^2+bc^2+ca^2)\geqslant[(ab)^{\frac{3}{2}}+(bc)^{\frac{3}{2}}+(ca)^{\frac{3}{2}}]^2$$

由幂平均不等式,有

$$\frac{(ab)^{\frac{3}{2}}+(bc)^{\frac{3}{2}}+(ca)^{\frac{3}{2}}}{3}\geqslant\left(\frac{ab+bc+ca}{3}\right)^{\frac{3}{2}}$$

综合上述的不等式可知,原不等式得证.当且仅当 $a=b=c$ 时等号成立.

例4.2(Michael Rozenberg) 设 x 和 y 正实数,满足

$$x+y+\sqrt{2x^2+2xy+3y^2}=4$$

求 x^2y 的最大值.

解 由题设条件可知 $x+y\leqslant 4$,并且

$$2x^2+2xy+3y^2=(4-x-y)^2$$

这可以改写成

$$(x+4)^2+2(y+2)^2=40$$

即

$$2\left(2+\frac{x}{2}\right)^2+(2+y)^2=20$$

由 AM-GM 不等式和 Hölder 不等式,有

$$\left(2+\frac{x}{2}\right)^2+\left(2+\frac{x}{2}\right)^2+(2+y)^2 \geqslant 3\left[\left(2+\frac{x}{2}\right)\left(2+\frac{x}{2}\right)(2+y)\right]^{\frac{2}{3}}$$

$$\geqslant 3\left(2+\sqrt[3]{\frac{x^2y}{4}}\right)^2$$

所以

$$20 \geqslant 3\left(2+\sqrt[3]{\frac{x^2y}{4}}\right)^2$$

即

$$x^2y \leqslant 32\left(\sqrt{\frac{5}{3}}-1\right)^3$$

当且仅当 $x=2y=4\left(\sqrt{\frac{5}{3}}-1\right)$ 时等号成立. 所以,x^2y 的最大值是 $32\left(\sqrt{\frac{5}{3}}-1\right)^3$.

例 4.3 设 a,b,c 是正实数且满足 $ab+bc+ca=1$,证明

$$(a^2+ab+b^2)(b^2+bc+c^2)(c^2+ca+a^2) \geqslant 1$$

证明 由 Hölder 不等式,有

$$\begin{aligned}&(a^2+ab+b^2)(b^2+bc+c^2)(c^2+ca+a^2)\\ =&(ab+a^2+b^2)(b^2+c^2+bc)(a^2+ca+c^2)\\ \geqslant&(ab+bc+ca)^3=1\end{aligned}$$

证毕.

例 4.4(Titu Andreescu) 设 a,b,c,d 是正实数,证明

$$\frac{a^2b+b^2c+c^2d+d^2a}{\sqrt{a^2b^2+b^2c^2+c^2d^2+d^2a^2}} \leqslant \sqrt[3]{2(a^3+b^3+c^3+d^3)}$$

证明 在定理 4.2 中,设 $n=4,k=3,p_1=2,p_2=3,p_3=6$,可得

$$\begin{aligned}&a^2b+b^2c+c^2d+d^2a\\ \leqslant&[(ab)^2+(bc)^2+(cd)^2+(da)^2]^{\frac{1}{2}}(a^3+b^3+c^3+d^3)^{\frac{1}{3}}\cdot\\ &(1^6+1^6+1^6+1^6)^{\frac{1}{6}}\end{aligned}$$

整理即得所证不等式. 当且仅当 $a=b=c=d$ 时等号成立.

例 4.5(Titu Andreescu, Mathematical Reflections) 求所有正整数三元组 (x,y,z) 使其满足

$$2(x^3+y^3+z^3)=3(x+y+z)^2$$

解 应用 Hölder 不等式,我们得到

$$(1^3+1^3+1^3)(1^3+1^3+1^3)(x^3+y^3+z^3) \geqslant (x+y+z)^3$$

由此可见

$$9\cdot\frac{3}{2}(x+y+z)^2\geqslant(x+y+z)^3$$

由于x,y,z都是整数,我们可以推出$x+y+z\leqslant13$.因为题设条件的左边是偶数,则表达式$x+y+z$必定也是偶数.此外,由于$x^3\equiv x\pmod 3$,所以,表达式$x+y+z$必定是3的倍数.

简短的计算检测情况表明$x+y+z=12$,所以,唯一可能的解是$(x,y,z)=(3,4,5)$及其排列.

例4.6 设a,b,c是正实数且满足$ab+bc+ca=3$,证明

$$(1+a^2)(1+b^2)(1+c^2)\geqslant 8$$

证明 由 Hölder 不等式,我们有

$$(1+1+1+1)(1+a^2b^2+a^2+b^2)(1+b^2+c^2+b^2c^2)(1+a^2+a^2c^2+c^2)$$
$$\geqslant(1+ab+bc+ca)^4$$

整理得

$$4(1+a^2)^2(1+b^2)^2(1+c^2)^2\geqslant 4^4$$

这就证明了原不等式.当且仅当$a=b=c=1$时等号成立.

例4.7(Titu Andreescu, Mathematical Reflections) 求所有正实数6元组(u,v,w,x,y,z)使其满足下列关系

$$\frac{(3ux+4vy+5wz)^2}{ux^2+vy^2+wz^2}=36\sqrt[3]{u^3+v^3+w^3}$$

解 由 Hölder 不等式,我们有

$$3ux+4vy+5wz$$
$$\leqslant(3^3+4^3+5^3)^{\frac{1}{3}}\left[(\sqrt{u})^6+(\sqrt{v})^6+(\sqrt{w})^6\right]^{\frac{1}{6}}\left[(x\sqrt{u})^2+(y\sqrt{v})^2+(z\sqrt{w})^2\right]^{\frac{1}{2}}$$

给定的条件正好是不等式的相等条件,由此可见,所有解是$(u,v,w,x,y,z)=(3k,4k,5k,3n,4n,5n)$,$k>0,n>0$.

例4.8 设a,b,c,d是正实数,且满足$abcd=1$,证明

$$4^4(a^4+1)(b^4+1)(c^4+1)(d^4+1)\geqslant\left(a+b+c+d+\frac{1}{a}+\frac{1}{b}+\frac{1}{c}+\frac{1}{d}\right)^4$$

证明 由 Hölder 不等式,有

$$(a^4+1)(1+b^4)(1+c^4)(1+d^4)\geqslant(a+bcd)^4=\left(a+\frac{1}{a}\right)^4$$

可见

$$\sqrt[4]{(a^4+1)(1+b^4)(1+c^4)(1+d^4)}\geqslant a+\frac{1}{a}$$

这个不等式与另外 3 个通过变量置换得到的不等式相加，我们有

$$4\sqrt[4]{(a^4+1)(b^4+1)(c^4+1)(d^4+1)} \geqslant (a+b+c+d)+\left(\frac{1}{a}+\frac{1}{b}+\frac{1}{c}+\frac{1}{d}\right)$$

上述不等式两边四次乘方，即得所证不等式. 当且仅当 $a=b=c=d=1$ 时等号成立.

例 4.9(Pham Huu Duc, Mathematical Reflections)　设 a,b,c 是正实数，满足 $ab+bc+ca\geqslant 3$，证明

$$\frac{a}{\sqrt{a+b}}+\frac{b}{\sqrt{b+c}}+\frac{c}{\sqrt{c+a}}\geqslant\frac{3}{\sqrt{2}}$$

证明　由 Hölder 不等式，我们有

$$\left(\sum_{\text{cyc}}\frac{a}{\sqrt{a+b}}\right)\left(\sum_{\text{cyc}}\frac{a}{\sqrt{a+b}}\right)\left(\sum_{\text{cyc}}a(a+b)\right)\geqslant(a+b+c)^3$$

所以，只须证明

$$2(a+b+c)^3\geqslant 9(a^2+b^2+c^2+ab+bc+ca)$$

做替换 $x=a+b+c$ 和 $y=ab+bc+ca$，则上述不等式转化为

$$2x^3\geqslant 9(x^2-y)$$

由题设条件可知 $y\geqslant 3$，所以只须证明 $2x^3+27\geqslant 9x^2$，这由 AM-GM 不等式可得

$$\frac{x^3+x^3+27}{3}\geqslant\sqrt[3]{27x^6}=3x^2$$

例 4.10(Bruno de Lima Holanda, Mathematical Reflections)　设 $a,b,c\geqslant 1$ 是实数，满足 $a+b+c=2abc$，证明

$$\sqrt[3]{(a+b+c)^2}\geqslant\sqrt[3]{ab-1}+\sqrt[3]{bc-1}+\sqrt[3]{ca-1}$$

证明　利用题设条件，所证不等式可以改写成

$$\sqrt[3]{(a+b+c)^2}\geqslant\sqrt[3]{\frac{a+b-c}{2c}}+\sqrt[3]{\frac{b+c-a}{2a}}+\sqrt[3]{\frac{a+c-b}{2b}}$$

应用 Hölder 不等式，有

$$\sqrt[3]{\frac{a+b-c}{2c}}+\sqrt[3]{\frac{b+c-a}{2a}}+\sqrt[3]{\frac{a+c-b}{2b}}$$

$$\leqslant[(a+b-c)+(b+c-a)+(a+c-b)]^{\frac{1}{3}}\left[\left(\frac{1}{\sqrt[3]{2a}}\right)^{\frac{3}{2}}+\left(\frac{1}{\sqrt[3]{2b}}\right)^{\frac{3}{2}}+\left(\frac{1}{\sqrt[3]{2c}}\right)^{\frac{3}{2}}\right]^{\frac{2}{3}}$$

所以，只须证明

$$(a+b+c)^2\geqslant(a+b+c)\left(\frac{1}{\sqrt{2a}}+\frac{1}{\sqrt{2b}}+\frac{1}{\sqrt{2c}}\right)^2$$

使用题设条件 $a+b+c=2abc$，这个等价于

$$a+b+c \geqslant \sqrt{ab}+\sqrt{bc}+\sqrt{ca}$$

这可由不等式$\frac{a+b}{2} \geqslant \sqrt{ab}$ 与其他两个通过变量置换得到的不等式相加可得. 当且仅当 $a=b=c=\frac{\sqrt{6}}{2}$ 时等号成立.

例 4.11(Vo Quoc Ba Can, Mathematical Reflections)　设 a,b,c 是正实数,证明

$$\sqrt{\frac{b+c}{a}}+\sqrt{\frac{c+a}{b}}+\sqrt{\frac{a+b}{c}} \geqslant \sqrt{\frac{16(a+b+c)^3}{3(a+b)(b+c)(c+a)}}$$

证明　由 Hölder 不等式,我们有

$$\left(\sum_{\mathrm{cyc}}\sqrt{\frac{b+c}{a}}\right)^2 \sum_{\mathrm{cyc}} a(b+c)^2 \geqslant 8(a+b+c)^3$$

所以,余下的只须证明

$$3(a+b)(b+c)(c+a) \geqslant 2\sum_{\mathrm{cyc}} a(b+c)^2$$

这个不等式等价于$\sum_{\mathrm{cyc}}(ab^2+ba^2) \geqslant 6abc$,这可由 AM-GM 不等式得到. 当且仅当 $a=b=c$ 时等号成立.

例 4.12(Tran Quoc Anh)　设 a,b,c 是正实数且满足 $abc=1$,证明

$$\frac{a}{\sqrt{b^2+2c}}+\frac{b}{\sqrt{c^2+2a}}+\frac{c}{\sqrt{a^2+2b}} \geqslant \sqrt{3}$$

证明　由 Hölder 不等式,我们有

$$\left(\sum_{\mathrm{cyc}}\frac{a}{\sqrt{b^2+2c}}\right)^2\left[\sum_{\mathrm{cyc}} a(b^2+2c)\right] \geqslant (a+b+c)^3$$

所以,只须证明

$$(a+b+c)^3 \geqslant 3(ab^2+bc^2+ca^2)+6(ab+bc+ca)$$

这又可改写成

$$a^3+b^3+c^3+3(a^2b+b^2c+c^2a)+6 \geqslant 6(ab+bc+ca)$$

由 AM-GM 不等式,我们有

$$b^3+a^2b+a^2b+a^2b+1+1 \geqslant 6\sqrt[6]{a^6b^6}=6ab$$

类似可得

$$c^3+b^2c+b^2c+b^2c+1+1 \geqslant 6bc$$

$$a^3+c^2a+c^2a+c^2a+1+1 \geqslant 6ca$$

3 个不等式相加,即得所证不等式. 当且仅当 $a=b=c=1$ 时等号成立.

例 4.13(Titu Andreescu, Mathematical Reflections)　设 a,b,c 是正实数,证明

$$\frac{a}{(3b^2+2bc+3c^2)^2}+\frac{b}{(3c^2+2ca+3a^2)^2}+\frac{c}{(3a^2+2ab+3b^2)^2}$$
$$\geqslant\frac{3}{8(a+b)(b+c)(c+a)}$$

证明　由 Hölder 不等式，我们有

$$\sum_{\text{cyc}}\frac{a}{(3b^2+2bc+3c^2)^2}\cdot\sum_{\text{cyc}}a(3b^2+2bc+3c^2)\cdot$$
$$\sum_{\text{cyc}}a(3b^2+2bc+3c^2)\geqslant(a+b+c)^3$$

注意到

$$\sum_{\text{cyc}}a(3b^2+2bc+3c^2)=3(a+b)(b+c)(c+a)$$

所以，上述不等式可以化为

$$\sum_{\text{cyc}}\frac{a}{(3b^2+2bc+3c^2)^2}\geqslant\frac{(a+b+c)^3}{[3(a+b)(b+c)(c+a)]^2}$$

所以，只须证明

$$\frac{(a+b+c)^3}{[3(a+b)(b+c)(c+a)]^2}\geqslant\frac{3}{8(a+b)(b+c)(c+a)}$$

这又可以化为

$$8(a+b+c)\geqslant 27(a+b)(b+c)(c+a)$$

由 AM-GM 不等式，我们得到

$$[(a+b)+(b+c)+(c+a)]^3\geqslant 27(a+b)(b+c)(c+a)$$

这就证明了不等式. 当且仅当 $a=b=c$ 时等号成立.

例 4.14(Vasile Cîrtoaje)　设 a,b,c 是非负实数，满足 $a^2+b^2+c^2=a+b+c$，证明

$$a^2b^2+b^2c^2+c^2a^2\leqslant ab+bc+ca$$

证明　给定的条件两边平方，我们得到

$$a^4+b^4+c^4-a^2-b^2-c^2=2(ab+bc+ca-a^2b^2-b^2c^2-c^2a^2)$$

所以，所证不等式等价于

$$a^4+b^4+c^4\geqslant a^2+b^2+c^2$$

上述不等式齐次化之后，可得

$$(a+b+c)^2(a^4+b^4+c^4)\geqslant(a^2+b^2+c^2)^3$$

这由 Hölder 不等式立即可得. 等号成立的条件是当 $(a,b,c)=(1,1,1)$，$(a,b,c)=(0,0,0)$ 以及 $(a,b,c)=(0,1,1)$ 及其轮换，或者当 $(a,b,c)=(1,0,0)$ 及其轮换.

例 4.15　设 a,b,c,d 是正实数，满足 $a^3+b^3+c^3+d^3=1$，证明

$$\frac{1}{1-bcd}+\frac{1}{1-acd}+\frac{1}{1-abd}+\frac{1}{1-abc}\leqslant\frac{16}{3}$$

证明 由 AM-GM 不等式,我们有

$$\sqrt[4]{a^3b^3c^3d^3}\leqslant\frac{a^3+b^3+c^3+d^3}{4}=\frac{1}{4}$$

由此可见 $abcd\leqslant\frac{1}{4\sqrt[3]{4}}$,从而,$abc\leqslant\frac{1}{4\sqrt[3]{4}\,d}$. 所以

$$\frac{1}{1-abc}\leqslant\frac{1}{1-\frac{1}{4\sqrt[3]{4}\,d}}$$

因此

$$\sum_{\text{cyc}}\frac{1}{1-abc}\leqslant\sum_{\text{cyc}}\frac{4\sqrt[3]{4}\,d}{4\sqrt[3]{4}\,d-1}$$

可见,只须证明

$$\sum_{\text{cyc}}\frac{4\sqrt[3]{4}\,d}{4\sqrt[3]{4}\,d-1}\leqslant\frac{16}{3}$$

这个不等式等价于

$$\sum_{\text{cyc}}\frac{1}{1-4\sqrt[3]{4}\,d}\geqslant-\frac{4}{3}$$

由 Cauchy-Schwarz 不等式,我们有

$$\sum_{\text{cyc}}\frac{1}{1-4\sqrt[3]{4}\,d}\geqslant\frac{16}{4-4\sqrt[3]{4}\,(a+b+c+d)}$$

所以,只须证明

$$\frac{16}{4-4\sqrt[3]{4}\,(a+b+c+d)}\geqslant-\frac{4}{3}$$

这可以化为

$$\sqrt[3]{16}\geqslant a+b+c+d$$

这个不等式可由 Hölder 不等式得到. 事实上,我们有

$$(a^3+b^3+c^3+d^3)(1+1+1+1)(1+1+1+1)\geqslant(a+b+c+d)^3$$

即得$\sqrt[3]{16}\geqslant a+b+c+d$. 这就完成了证明. 当且仅当 $a=b=c=d=\frac{1}{\sqrt[3]{4}}$ 时等号成立.

例 4.16(Phan Thanh Viet) 设 a,b,c 是正实数,满足 $a+b+c=3$,证明

$$\sqrt{\frac{a}{1+b+bc}}+\sqrt{\frac{b}{1+c+ca}}+\sqrt{\frac{c}{1+a+ab}}\geqslant\sqrt{3}$$

证明 由 Hölder 不等式,我们有

$$\left(\sum_{cyc}\sqrt{\frac{a}{1+b+bc}}\right)^2\left[\sum_{cyc}a(1+b+bc)\right]\geqslant(a^{\frac{2}{3}}+b^{\frac{2}{3}}+c^{\frac{2}{3}})^3$$

因此,只须证明

$$(a^{\frac{2}{3}}+b^{\frac{2}{3}}+c^{\frac{2}{3}})^3\geqslant 3a(1+b+bc)+3b(1+c+ca)+3c(1+a+ab)$$

即

$$(a^{\frac{2}{3}}+b^{\frac{2}{3}}+c^{\frac{2}{3}})^3\geqslant 9+3(ab+bc+ca)+9abc$$

由 AM-GM 不等式,$3=a+b+c\geqslant 3\sqrt[3]{abc}$,从而,$a^{\frac{2}{3}}b^{\frac{2}{3}}c^{\frac{2}{3}}\geqslant abc$,所以

$$\begin{aligned}(a^{\frac{2}{3}}+b^{\frac{2}{3}}+c^{\frac{2}{3}})^3&=\sum_{cyc}a^2+3\sum_{cyc}a^{\frac{2}{3}}b^{\frac{2}{3}}(a^{\frac{2}{3}}+b^{\frac{2}{3}})+6a^{\frac{2}{3}}b^{\frac{2}{3}}c^{\frac{2}{3}}\\&\geqslant\sum_{cyc}a^2+3\sum_{cyc}a^{\frac{2}{3}}b^{\frac{2}{3}}\cdot 2a^{\frac{1}{3}}b^{\frac{1}{3}}+6abc\\&=\sum_{cyc}a^2+6\sum_{cyc}ab+6abc\end{aligned}$$

因此,只须证明

$$a^2+b^2+c^2+6(ab+bc+ca)+6abc\geqslant 9+3(ab+bc+ca)+9abc$$

这可以化为

$$ab+bc+ca\geqslant 3abc$$

这可由 AM-GM 不等式得到,事实上

$$ab+bc+ca\geqslant 3\sqrt[3]{a^2b^2c^2}\geqslant 3abc$$

证毕. 等号成立的条件是当且仅当 $(a,b,c)=(1,1,1)$,$(a,b,c)=(3,0,0)$ 及其轮换.

例 4.17(Gabriel Dospinescu, Mathematical Reflections) 设 $P(n)$ 表示下列命题:对所有满足条件 $x_1+x_2+\cdots+x_n=n$ 的正实数 $x_1,x_2,\cdots,x_n$,有

$$\frac{x_2}{\sqrt{x_1+2x_3}}+\frac{x_3}{\sqrt{x_2+2x_4}}+\cdots+\frac{x_1}{\sqrt{x_n+2x_2}}\geqslant\frac{n}{\sqrt{3}}$$

证明:当 $n\leqslant 4$ 时,$P(n)$ 为真;当 $n\geqslant 9$ 时,$P(n)$ 为假.

证明 设 $S(x_1,x_2,\cdots,x_n)$ 表示不等式的左边,应用 Hölder 不等式,我们有

$$S^2[x_2(x_1+2x_3)+\cdots+x_1(x_n+2x_2)]\geqslant(x_1+x_2+\cdots+x_n)^3=n^3$$

另外,我们还有

$$x_2(x_1+2x_3)+\cdots+x_1(x_n+2x_2)=3(x_1x_2+x_2x_3+\cdots+x_nx_1)$$

注意到这个事实,当 $x_1+x_2+\cdots+x_n=n$,并且 $n\leqslant 4$ 时,有

$$x_1x_2+x_2x_3+\cdots+x_nx_1\leqslant n$$

实际上,由例 1.1 中的不等式 $ab+bc+ca\leqslant\frac{(a+b+c)^2}{3}$,以及 AM-GM 不等式,我们有

$$ab+bc+cd+da=(a+c)(b+d)\leqslant\frac{(a+b+c+d)^2}{4}$$

所以,当 $n\leqslant 4$ 时,上述不等式成立.

我们选择 x_1,x_2,x_3,x_4 都是 $\frac{n}{4}$,而其他变量为 0,由此可见 $S<\frac{n}{\sqrt{3}}(n\geqslant 9)$,这就证明了原命题.

例 4.18(Byron Schmuland, Mathematical Reflections) 设 x,y,z 是正实数,证明

$$\sqrt{x+y+z}\left(\frac{\sqrt{x}}{y+z}+\frac{\sqrt{y}}{x+z}+\frac{\sqrt{z}}{x+y}\right)\geqslant\frac{3\sqrt{3}}{2}$$

证明 由 Hölder 不等式,我们有

$$(x+y+z)\left(\sum_{\text{cyc}}\frac{\sqrt{x}}{y+z}\right)^2\geqslant\left[\sum_{\text{cyc}}\sqrt[3]{\left(\frac{x}{y+z}\right)^2}\right]^3$$

由 AM-GM 不等式,可见

$$2(x+y+z)=2x+(y+z)+(y+z)\geqslant 3\sqrt[3]{2x(y+z)^2}$$

所以

$$\sum_{\text{cyc}}\sqrt[3]{\left(\frac{x}{y+z}\right)^2}\geqslant\sum_{\text{cyc}}\frac{3x}{\sqrt[3]{2^2}(x+y+z)}=\frac{3}{\sqrt[3]{2^2}}$$

因此

$$(x+y+z)\left(\sum_{\text{cyc}}\frac{\sqrt{x}}{y+z}\right)^2\geqslant\left(\frac{3}{\sqrt[3]{2^2}}\right)^3=\frac{3^3}{2^2}$$

证毕,当且仅当 $x=y=z$ 时等号成立.

例 4.19 设 $a_1,a_2,\cdots,a_n$是正实数,满足 $\sum_{i=1}^{n}a_i^3=3$ 和 $\sum_{i=1}^{n}a_i^5=5$,证明

$$\sum_{i=1}^{n}a_i>\frac{3}{2}$$

证明 由 Hölder 不等式,我们有

$$\sum_{i=1}^{n}a_i^3=\sum_{i=1}^{n}a_ia_i^2\leqslant\left(\sum_{i=1}^{n}a_i^{\frac{5}{3}}\right)^{\frac{3}{5}}\left(\sum_{i=1}^{n}(a_i^2)^{\frac{5}{2}}\right)^{\frac{2}{5}}$$

使用题设条件 $\sum_{i=1}^{n}a_i^3=3$ 和 $\sum_{i=1}^{n}a_i^5=5$,有

$$\frac{3}{2}<\frac{3}{5^{\frac{2}{5}}}\leqslant\left(\sum_{i=1}^{n}a_i^{\frac{5}{3}}\right)^{\frac{3}{5}}$$

所以,只须证明

$$\left(\sum_{i=1}^{n} a_i^{\frac{5}{3}}\right)^{\frac{3}{5}} \leqslant \sum_{i=1}^{n} a_i$$

令 $A=\sum_{i=1}^{n} a_i$,注意到 $0<\frac{a_i}{A}\leqslant 1$,可见 $\left(\frac{a_i}{A}\right)^{\frac{5}{3}} \leqslant \frac{a_i}{A}$,所以

$$\sum_{i=1}^{n}\left(\frac{a_i}{A}\right)^{\frac{5}{3}} \leqslant \sum_{i=1}^{n} \frac{a_i}{A}=1$$

因此,$\left(\sum_{i=1}^{n} a_i^{\frac{5}{3}}\right)^{\frac{3}{5}} \leqslant \left(A^{\frac{5}{3}}\right)^{\frac{3}{5}}=\sum_{i=1}^{n} a_i$. 证毕.

例 4.20(Pham Kim Hung) 设 a,b,c 是正实数,证明

$$\frac{b+c}{\sqrt{a^2+bc}}+\frac{c+a}{\sqrt{b^2+ca}}+\frac{a+b}{\sqrt{c^2+ab}}>4$$

证明 由 Hölder 不等式,我们有

$$\left(\sum_{\text{cyc}} \frac{b+c}{\sqrt{a^2+bc}}\right)^2\left[\sum_{\text{cyc}}(b+c)(a^2+bc)\right] \geqslant 8\left(\sum_{\text{cyc}} a\right)^3$$

所以,只须证明

$$(a+b+c)^3>4\sum_{\text{cyc}} a^2(b+c)$$

或等价于

$$6abc+\sum_{\text{cyc}} a^3>\sum_{\text{cyc}} a^2(b+c)$$

这由 Schur 不等式,即可得到,因为

$$3abc+\sum_{\text{cyc}} a^3 \geqslant \sum_{\text{cyc}} a^2(b+c)$$

例 4.21(Tran Quoc Anh) 设 a,b,c 是正实数,证明

$$\frac{a^5}{b}+\frac{b^5}{c}+\frac{c^5}{a} \geqslant 3\left(\frac{a^6+b^6+c^6}{3}\right)^{\frac{2}{3}}$$

证明 由 Hölder 不等式,有

$$\left(\frac{a^5}{b}+\frac{b^5}{c}+\frac{c^5}{a}\right)^3 \geqslant \frac{(a^6+b^6+c^6)^4}{a^9b^3+b^9c^3+c^9a^3}$$

所以,只须证明

$$(a^6+b^6+c^6)^2 \geqslant 3(a^9b^3+b^9c^3+c^9a^3)$$

令 $x=a^3$,$y=b^3$ 和 $z=c^3$,则上述不等式变成

$$(x^2+y^2+z^2)^2 \geqslant 3(x^3y+y^3z+z^3x)$$

这就是著名的 Vasile Cîrtoaje 不等式.

为证明这个不等式,我们在已知的不等式

$$(x'+y'+z')^2 \geqslant 3(x'y'+y'z'+z'x')$$

中,令

$$x' = x^2 + yz - xy$$
$$y' = y^2 + zx - yz$$
$$z' = z^2 + xy - zx$$

我们得到

$$\left[\sum_{\text{cyc}} (x^2 + yz - xy)\right]^2 \geqslant 3\sum_{\text{cyc}} (x^2 + yz - xy)(y^2 + zx - yz) = 3(x^3 y + y^3 z + z^3 x)$$

显然

$$\left[\sum_{\text{cyc}} (x^2 + yz - xy)\right]^2 = (x^2 + y^2 + z^2)^2$$

所以

$$(x^2 + y^2 + z^2)^2 \geqslant 3(x^3 y + y^3 z + z^3 x)$$

5 Nesbitt 不等式

在本章,我们将介绍著名的 Nesbitt 不等式的几个证明以及推广.这些证明中包含了重要的思想和技巧,对于证明大量的其他不等式是很有帮助的.

定理 5.1(Nesbitt 不等式) 设 a,b,c 是正实数,则

$$\frac{a}{b+c}+\frac{b}{c+a}+\frac{c}{a+b}\geqslant\frac{3}{2}$$

等号成立,当且仅当 $a=b=c$.

证法 1 由 Cauchy-Schwarz 不等式,有

$$[(b+c)+(c+a)+(a+b)]\left(\frac{1}{b+c}+\frac{1}{c+a}+\frac{1}{a+b}\right)\geqslant 9$$

这等价于

$$2\left(\frac{a+b+c}{b+c}+\frac{a+b+c}{c+a}+\frac{a+b+c}{a+b}\right)\geqslant 9$$

这立即就可以得到所证的不等式.等号成立,当且仅当

$$(b+c)^2=(c+a)^2=(a+b)^2$$

即 $a=b=c$.

证法 2 两次利用 AM-GM 不等式,我们有

$$[(b+c)+(c+a)+(a+b)]\left(\frac{1}{b+c}+\frac{1}{c+a}+\frac{1}{a+b}\right)$$

$$\geqslant 3[(b+c)(c+a)(a+b)]^{\frac{1}{3}}\cdot 3\left[\frac{1}{(b+c)(c+a)(a+b)}\right]^{\frac{1}{3}}=9$$

正如前面所说明的,这个不等式等价于所证不等式.

证法 3 正如早前指出的,只须证明等价不等式

$$[(b+c)+(c+a)+(a+b)]\left(\frac{1}{b+c}+\frac{1}{c+a}+\frac{1}{a+b}\right)\geqslant 9$$

作简单的替换.令 $x=b+c,y=c+a,z=a+b$,则展开等价不等式的左边,我们有

$$3+\frac{x}{y}+\frac{y}{x}+\frac{y}{z}+\frac{z}{y}+\frac{z}{x}+\frac{x}{z}\geqslant 9$$

由 AM-GM 不等式,有

$$\frac{x}{y}+\frac{y}{x}\geqslant 2$$

类似可得

$$\frac{y}{z}+\frac{z}{y}\geqslant 2$$

$$\frac{z}{x}+\frac{x}{z}\geqslant 2$$

3 个不等式相加,即得所证不等式.

证法 4 我们有

$$\begin{aligned}&\frac{a}{b+c}+\frac{b}{c+a}+\frac{c}{a+b}-\frac{3}{2}\\&=\frac{2(a^3+b^3+c^3)+2(a+b+c)(ab+bc+ca)-3(a+b)(b+c)(c+a)}{2(a+b)(b+c)(c+a)}\\&=\frac{2(a^3+b^3+c^3)-a^2(b+c)-b^2(c+a)-c^2(a+b)}{2(a+b)(b+c)(c+a)}\\&=\frac{2(a^3+b^3+c^3)-(a+b+c)(a^2+b^2+c^2)}{2(a+b)(b+c)(c+a)}\geqslant 0\end{aligned}$$

这最后的不等式依据例 6.1 即得.事实上

$$\frac{a}{b+c}+\frac{b}{c+a}+\frac{c}{a+b}=\frac{3}{2}+\frac{(a+b)(a-b)^2+(b+c)(b-c)^2+(c+a)(c-a)^2}{2(a+b)(b+c)(c+a)}$$

证法 5 由 AM-GM 不等式,我们有

$$\sqrt{a^3}+\sqrt{b^3}+\sqrt{b^3}\geqslant 3\sqrt[3]{\sqrt{a^3b^6}}=3b\sqrt{a}$$

类似可得

$$\sqrt{a^3}+\sqrt{c^3}+\sqrt{c^3}\geqslant 3c\sqrt{a}$$

上述两个不等式相加,我们有

$$2(\sqrt{a^3}+\sqrt{b^3}+\sqrt{c^3})\geqslant 3\sqrt{a}(b+c)$$

从而

$$\frac{a}{b+c}\geqslant\frac{3}{2}\cdot\frac{\sqrt{a^3}}{\sqrt{a^3}+\sqrt{b^3}+\sqrt{c^3}}$$

类似可得

$$\frac{b}{c+a}\geqslant\frac{3}{2}\cdot\frac{\sqrt{b^3}}{\sqrt{a^3}+\sqrt{b^3}+\sqrt{c^3}}$$

$$\frac{c}{a+b}\geqslant\frac{3}{2}\cdot\frac{\sqrt{c^3}}{\sqrt{a^3}+\sqrt{b^3}+\sqrt{c^3}}$$

这 3 个不等式相加,即得所证不等式

$$\frac{a}{b+c}+\frac{b}{c+a}+\frac{c}{a+b}\geqslant\frac{3}{2}\cdot\frac{\sqrt{a^3}+\sqrt{b^3}+\sqrt{c^3}}{\sqrt{a^3}+\sqrt{b^3}+\sqrt{c^3}}=\frac{3}{2}$$

证法 6 对两序列

$$\sqrt{a(b+c)},\sqrt{b(c+a)},\sqrt{c(a+b)}$$

$$\sqrt{\frac{a}{b+c}},\sqrt{\frac{b}{c+a}},\sqrt{\frac{c}{a+b}}$$

应用 Cauchy-Schwarz 不等式,我们有

$$2(ab+bc+ca)\left(\frac{a}{b+c}+\frac{b}{c+a}+\frac{c}{a+b}\right)\geqslant(a+b+c)^2$$

结合不等式$(a+b+c)^2\geqslant 3(ab+bc+ca)$,即得所证不等式.

推广 1(F. Wei, S. Wu, Octagon Mathematical Magazine) 设 x,y,z,k 是正实数,则

$$\frac{x}{ky+z}+\frac{y}{kz+x}+\frac{z}{kx+y}\geqslant\frac{3}{1+k}$$

证明 用 A 表示不等式右边的表达式,由 Cauchy-Schwarz 不等式,我们有

$$A=\frac{x^2}{kxy+zx}+\frac{y^2}{kyz+xy}+\frac{z^2}{kxz+yz}\geqslant\frac{(x+y+z)^2}{(1+k)(xy+yz+zx)}$$

由例 1.1,我们有$(x+y+z)^2\geqslant 3(xy+yz+zx)$. 由此可见

$$\frac{(x+y+z)^2}{(1+k)(xy+yz+zx)}\geqslant\frac{3}{1+k}$$

证毕.

注意到,如果我们设 $k=\frac{a}{b}$,则我们可以把不等式改写成如下形式

$$\frac{x}{ay+bz}+\frac{y}{az+bx}+\frac{z}{ax+by}\geqslant\frac{3}{a+b}$$

推广 2(F. Wei, S. Wu, Octagon Mathematical Magazine) 设 $x_1,x_2,\cdots,x_n$是正实数,其中 $n\geqslant 2$,则

$$\frac{x_1}{x_2+x_3+\cdots+x_n}+\frac{x_2}{x_1+x_3+x_4+\cdots+x_n}+\cdots+\frac{x_n}{x_1+x_2+\cdots+x_{n-1}}\geqslant\frac{n}{n-1}$$

证明 设 $S=x_1+x_2+\cdots+x_n$. 用 A 表示不等式右边的表达式,由 Cauchy-Schwarz 不等式,我们有

$$A=\frac{x_1^2}{x_1(S-x_1)}+\frac{x_2^2}{x_2(S-x_2)}+\cdots+\frac{x_n^2}{x_n(S-x_n)}\geqslant\frac{S^2}{S^2-(x_1^2+x_2^2+\cdots+x_n^2)}$$

所以,只须证明

$$\frac{S^2}{S^2-(x_1^2+x_2^2+\cdots+x_n^2)}\geqslant\frac{n}{n-1}$$

但这可以化为 $n(x_1^2+x_2^2+\cdots+x_n^2)\geqslant S^2$，这可直接应用 Cauchy-Schwarz 不等式得到.

推广 3(F. Wei,S. Wu,Octagon Mathematical Magazine)　设 $x_1,x_2,\cdots,x_n$ 是正实数,其中 $n\geqslant 2$,又设 $k\geqslant 1$,则

$$\left(\frac{x_1}{x_2+x_3+\cdots+x_n}\right)^k+\left(\frac{x_2}{x_1+x_3+\cdots+x_n}\right)^k+\cdots+\left(\frac{x_n}{x_1+x_2+\cdots+x_{n-1}}\right)^k\geqslant\frac{n}{(n-1)^k}$$

证明　应用幂平均不等式和推广 2,可见

$$\left(\frac{x_1}{x_2+x_3+\cdots+x_n}\right)^k+\left(\frac{x_2}{x_1+x_3+\cdots+x_n}\right)^k+\cdots+\left(\frac{x_n}{x_1+x_2+\cdots+x_{n-1}}\right)^k$$

$$\geqslant n^{1-k}\left(\sum_{i=1}^n\frac{x_i}{S-x_i}\right)^k$$

$$\geqslant\frac{n}{(n-1)^k}$$

证毕.

改进的不等式(Titu Andreescu, Mircea Lascu)　设 α,x,y,z 是正实数,满足 $xyz=1$ 和 $\alpha\geqslant 1$,证明

$$\frac{x^\alpha}{y+z}+\frac{y^\alpha}{z+x}+\frac{z^\alpha}{x+y}\geqslant\frac{3}{2}$$

证法 1　由 Cauchy-Schwarz 不等式,我们有

$$[x(y+z)+y(z+x)+z(x+y)]\left(\frac{x^\alpha}{y+z}+\frac{y^\alpha}{z+x}+\frac{z^\alpha}{x+y}\right)\geqslant(x^{\frac{1+\alpha}{2}}+y^{\frac{1+\alpha}{2}}+z^{\frac{1+\alpha}{2}})^2$$

所以,只须证明

$$(x^{\frac{1+\alpha}{2}}+y^{\frac{1+\alpha}{2}}+z^{\frac{1+\alpha}{2}})^2\geqslant 3(xy+yz+zx)$$

由例 1.1 中的不等式 $(x+y+z)^2\geqslant 3(xy+yz+zx)$ 可知,我们只须证明

$$x^{\frac{1+\alpha}{2}}+y^{\frac{1+\alpha}{2}}+z^{\frac{1+\alpha}{2}}\geqslant x+y+z$$

应用 Bernoulli 不等式,我们有

$$x^{\frac{1+\alpha}{2}}=[1+(x-1)]^{\frac{1+\alpha}{2}}\geqslant 1+\frac{1+\alpha}{2}(x-1)=\frac{1-\alpha}{2}+\frac{1+\alpha}{2}x$$

类似可得

$$y^{\frac{1+\alpha}{2}}\geqslant\frac{1-\alpha}{2}+\frac{1+\alpha}{2}y$$

$$z^{\frac{1+\alpha}{2}}\geqslant\frac{1-\alpha}{2}+\frac{1+\alpha}{2}z$$

这样一来

$$x^{\frac{1+\alpha}{2}}+y^{\frac{1+\alpha}{2}}+z^{\frac{1+\alpha}{2}}-(x+y+z)\geqslant\frac{3(1-\alpha)}{2}+\frac{1+\alpha}{2}(x+y+z)-(x+y+z)$$

$$=\frac{\alpha-1}{2}(x+y+z-3)$$

$$\geqslant\frac{\alpha-1}{2}(3\sqrt[3]{xyz}-3)=0$$

等号成立,当且仅当 $x=y=z=1$.

证法 2 不失一般性,我们假定 $x\geqslant y\geqslant z$,则$\frac{x}{y+z}\geqslant\frac{y}{z+x}\geqslant\frac{z}{x+y}$ 以及 $x^{\alpha-1}\geqslant y^{\alpha-1}\geqslant z^{\alpha-1}$. 应用 Chebyshev 不等式,有

$$\sum_{\text{cyc}}\frac{x^{\alpha}}{y+z}\geqslant\frac{1}{3}\left(\sum_{\text{cyc}}x^{\alpha-1}\right)\left(\sum_{\text{cyc}}\frac{x}{y+z}\right)$$

由 AM-GM 不等式,我们有

$$\sum_{\text{cyc}}x^{\alpha-1}\geqslant 3$$

综合上述不等式并应用 Nesbitt 不等式即得所证不等式.

备注 作替换 $\beta=\alpha+1(\beta\geqslant 2)$ 以及 $x=\frac{1}{a},y=\frac{1}{b},z=\frac{1}{c}(abc=1)$,则不等式可以转化为

$$\frac{1}{a^{\beta}(b+c)}+\frac{1}{b^{\beta}(c+a)}+\frac{1}{c^{\beta}(a+b)}\geqslant\frac{3}{2}$$

对 $\beta=3$,我们得到了由 Russia 提出的 IMO 1995 的一个问题,在本书早些时候已经证明过.

例 5.1(Darij Grinberg) 设 a,b,c 是正实数,证明

$$\frac{a}{(b+c)^2}+\frac{b}{(c+a)^2}+\frac{c}{(a+b)^2}\geqslant\frac{9}{4(a+b+c)}$$

证明 由 Cauchy-Schwarz 不等式,我们有

$$(a+b+c)\left[\frac{a}{(b+c)^2}+\frac{b}{(c+a)^2}+\frac{c}{(a+b)^2}\right]\geqslant\left(\frac{a}{b+c}+\frac{b}{c+a}+\frac{c}{a+b}\right)^2$$

据此以及 Nesbitt 不等式,即得所证不等式.

例 5.2 设 a,b,c 是正实数,满足 $a+b+c=3$,证明

$$\frac{a^2}{(b+c)^3}+\frac{b^2}{(c+a)^3}+\frac{c^2}{(a+b)^3}\geqslant\frac{3}{8}$$

证法 1 由 Hölder 不等式以及 Nesbitt 不等式即可,事实上,我们有

$$\left[\frac{a^2}{(b+c)^3}+\frac{b^2}{(c+a)^3}+\frac{c^2}{(a+b)^3}\right](a+b+c)(1+1+1)\geqslant\left(\frac{a}{b+c}+\frac{b}{c+a}+\frac{c}{a+b}\right)^3$$

证法 2　用 A 表示不等式右边的表达式,由 Cauchy-Schwarz 不等式以及 Nesbitt 不等式,我们有

$$A=\frac{\left(\frac{a}{b+c}\right)^2}{b+c}+\frac{\left(\frac{b}{c+a}\right)^2}{c+a}+\frac{\left(\frac{c}{a+b}\right)^2}{a+b}\geqslant\frac{\left(\frac{a}{b+c}+\frac{b}{c+a}+\frac{c}{a+b}\right)^2}{2(a+b+c)}\geqslant\frac{\frac{9}{4}}{6}=\frac{3}{8}$$

例 5.3　设 a,b,c 是正实数,满足 $a+b+c\leqslant 1$,则

$$\frac{a}{1-a}+\frac{b}{1-b}+\frac{c}{1-c}\geqslant\frac{3(a+b+c)}{3-(a+b+c)}$$

证明　用 A 表示不等式右边的表达式,由 Cauchy-Schwarz 不等式,我们有

$$A=\frac{a^2}{a-a^2}+\frac{b^2}{b-b^2}+\frac{c^2}{c-c^2}\geqslant\frac{(a+b+c)^2}{a+b+c-(a^2+b^2+c^2)}$$

$$\geqslant\frac{(a+b+c)^2}{a+b+c-\frac{1}{3}(a+b+c)^2}=\frac{3(a+b+c)}{3-(a+b+c)}$$

备注　这个不等式貌似 Nesbitt 不等式. 注意到,$1-a\geqslant b+c$. 结合这个不等式及其他两个类似的不等式可见,对于本例来说,不等式的左边的上界就是 Nesbitt 不等式的左边,而右边有上界$\frac{3}{2}$.

例 5.4(Abdulmajeed Al-Gasem, Mathematical Reflections)　设 a,b,c 是正实数,满足 $a+b+c+2=abc$,求$\frac{1}{a}+\frac{1}{b}+\frac{1}{c}$ 的最小值.

解　作代换 $x=\frac{1}{1+a},y=\frac{1}{1+b},z=\frac{1}{1+c}$ (参见 T. Andreescu,G. Dospinescu, Problems from the Book, XYZ Press, 2008),经过简单的代数运算之后,注意到 $a+b+c+2=abc$ 等价于 $x+y+z=1$ 以及

$$a=\frac{1-x}{x}=\frac{y+z}{x}$$

$$b=\frac{1-y}{y}=\frac{z+x}{y}$$

$$c=\frac{1-z}{z}=\frac{y+x}{z}$$

据此,我们的问题转化为,在条件 $x+y+z=1$ 下,求$\frac{x}{y+z}+\frac{y}{z+x}+\frac{z}{x+y}$ 的最小值.

由 Nesbitt 不等式可知,上述表达式在 $x=y=z=\frac{1}{3}$ 达到的最小值,且最小值是$\frac{3}{2}$.

例 5.5(Romania 2005)　设 a,b,c 是正实数,满足 $abc=1$,证明

$$\frac{a}{b^2(c+1)}+\frac{b}{c^2(a+1)}+\frac{c}{a^2(b+1)}\geqslant\frac{3}{2}$$

证明 因为 $abc=1$,作代换 $a=\frac{x}{z},b=\frac{y}{x},c=\frac{z}{y}(x,y,z>0)$,则所证不等式变成

$$\sum_{\text{cyc}}\frac{x^3}{yz(y+z)}\geqslant\frac{3}{2}$$

注意到不等式 $x^3+y^3\geqslant xy(x+y)$,这显然等价于 $(x+y)(x-y)^2\geqslant 0$. 所以,由 Nesbitt 不等式可得

$$\frac{x^3}{yz(y+z)}+\frac{y^3}{xz(x+z)}+\frac{z^3}{xy(x+y)}\geqslant\frac{x^3}{y^3+z^3}+\frac{y^3}{z^3+x^3}+\frac{z^3}{x^3+y^3}\geqslant\frac{3}{2}$$

例 5.6(Ho Phu Thai, Mathematical Reflections) 设 a,b,c 是正实数,证明

$$\frac{a}{b(b+c)^2}+\frac{b}{c(c+a)^2}+\frac{c}{a(a+b)^2}\geqslant\frac{9}{4(ab+bc+ca)}$$

证明 由 Cauchy-Schwarz 不等式,我们有

$$(ab+bc+ca)\left[\frac{a}{b(b+c)^2}+\frac{b}{c(c+a)^2}+\frac{c}{a(a+b)^2}\right]\geqslant\left(\frac{a}{b+c}+\frac{b}{c+a}+\frac{c}{a+b}\right)^2$$

所以,只须证明

$$\frac{a}{b+c}+\frac{b}{c+a}+\frac{c}{a+b}\geqslant\frac{3}{2}$$

这正是 Nesbitt 不等式.

6 排序不等式与Chebyshev不等式

假定你有机会,从供应的1美元,5美元,10美元和20美元的钞票中取钱.你可以从一个盒子中取到3美元,从另一个盒子中取到5美元,从下一个盒子中取到6美元,从最后一个盒子中取到8美元.你如何决策,使得你能够取到最多的钱?

很明显,你要从盒子中尽可能地取到最大面额的钞票.在这种情况下,你期望取到20美元的钞票8张,10美元的钞票6张,5美元的钞票5张和1美元的钞票3张,实际上,你取到的钱数是

$$8\cdot 20+6\cdot 10+5\cdot 5+3\cdot 1=248$$

假设你想取最小数目的钱.在这种情况下,你应该尽可能地少取高面额的钞票.这样,你取到的钱数是

$$3\cdot 20+5\cdot 10+6\cdot 5+8\cdot 1=148$$

排序不等式就是采用的这种思想.

定理 6.1(排序不等式) 设 $x_1\leqslant x_2\leqslant\cdots\leqslant x_n$ 和 $y_1\leqslant y_2\leqslant\cdots\leqslant y_n$ 都是实数,σ 是 $\{1,2,\cdots,n\}$ 的一个排列,则

$$\begin{aligned}x_1y_n+x_2y_{n-1}+\cdots+x_ny_1&\leqslant x_1y_{\sigma(1)}+x_2y_{\sigma(2)}+\cdots+x_ny_{\sigma(n)}\\&\leqslant x_1y_1+x_2y_2+\cdots+x_ny_n\end{aligned}$$

证明 我们首先证明 $n=2$ 的情况.事实上,设 x_1,x_2,y_1,y_2 是实数,满足 $x_1\leqslant x_2$ 和 $y_1\leqslant y_2$,则

$$(x_2-x_1)(y_2-y_1)\geqslant 0$$

从而

$$x_1y_1+x_2y_2\geqslant x_1y_2+x_2y_1$$

等号成立,当且仅当 $x_1=x_2$ 或者 $y_1=y_2$.

对于一般情况,设 $x_1,x_2,\cdots,x_n$ 和 $y_1,y_2,\cdots,y_n$ 是实数,满足 $x_1\leqslant x_2\leqslant\cdots\leqslant x_n$,$\tau$ 是 $\{1,2,\cdots,n\}$ 的一个排列.满足和式 $x_1y_{\tau(1)}+x_2y_{\tau(2)}+\cdots+x_ny_{\tau(n)}$ 达到最大值.如果存在 $i<j$ 使得 $y_{\tau(i)}>y_{\tau(j)}$,则 $x_iy_{\tau(j)}+x_jy_{\tau(i)}\geqslant x_iy_{\tau(i)}+x_jy_{\tau(j)}$(这正是 $n=2$ 的情况),等号成立,当且仅当 $x_i=x_j$.

这样一来,$x_1y_{\tau(1)}+x_2y_{\tau(2)}+\cdots+x_ny_{\tau(n)}$ 没有达到最大值,除非:(a) 我们有 $y_{\tau(1)}\leqslant y_{\tau(2)}\leqslant\cdots\leqslant y_{\tau(n)}$ 或者(b)$x_i=x_j$,对所有 $i<j$,满足 $y_{\tau(i)}>y_{\tau(j)}$.

在情况(b)中,对每一个数对(i,j),我们依次交换$\tau(i)$和$\tau(j)$,直到

$$y_{\tau(1)} \leqslant y_{\tau(2)} \leqslant \cdots \leqslant y_{\tau(n)}$$

这样,当$y_{\tau(1)} \leqslant y_{\tau(2)} \leqslant \cdots \leqslant y_{\tau(n)}$时,$x_1 y_{\tau(1)} + x_2 y_{\tau(2)} + \cdots + x_n y_{\tau(n)}$达到最大值.

再来看看,当$y_{\tau(1)} \geqslant y_{\tau(2)} \geqslant \cdots \geqslant y_{\tau(n)}$时,$x_1 y_{\tau(1)} + x_2 y_{\tau(2)} + \cdots + x_n y_{\tau(n)}$达到最小值的情况,容易看到

$$\begin{aligned}&-(x_1 y_{\tau(1)} + x_2 y_{\tau(2)} + \cdots + x_n y_{\tau(n)})\\ =&x_1(-y_{\tau(1)}) + x_2(-y_{\tau(2)}) + \cdots + x_n(-y_{\tau(n)})\end{aligned}$$

当$-y_{\tau(1)} \leqslant -y_{\tau(2)} \leqslant \cdots \leqslant -y_{\tau(n)}$时,达到最大值.

这就证明了定理.

定理6.2(Chebyshev不等式)　如果$a_1 \leqslant a_2 \leqslant \cdots \leqslant a_n$和$b_1 \leqslant b_2 \leqslant \cdots \leqslant b_n$是两个增加的有限实数列,则

$$\frac{a_1 b_1 + a_2 b_2 + \cdots + a_n b_n}{n} \geqslant \frac{a_1 + a_2 + \cdots + a_n}{n} \cdot \frac{b_1 + b_2 + \cdots + b_n}{n}$$

证明　由排序不等式,我们有

$$\begin{aligned}a_1 b_1 + a_2 b_2 + \cdots + a_n b_n &= a_1 b_1 + a_2 b_2 + \cdots + a_n b_n\\ a_1 b_1 + a_2 b_2 + \cdots + a_n b_n &\geqslant a_1 b_2 + a_2 b_3 + \cdots + a_n b_1\\ a_1 b_1 + a_2 b_2 + \cdots + a_n b_n &\geqslant a_1 b_3 + a_2 b_4 + \cdots + a_n b_2\\ &\vdots\\ a_1 b_1 + a_2 b_2 + \cdots + a_n b_n &\geqslant a_1 b_n + a_2 b_1 + \cdots + a_n b_{n-1}\end{aligned}$$

上述不等式相加之后,两边同时除以n^2,即得所证结果.

例6.1　设a,b,c是正实数,证明

$$3(a^3 + b^3 + c^3) \geqslant (a + b + c)(a^2 + b^2 + c^2)$$

证明　不失一般性,设$a \geqslant b \geqslant c$,则$a^2 \geqslant b^2 \geqslant c^2$. 对两序列$(a,b,c)$和$(a^2,b^2,c^2)$,应用Chebyshev不等式即得. 等号成立,当且仅当$a = b = c$.

例6.2　设a,b,c是正实数,证明

$$\frac{a + b + c}{abc} \leqslant \frac{1}{a^2} + \frac{1}{b^2} + \frac{1}{c^2}$$

证明　不失一般性,令$a \leqslant b \leqslant c$,对序列$\frac{1}{a},\frac{1}{b},\frac{1}{c}$和$\frac{1}{a},\frac{1}{b},\frac{1}{c}$,利用排序不等式即得. 等号成立,当且仅当$a = b = c$.

例6.3　设$x_1,x_2,\cdots,x_n$是实数,证明

$$\left(\frac{x_1 + x_2 + \cdots + x_n}{n}\right)^2 \leqslant \frac{x_1^2 + x_2^2 + \cdots + x_n^2}{n}$$

证明 不失一般性,我们假定序列 $x_1,x_2,\cdots,x_n$ 是增加的,之后,对序列 $x_1,x_2,\cdots,x_n$ 和 $x_1,x_2,\cdots,x_n$ 应用 Chebyshev 不等式立即可得.等号成立,当且仅当 $x_1=x_2=\cdots=x_n$.

例 6.4(Nesbitt 不等式) 设 a,b,c 是正实数,证明

$$\frac{a}{b+c}+\frac{b}{c+a}+\frac{c}{a+b}\geqslant\frac{3}{2}$$

证明 不失一般性,令 $a\leqslant b\leqslant c$,则对两序列 $\frac{1}{b+c}\leqslant\frac{1}{c+a}\leqslant\frac{1}{a+b}$ 和 $a\leqslant b\leqslant c$,两次使用排序不等式:

对排列 $\sigma(1)=2,\sigma(2)=3,\sigma(3)=1$,我们有

$$\frac{a}{b+c}+\frac{b}{c+a}+\frac{c}{a+b}\geqslant\frac{b}{b+c}+\frac{c}{c+a}+\frac{a}{a+b}$$

对排列 $\sigma(1)=3,\sigma(2)=1,\sigma(3)=2$,我们有

$$\frac{a}{b+c}+\frac{b}{c+a}+\frac{c}{a+b}\geqslant\frac{c}{b+c}+\frac{a}{c+a}+\frac{b}{a+b}$$

上述两个不等式相加,我们得到

$$2\left[\frac{a}{b+c}+\frac{b}{c+a}+\frac{c}{a+b}\right]\geqslant\frac{b+c}{b+c}+\frac{c+a}{c+a}+\frac{a+b}{a+b}=3$$

这就证明了不等式成立.

例 6.5 设 a,b,c 是正实数,证明

$$\frac{a^2}{b^2}+\frac{b^2}{c^2}+\frac{c^2}{a^2}\geqslant\frac{b}{a}+\frac{c}{b}+\frac{a}{c}$$

证明 不失一般性,假定 $\frac{a}{b}\leqslant\frac{b}{c}\leqslant\frac{c}{a}$,对两序列 $\left(\frac{a}{b},\frac{b}{c},\frac{c}{a}\right)$ 和 $\left(\frac{a}{b},\frac{b}{c},\frac{c}{a}\right)$,应用排序不等式,可得

$$\frac{a}{b}\cdot\frac{a}{b}+\frac{b}{c}\cdot\frac{b}{c}+\frac{c}{a}\cdot\frac{c}{a}\geqslant\frac{a}{b}\cdot\frac{b}{c}+\frac{b}{c}\cdot\frac{c}{a}+\frac{c}{a}\cdot\frac{a}{b}$$

不等式得证.等号成立,当且仅当 $a=b=c$.

例 6.6(USAMO 1974) 设 a,b,c 是正实数,证明

$$a^ab^bc^c\geqslant(abc)^{\frac{a+b+c}{3}}$$

证明 不等式两边取对数之后,等价于

$$a\log a+b\log b+c\log c\geqslant\frac{a+b+c}{3}(\log a+\log b+\log c)$$

不失一般性,我们假定 $a\leqslant b\leqslant c$,因为对数函数是增函数,所以

$$\log a\leqslant\log b\leqslant\log c$$

因此,由 Chebyshev 不等式即可,等号成立,当且仅当 $a=b=c$.

例 6.7 设 a,b,c 是正实数,且满足 $abc=1$,证明

$$\frac{a}{b}+\frac{b}{c}+\frac{c}{a}\geqslant a+b+c$$

证明 不失一般性,假定

$$\frac{a}{b}\leqslant\frac{b}{c}\leqslant\frac{c}{a}$$

对两序列$\left(\sqrt[3]{\frac{a}{b}},\sqrt[3]{\frac{b}{c}},\sqrt[3]{\frac{c}{a}}\right)$ 和$\left(\sqrt[3]{\left(\frac{a}{b}\right)^2},\sqrt[3]{\left(\frac{b}{c}\right)^2},\sqrt[3]{\left(\frac{c}{a}\right)^2}\right)$,应用排序不等式,我们有

$$\frac{a}{b}+\frac{b}{c}+\frac{c}{a}\geqslant\sqrt[3]{\frac{a^2}{bc}}+\sqrt[3]{\frac{b^2}{ca}}+\sqrt[3]{\frac{c^2}{ab}}$$

利用已知条件 $abc=1$,即得所证不等式.等号成立,当且仅当 $a=b=c$.

例 6.8 设 a,b,c 是正实数,证明

$$\frac{a^2+bc}{b+c}+\frac{b^2+ca}{c+a}+\frac{c^2+ab}{a+b}\geqslant a+b+c$$

证明 不失一般性,假设 $a\leqslant b\leqslant c$,则 $a^2\leqslant b^2\leqslant c^2$ 以及$\frac{1}{b+c}\leqslant\frac{1}{a+c}\leqslant\frac{1}{a+b}$.

由排序不等式,我们有

$$\frac{a^2}{b+c}+\frac{b^2}{c+a}+\frac{c^2}{a+b}\geqslant\frac{b^2}{b+c}+\frac{c^2}{c+a}+\frac{a^2}{a+b}$$

不等式两边同时加上$\frac{bc}{b+c}+\frac{ca}{c+a}+\frac{ab}{a+b}$,即得所证不等式.等号成立,当且仅当 $a=b=c$.

例 6.9 设 $a_1,a_2,\cdots,a_n$不同的正整数,证明

$$\frac{a_1}{1^2}+\frac{a_2}{2^2}+\cdots+\frac{a_n}{n^2}\geqslant\frac{1}{1}+\frac{1}{2}+\cdots+\frac{1}{n}$$

证明 存在$\{1,2,\cdots,n\}$ 的一个排列 $c_1,c_2,\cdots,c_n$,满足条件 $c_i\leqslant a_i(i=1,2,\cdots,n)$,所以

$$\frac{a_1}{1^2}+\frac{a_2}{2^2}+\cdots+\frac{a_n}{n^2}\geqslant\frac{c_1}{1^2}+\frac{c_2}{2^2}+\cdots+\frac{c_n}{n^2}$$

应用排序不等式,有

$$\frac{c_1}{1^2}+\frac{c_2}{2^2}+\cdots+\frac{c_n}{n^2}\geqslant\frac{1}{1^2}+\frac{2}{2^2}+\cdots+\frac{n}{n^2}=\frac{1}{1}+\frac{1}{2}+\cdots+\frac{1}{n}$$

证毕.

例 6.10(Titu Andreescu, 1998 APMO) 设 a,b,c 是正实数,证明

$$\left(1+\frac{a}{b}\right)\left(1+\frac{b}{c}\right)\left(1+\frac{c}{a}\right)\geqslant 2\left(1+\frac{a+b+c}{\sqrt[3]{abc}}\right)$$

证明 不等式的左边改写一下形式,不等式等价于

$$1+\left(\frac{a}{b}+\frac{b}{c}+\frac{c}{a}\right)+\left(\frac{a}{c}+\frac{c}{b}+\frac{b}{a}\right)+\frac{abc}{abc}\geqslant 2\left(1+\frac{a+b+c}{\sqrt[3]{abc}}\right)$$

这又等价于

$$\frac{a}{b}+\frac{b}{c}+\frac{c}{a}+\frac{a}{c}+\frac{c}{b}+\frac{b}{a}\geqslant 2\,\frac{a+b+c}{\sqrt[3]{abc}}$$

为了去掉不等式右边的立方根,设 $a=x^3,b=y^3,c=z^3$,我们现在只须证明

$$\frac{x^3}{y^3}+\frac{y^3}{z^3}+\frac{z^3}{x^3}+\frac{x^3}{z^3}+\frac{z^3}{y^3}+\frac{y^3}{x^3}\geqslant\frac{2(x^3+y^3+z^3)}{xyz}$$

对下列序列及其一个排列,应用排序不等式即可

$$S_1=\left(\frac{x}{y},\frac{y}{z},\frac{z}{x},\frac{x}{z},\frac{z}{y},\frac{y}{x}\right)$$

$$S_2=\left(\frac{x^2}{y^2},\frac{y^2}{z^2},\frac{z^2}{x^2},\frac{x^2}{z^2},\frac{z^2}{y^2},\frac{y^2}{x^2}\right)$$

$$S_1{}'=\left(\frac{y}{z},\frac{z}{x},\frac{x}{y},\frac{z}{y},\frac{y}{x},\frac{x}{z}\right)$$

其中 S_1 重排序为 $S_1{}'$.

因为

$$\begin{aligned}\frac{x^3}{y^3}+\frac{y^3}{z^3}+\frac{z^3}{x^3}+\frac{x^3}{z^3}+\frac{z^3}{y^3}+\frac{y^3}{x^3}&\geqslant\frac{x^2}{y^2}\,\frac{y}{z}+\frac{y^2}{z^2}\,\frac{z}{x}+\frac{z^2}{x^2}\,\frac{x}{y}+\frac{x^2}{z^2}\,\frac{z}{y}+\frac{z^2}{y^2}\,\frac{y}{x}+\frac{y^2}{x^2}\,\frac{x}{z}\\&=\frac{x^2}{yz}+\frac{y^2}{zx}+\frac{z^2}{xy}+\frac{x^2}{zy}+\frac{z^2}{yx}+\frac{y^2}{xz}\\&=\frac{2(x^3+y^3+z^3)}{xyz}\end{aligned}$$

等号成立,当且仅当 $x=y=z$, 即 $a=b=c$.

例 6.11(1995 IMO) 设 a,b,c 是正实数,且满足 $abc=1$,证明

$$\frac{1}{a^3(b+c)}+\frac{1}{b^3(c+a)}+\frac{1}{c^3(a+b)}\geqslant\frac{3}{2}$$

证明 鉴于不等式右边的 $\frac{3}{2}$, 我们想尝试使用 Nesbitt 不等式. 为使不等式看起来更像 Nesbitt 不等式,我们作一个代换 $a=\frac{1}{x},b=\frac{1}{y},c=\frac{1}{z}$. 因为 $abc=\frac{1}{xyz}=1$, 所以 $xyz=1$. 这样一来,不等式化为

$$\sum_{cyc}\frac{x^3yz}{y+z}\geqslant\frac{3}{2}$$

利用条件 $xyz=1$. 这个不等式等价于

$$\sum_{cyc}\frac{x^2}{y+z}\geqslant\frac{3}{2}$$

由 Chebyshev 不等式,我们有

$$3\sum_{cyc}\frac{x^2}{y+z}\geqslant\left(\sum_{cyc}\frac{x}{y+z}\right)(x+y+z)$$

由 Nesbitt 不等式,$\sum_{cyc}\frac{x}{y+z}\geqslant\frac{3}{2}$,以及由 AM-GM 不等式

$$x+y+z\geqslant 3\sqrt[3]{xyz}=3$$

所以

$$\sum_{cyc}\frac{x^2}{y+z}\geqslant\frac{1}{3}\left(\sum_{cyc}\frac{x}{y+z}\right)(x+y+z)\geqslant\frac{3}{2}$$

证毕. 等号成立,当且仅当 $x=y=z=1$, 即 $a=b=c=1$.

例 6.12(Mircea Becheanu, Mathematical Reflections) 设 a,b,c 是正实数,证明

$$\frac{a^3}{b^2+c^2}+\frac{b^3}{a^2+c^2}+\frac{c^3}{a^2+b^2}\geqslant\frac{a+b+c}{2}$$

证明 不失一般性,假设 $a\leqslant b\leqslant c$,则$\frac{a^2}{b^2+c^2}\leqslant\frac{b^2}{a^2+c^2}\leqslant\frac{c^2}{a^2+b^2}$. 由 Chebyshev 不等式,有

$$\frac{a^3}{b^2+c^2}+\frac{b^3}{a^2+c^2}+\frac{c^3}{a^2+b^2}\geqslant\frac{a+b+c}{3}\left(\frac{a^2}{b^2+c^2}+\frac{b^2}{a^2+c^2}+\frac{c^2}{a^2+b^2}\right)\geqslant\frac{a+b+c}{2}$$

这最后的不等式是对 a^2,b^2,c^2 应用 Nesbitt 不等式得到的. 等号成立,当且仅当 $a=b=c$.

例 6.13 设 a,b,c 是正实数,证明

$$\frac{a^8+b^8+c^8}{a^3b^3c^3}\geqslant\frac{1}{a}+\frac{1}{b}+\frac{1}{c}$$

证明 由 Chebyshev 不等式,可得

$$3(a^8+b^8+c^8)\geqslant(a^6+b^6+c^6)(a^2+b^2+c^2)$$

由 AM-GM 不等式,有

$$(a^6+b^6+c^6)(a^2+b^2+c^2)\geqslant 3a^2b^2c^2(a^2+b^2+c^2)$$

最后,利用不等式 $a^2+b^2+c^2\geqslant ab+bc+ca$ (例 1.1),我们有

$$3a^2b^2c^2(a^2+b^2+c^2)\geqslant 3a^2b^2c^2(ab+bc+ca)$$

所以

$$\frac{a^8+b^8+c^8}{a^3b^3c^3}\geqslant\frac{ab+bc+ca}{abc}=\frac{1}{a}+\frac{1}{b}+\frac{1}{c}$$

例 6.14(Titu Zvonaru, Mathematical Reflections) 设 a,b,c 是正实数,且满足 $a^3+b^3+c^3=1$,证明

$$\frac{1}{a^5(b^2+c^2)^2}+\frac{1}{b^5(c^2+a^2)^2}+\frac{1}{c^5(a^2+b^2)^2}\geqslant\frac{81}{4}$$

证明 应用 Cauchy-Schwarz 不等式,我们有

$$(a^3+b^3+c^3)\left[\frac{1}{a^5(b^2+c^2)^2}+\frac{1}{b^5(c^2+a^2)^2}+\frac{1}{c^5(a^2+b^2)^2}\right]$$
$$\geqslant\left(\frac{1}{a(b^2+c^2)}+\frac{1}{b(c^2+a^2)}+\frac{1}{c(a^2+b^2)}\right)^2$$

所以,余下的只须证明

$$\frac{1}{a(b^2+c^2)}+\frac{1}{b(c^2+a^2)}+\frac{1}{c(a^2+b^2)}\geqslant\frac{9}{2(a^3+b^3+c^3)}$$

这可以化为

$$\frac{2(a^3+b^3+c^3)}{3}\geqslant\frac{3}{\frac{1}{a(b^2+c^2)}+\frac{1}{b(c^2+a^2)}+\frac{1}{c(a^2+b^2)}}$$

注意到,上述不等式的右边是关于 $a(b^2+c^2),b(c^2+a^2),c(a^2+b^2)$ 的调和平均,由此可见,这个量小于或等于同样量的算术平均.所以,只须证明

$$2(a^3+b^3+c^3)\geqslant a(b^2+c^2)+b(c^2+a^2)+c(a^2+b^2)$$

这由排序不等式可知,它是成立的.等号成立,当且仅当 $a=b=c=\frac{1}{\sqrt[3]{3}}$.

例 6.15(JBMO 2002 Shortlist) 设 a,b,c 是正实数,且满足 $abc=2$,证明

$$a^3+b^3+c^3\geqslant a\sqrt{b+c}+b\sqrt{c+a}+c\sqrt{a+b}$$

证明 我们重温关于 Cauchy-Schwarz 不等式一章中讨论过的问题.首先注意到

$$a\sqrt{b+c}+b\sqrt{c+a}+c\sqrt{a+b}\leqslant\sqrt{2(a^2+b^2+c^2)(a+b+c)}$$

应用 Chebyshev 不等式,可见

$$\sqrt{2(a^2+b^2+c^2)(a+b+c)}\leqslant\sqrt{6(a^3+b^3+c^3)}$$

现在,由 AM-GM 不等式,我们有

$$a^3+b^3+c^3\geqslant 3abc=6$$

综合上述不等式,原不等式得证.等号成立,当且仅当 $a=b=c=\sqrt[3]{2}$.

例 6.16(Po-Ru Loh, Crux Mathematicorum) 设 a,b,c 是大于1的正实数,且满足

$\frac{1}{a^2-1}+\frac{1}{b^2-1}+\frac{1}{c^2-1}=1$,证明

$$\frac{1}{a+1}+\frac{1}{b+1}+\frac{1}{c+1}\leqslant 1$$

证明 我们重温 AM-GM 不等式一章中的问题. 不失一般性,假设 $a\geqslant b\geqslant c$,则有

$$\frac{a-2}{a+1}\geqslant\frac{b-2}{b+1}\geqslant\frac{c-2}{c+1}$$

$$\frac{a+2}{a-1}\leqslant\frac{b+2}{b-1}\leqslant\frac{c+2}{c-1}$$

应用 Chebyshev 不等式,有

$$3\left(\frac{a^2-4}{a^2-1}+\frac{b^2-4}{b^2-1}+\frac{c^2-4}{c^2-1}\right)\leqslant\left(\frac{a-2}{a+1}+\frac{b-2}{b+1}+\frac{c-2}{c+1}\right)\cdot\left(\frac{a+2}{a-1}+\frac{b+2}{b-1}+\frac{c+2}{c-1}\right)$$

利用给定的条件,我们得到

$$\frac{a^2-4}{a^2-1}+\frac{b^2-4}{b^2-1}+\frac{c^2-4}{c^2-1}=3-3\left(\frac{1}{a^2-1}+\frac{1}{b^2-1}+\frac{1}{c^2-1}\right)=0$$

因为 $a,b,c>1$, 所以

$$\frac{a+2}{a-1}+\frac{b+2}{b-1}+\frac{c+2}{c-1}>0$$

从而

$$\frac{a-2}{a+1}+\frac{b-2}{b+1}+\frac{c-2}{c+1}\geqslant 0$$

这最后的不等式,可以化为

$$\frac{1}{a+1}+\frac{1}{b+1}+\frac{1}{c+1}\leqslant 1$$

证毕. 等号成立,当且仅当 $a=b=c=2$.

例 6.17 设 $x_1,x_2,\cdots,x_n$是正实数,且其和为 1,证明

$$\sum_{i=1}^{n}\frac{x_i+n}{x_i^2+1}\leqslant n^2$$

证明 不失一般性,假定 $x_1\geqslant x_2\geqslant\cdots\geqslant x_n$,则

$$nx_1-1\geqslant nx_2-1\geqslant\cdots\geqslant nx_n-1$$

以及

$$\frac{x_1}{x_1^2+1}\geqslant\frac{x_2}{x_2^2+1}\geqslant\cdots\geqslant\frac{x_n}{x_n^2+1}$$

所以,由 Chebyshev 不等式,有

$$\sum_{i=1}^{n}\frac{(nx_i-1)x_i}{1+x_i^2}\geqslant\frac{1}{n}\left[n\left(\sum_{i=1}^{n}x_i\right)-n\right]\left(\sum_{i=1}^{n}\frac{x_i}{1+x_i^2}\right)=0$$

简单的代数运算之后,可见

$$\sum_{i=1}^{n}\frac{x_i+n}{x_i^2+1}\leqslant\sum_{i=1}^{n}\frac{n(x_i^2+1)}{x_i^2+1}=n^2$$

证毕. 等号成立,当且仅当 $x_1=x_2=\cdots=x_n=\frac{1}{n}$.

例 6.18 设 a,b,c 是正实数,且满足 $a+b+c=3$,证明

$$\frac{a^2}{b+c}+\frac{b^2}{c+a}+\frac{c^2}{a+b}\geqslant\frac{a^2+b^2+c^2}{2}$$

证明 不等式等价于

$$a^2\left(\frac{1}{b+c}-\frac{1}{2}\right)+b^2\left(\frac{1}{c+a}-\frac{1}{2}\right)+c^2\left(\frac{1}{a+b}-\frac{1}{2}\right)\geqslant 0$$

不失一般性,设 $a\geqslant b\geqslant c$,则 $a^2\geqslant b^2\geqslant c^2$ 以及

$$\frac{1}{b+c}-\frac{1}{2}\geqslant\frac{1}{c+a}-\frac{1}{2}\geqslant\frac{1}{a+b}-\frac{1}{2}$$

由 Chebyshev 不等式,我们有

$$a^2\left(\frac{1}{b+c}-\frac{1}{2}\right)+b^2\left(\frac{1}{c+a}-\frac{1}{2}\right)+c^2\left(\frac{1}{a+b}-\frac{1}{2}\right)$$

$$\geqslant\frac{1}{3}(a^2+b^2+c^2)\left(\frac{1}{b+c}+\frac{1}{c+a}+\frac{1}{a+b}-\frac{3}{2}\right)\geqslant 0$$

这是因为,由 Cauchy-Schwarz 不等式,可得

$$\frac{1}{b+c}+\frac{1}{c+a}+\frac{1}{a+b}\geqslant\frac{9}{2(a+b+c)}=\frac{3}{2}$$

证毕. 等号成立,当且仅当 $a=b=c$.

例 6.19(IMO 1983) 设 a,b,c 是某三角形的三边长,证明

$$a^2b(a-b)+b^2c(b-c)+c^2a(c-a)\geqslant 0$$

证法 1 因为 a,b,c 是某三角形的三边长,如果 $a\geqslant b$,则

$$(a-b)(a+b-c)\geqslant 0$$

即

$$a^2+bc\geqslant b^2+ca$$

因此,如果 $a\geqslant b\geqslant c$,则

$$a^2+bc\geqslant b^2+ca\geqslant c^2+ab$$

$$\frac{1}{a}\leqslant\frac{1}{b}\leqslant\frac{1}{c}$$

由排序不等式,我们有

$$\sum_{cyc}\frac{a^2+bc}{a}\leqslant\sum_{cyc}\frac{a^2+bc}{c}$$

整理得

$$\sum_{cyc}\frac{bc}{a}\leqslant\sum_{cyc}\frac{a^2}{c}$$

因此可见

$$\sum_{cyc}a^2b^2\leqslant\sum_{cyc}a^3b$$

这就证明了原不等式,等号成立,当且仅当 $a=b=c$.

证法 2 不失一般性,我们可以假设 $a=\max\{a,b,c\}$,则

$$\begin{aligned}&a^2b(a-b)+b^2c(b-c)+c^2a(c-a)\\=&(-a+b+c)a(b-c)^2+(a+b-c)b(a-b)(a-c)\geqslant 0\end{aligned}$$

例 6.20(Mathlinks Contest) 设 a,b,c 是正实数,证明

$$\frac{a+b}{a+c}+\frac{a+c}{b+c}+\frac{b+c}{a+b}\leqslant\frac{a}{b}+\frac{b}{c}+\frac{c}{a}$$

证明 不等式等价于

$$\sum_{cyc}\left(\frac{a}{b}-\frac{a}{b+c}\right)\geqslant\sum_{cyc}\frac{a}{a+c}$$

这又可以改写成

$$\sum_{cyc}\frac{ac}{b(b+c)}\geqslant\sum_{cyc}\frac{a}{a+c}$$

应用排序不等式,我们有

$$\sum_{cyc}\frac{bc}{a(b+c)}=\sum_{cyc}\frac{bc}{a}\cdot\frac{1}{b+c}\leqslant\sum_{cyc}\frac{ac}{b}\cdot\frac{1}{b+c}=\sum_{cyc}\frac{ac}{b(b+c)}$$

现在,由 Cauchy-Schwarz 不等式,有

$$\left(\sum_{cyc}\frac{ac}{b(b+c)}\right)\left(\sum_{cyc}\frac{bc}{a(b+c)}\right)\geqslant\left(\sum_{cyc}\frac{a}{a+c}\right)^2$$

综合上述不等式,可见

$$\sum_{cyc}\frac{ac}{b(b+c)}\geqslant\sum_{cyc}\frac{a}{a+c}$$

证毕.等号成立,当且仅当 $a=b=c$.

例 6.21(Ukraine 2004) 设 a,b,c 是正实数,且满足 $abc\geqslant 1$,证明

$$a^3+b^3+c^3\geqslant ab+bc+ca$$

证明 应用 Chebyshev 不等式,我们有

$$3(a^3+b^3+c^3)\geqslant(a+b+c)(a^2+b^2+c^2)$$

由AM-GM不等式,有 $a+b+c\geqslant 3\sqrt[3]{abc}\geqslant 3$. 另外,由例1.1,我们有

$$a^2+b^2+c^2\geqslant ab+bc+ca$$

综合上述不等式,我们有

$$a^3+b^3+c^3\geqslant \frac{(a+b+c)(a^2+b^2+c^2)}{3}\geqslant \frac{3(ab+bc+ca)}{3}=ab+bc+ca$$

证毕.

例6.22(IMO Shortlist 1998) 设 x,y,z 是正实数,且满足 $xyz=1$,证明

$$\frac{x^3}{(1+y)(1+z)}+\frac{y^3}{(1+z)(1+x)}+\frac{z^3}{(1+x)(1+y)}\geqslant \frac{3}{4}$$

证明 不失一般性,设 $x\geqslant y\geqslant z$,则 $x^3\geqslant y^3\geqslant z^3$ 以及

$$\frac{1}{(1+y)(1+z)}\geqslant \frac{1}{(1+z)(1+x)}\geqslant \frac{1}{(1+x)(1+y)}$$

令 S 表示不等式的左边. 由Chebyshev不等式,有

$$\begin{aligned}3S&=3\left[\frac{x^3}{(1+y)(1+z)}+\frac{y^3}{(1+z)(1+x)}+\frac{z^3}{(1+x)(1+y)}\right]\\&\geqslant (x^3+y^3+z^3)\left[\frac{1}{(1+y)(1+z)}+\frac{1}{(1+z)(1+x)}+\frac{1}{(1+x)(1+y)}\right]\\&=(x^3+y^3+z^3)\left[\frac{(1+x)+(1+y)+(1+z)}{(1+x)(1+y)(1+z)}\right]\\&=(x^3+y^3+z^3)\left[\frac{3+x+y+z}{(1+x)(1+y)(1+z)}\right]\end{aligned}$$

由此可见

$$S\geqslant \frac{x^3+y^3+z^3}{3}\left[\frac{3+x+y+z}{(1+x)(1+y)(1+z)}\right] \tag{1}$$

令 $\frac{x+y+z}{3}=a$,则

$$\frac{x^3+y^3+z^3}{3}\geqslant \left(\frac{x+y+z}{3}\right)^3=a^3$$

以及

$$3a\geqslant 3\sqrt[3]{xyz}=3$$

即 $a\geqslant 1$. 由AM-GM不等式,有

$$(1+x)(1+y)(1+z)\leqslant \left(\frac{3+x+y+z}{3}\right)^3=(1+a)^3$$

利用式(1),我们有

$$S\geqslant \frac{x^3+y^3+z^3}{3}\left[\frac{3+x+y+z}{(1+x)(1+y)(1+z)}\right]\geqslant a^3\left[\frac{6}{(1+a)^3}\right]$$

所以,只须证明

$$\frac{6a^3}{(1+a)^3} \geqslant \frac{3}{4}$$

这又等价于$\frac{a^3}{(1+a)^3} \geqslant \frac{1}{8}$,即$\frac{a}{1+a} \geqslant \frac{1}{2}$,这显然是成立的,因为 $a \geqslant 1$.

例 6.23 设 a,b,c 是正实数,且满足 $a+b+c=1$,证明

$$\frac{1}{a}+\frac{1}{b}+\frac{1}{c} \geqslant \frac{25}{1+48abc}$$

证明 所证不等式可以改写成

$$(1+48abc)\left(\frac{1}{a}+\frac{1}{b}+\frac{1}{c}\right) \geqslant 25$$

即

$$\left(\frac{1}{a}+\frac{1}{b}+\frac{1}{c}-9\right)+48(ab+bc+ca) \geqslant 16$$

现在,注意到

$$\frac{1}{a}+\frac{1}{b}+\frac{1}{c}-9=(a+b+c)\left(\frac{1}{a}+\frac{1}{b}+\frac{1}{c}\right)-9=\sum_{\text{cyc}} \frac{(a-b)^2}{ab}$$

则上述不等式等价于

$$\frac{(a-b)^2}{ab}+\frac{(b-c)^2}{bc}+\frac{(c-a)^2}{ac}+48(ab+bc+ca) \geqslant 16$$

不失一般性,假设 $a \geqslant b \geqslant c$. 由于 $b \geqslant c$,$\frac{(a-b)^2}{b} \leqslant \frac{(a-c)^2}{c}$,由 Chebyshev 不等式,有

$$\begin{aligned}(b+c)\left[\frac{(a-b)^2}{b}+\frac{(a-c)^2}{c}\right] &\geqslant 2\left[b \cdot \frac{(a-b)^2}{b}+c \cdot \frac{(a-c)^2}{c}\right] \\ &=2\left[(a-b)^2+(a-c)^2\right]\end{aligned}$$

所以

$$\frac{(a-b)^2}{ab}+\frac{(a-c)^2}{ac} \geqslant \frac{2\left[(a-b)^2+(a-c)^2\right]}{a(b+c)}$$

注意到

$$\frac{(b-c)^2}{bc} \geqslant \frac{2(b-c)^2}{a(b+c)}$$

最后

$$\begin{aligned}\frac{(a-b)^2}{ab}+\frac{(a-c)^2}{ac}+\frac{(b-c)^2}{bc} &\geqslant \frac{2\left[(a-b)^2+(a-c)^2+(b-c)^2\right]}{a(b+c)} \\ &\geqslant \frac{8\left[(a-b)^2+(a-c)^2+(b-c)^2\right]}{(a+b+c)^2}\end{aligned}$$

$$=8[(a-b)^2+(a-c)^2+(b-c)^2]$$
$$=16(a+b+c)^2-48(ab+bc+ca)$$

所以

$$\frac{(a-b)^2}{ab}+\frac{(b-c)^2}{bc}+\frac{(c-a)^2}{ac}+48(ab+bc+ca)\geqslant 16$$

等号成立,当且仅当$(a,b,c)=\left(\frac{1}{3},\frac{1}{3},\frac{1}{3}\right)$和$(a,b,c)=\left(\frac{1}{2},\frac{1}{4},\frac{1}{4}\right)$及其轮换.

7 入门问题

1.(Russia 1995) 设 x 和 y 是正实数,证明

$$\frac{1}{xy} \geqslant \frac{x}{x^4+y^2}+\frac{y}{y^4+x^2}$$

2.(Titu Andreescu, Mathematical Reflections) 设 a,b,c 是一个三角形的三边长,证明

$$0 \leqslant \frac{a-b}{b+c}+\frac{b-c}{c+a}+\frac{c-a}{a+b}<1$$

3.设 a,b,c 是小于 4 的正实数,证明

$$\max\left\{\frac{1}{a}+\frac{1}{4-b},\frac{1}{b}+\frac{1}{4-c},\frac{1}{c}+\frac{1}{4-a}\right\} \geqslant 1$$

4.(Serbia and Montenegro 2005) 设 a,b,c 是正实数,且满足 $a+b+c=3$,证明

$$\sqrt{a}+\sqrt{b}+\sqrt{c} \geqslant ab+bc+ca$$

5.(Titu Andreescu, Mathematical Reflections) 设 a,b,c 是正实数,证明

$$\frac{(a+b)^2}{c}+\frac{c^2}{a} \geqslant 4b$$

6.设 a,b,c 是正实数,证明

$$\frac{a^3}{b^2}+\frac{b^3}{c^2}+\frac{c^3}{a^2} \geqslant a+b+c$$

7.(Macedonia 2000) 设 x,y,z 是正实数,证明

$$x^2+y^2+z^2 \geqslant \sqrt{2}(xy+yz)$$

8.(Arkady Alt, Mathematical Reflections) 设 a 和 b 是正实数,证明

$$\frac{a^6+b^6}{a^4+b^4} \geqslant \frac{a^4+b^4}{a^3+b^3} \cdot \frac{a^2+b^2}{a+b}$$

9.(Tigran Hakobyan, Mathematical Reflections) 设 a,b,c 是正实数,证明

$$\frac{1}{10a+11b+11c}+\frac{1}{11a+10b+11c}+\frac{1}{11a+11b+10c} \leqslant \frac{1}{32a}+\frac{1}{32b}+\frac{1}{32c}$$

10.(Bosnia and Hercegovina 2005) 设 a,b,c 是正实数,且满足 $a+b+c=1$,证明

$$a\sqrt{b}+b\sqrt{c}+c\sqrt{a}\leqslant\frac{1}{\sqrt{3}}$$

11. 设 a,b,c 是正实数,且满足 $abc=1$,证明

$$\frac{a+b+1}{a^2+b^2+1}+\frac{b+c+1}{b^2+c^2+1}+\frac{c+a+1}{c^2+a^2+1}\leqslant 3$$

12.(Romania 2005) 设 a,b,c 是正实数,且满足 $a+b+c\geqslant\frac{a}{b}+\frac{b}{c}+\frac{c}{a}$,证明

$$\frac{a^3c}{b(c+a)}+\frac{b^3a}{c(a+b)}+\frac{c^3b}{a(b+c)}\geqslant\frac{3}{2}$$

13.(Marchel Chirita, Mathematical Reflections) 设 a,b,c 是正实数,且满足 $abc=1$,证明

$$\frac{1}{ab+a+2}+\frac{1}{bc+b+2}+\frac{1}{ca+c+2}\leqslant\frac{3}{4}$$

14.(Japan TST 2004) 设 a,b,c 是正实数,且满足 $a+b+c=1$,证明

$$\frac{1+a}{1-a}+\frac{1+b}{1-b}+\frac{1+c}{1-c}\leqslant\frac{2a}{b}+\frac{2b}{c}+\frac{2c}{a}$$

15.(Cezar Lupu, Mathematical Reflections) 设 a,b,c 是一个三角形的三边长,证明

$$\frac{b+c}{a}+\frac{c+a}{b}+\frac{a+b}{c}+\frac{(b+c-a)(c+a-b)(a+b-c)}{abc}\geqslant 7$$

16.(Romania 2005, Cezar Lupu) 设 a,b,c 是正实数,证明

$$\frac{b+c}{a^2}+\frac{c+a}{b^2}+\frac{a+b}{c^2}\geqslant 2\left(\frac{1}{a}+\frac{1}{b}+\frac{1}{c}\right)$$

17.(Pham Huu Duc, Mathematical Reflections) 设 a,b,c 是正实数,证明

$$\frac{a+b+c}{\sqrt[3]{abc}}+\frac{8abc}{(a+b)(b+c)(c+a)}\geqslant 4$$

18.(Peru 2007) 设 a,b,c 是正实数,且满足 $a+b+c\geqslant\frac{1}{a}+\frac{1}{b}+\frac{1}{c}$,证明

$$a+b+c\geqslant\frac{3}{a+b+c}+\frac{2}{abc}$$

19.(Endrit Fejzullahu, Lithuania 1987) 设 a,b,c 是正实数,证明

$$\frac{a^3}{a^2+ab+b^2}+\frac{b^3}{b^2+bc+c^2}+\frac{c^3}{c^2+ca+a^2}\geqslant\frac{a+b+c}{3}$$

20.(Baltic Way 2005) 设 a,b,c 是正实数,且满足 $abc=1$,证明

$$\frac{a}{a^2+2}+\frac{b}{b^2+2}+\frac{c}{c^2+2}\leqslant 1$$

21. 设 a,b,c 是正实数,且满足 $a+b+c=3$,证明

$$\frac{a+1}{b^2+1}+\frac{b+1}{c^2+1}+\frac{c+1}{a^2+1}\geqslant 3$$

22. (Belarus 1999) 设 a,b,c 是正实数,且满足 $a^2+b^2+c^2=3$,证明

$$\frac{1}{1+ab}+\frac{1}{1+bc}+\frac{1}{1+ca}\geqslant\frac{3}{2}$$

23. 设 x,y,z 是非负实数,没有两个同时为 0,证明

$$\frac{x^2-yz}{x+y}+\frac{y^2-zx}{y+z}+\frac{z^2-xy}{z+x}\geqslant 0$$

24. 设 a,b,c,d 是正实数,证明

$$\frac{1}{a^2+ab}+\frac{1}{b^2+bc}+\frac{1}{c^2+cd}+\frac{1}{d^2+da}\geqslant\frac{4}{ac+bd}$$

25. (Romania 2002) 设 a,b,c,d 是正实数,且满足 $abcd=1$,证明

$$\frac{1+ab}{1+a}+\frac{1+bc}{1+b}+\frac{1+cd}{1+c}+\frac{1+da}{1+d}\geqslant 4$$

26. (Pham Kim Hung) 设 a,b,c,d 是正实数,且满足 $a+b+c+d=4$,证明

$$\frac{a}{1+b^2c}+\frac{b}{1+c^2d}+\frac{c}{1+d^2a}+\frac{d}{1+a^2b}\geqslant 2$$

27. (Pham Kim Hung) 设 a,b,c 是正实数,且满足 $a^2+b^2+c^2=3$,证明

$$\frac{1}{2-a}+\frac{1}{2-b}+\frac{1}{2-c}\geqslant 3$$

28. (Andrei Razvan Baleanu, Mathematical Reflections) 设 a,b,c 是正实数,证明

$$\frac{ab}{3a+4b+2c}+\frac{bc}{3b+4c+2a}+\frac{ca}{3c+4a+2b}\leqslant\frac{a+b+c}{9}$$

29. 设 a,b,c,d 是正实数,且满足 $a+b+c+d=4$,证明

$$\frac{a}{1+b^2}+\frac{b}{1+c^2}+\frac{c}{1+d^2}+\frac{d}{1+a^2}\geqslant 2$$

30. 设 a,b,c 是非负实数,且满足 $a+b+c\geqslant 3$,证明

$$\frac{1}{a^2+b+c}+\frac{1}{a+b^2+c}+\frac{1}{a+b+c^2}\leqslant 1$$

31. (Popa Alexandru, Romania Junior TST 2007) 设 a,b,c 是正实数,且满足 $ab+bc+ca=3$,证明

$$\frac{1}{1+a^2(b+c)}+\frac{1}{1+b^2(c+a)}+\frac{1}{1+c^2(a+b)}\leqslant\frac{1}{abc}$$

32.(Pham Huu Duc, Mathematical Reflections) 设 a,b,c 是正实数,证明

$$\frac{a^2}{b}+\frac{b^2}{c}+\frac{c^2}{a}+a+b+c\geqslant\frac{2(a+b+c)^3}{3(ab+bc+ca)}$$

33.(India 2002) 设 a,b,c 是正实数,证明

$$\frac{a}{b}+\frac{b}{c}+\frac{c}{a}\geqslant\frac{a+b}{b+c}+\frac{b+c}{c+a}+\frac{c+a}{a+b}$$

34.(Titu Andreescu, Mathematical Reflections) 设多项式 $P(x)=x^3+x^2+ax+b$ 的零点全都是负实数,证明

$$4a-9b\leqslant 1$$

35.(Phan Thanh Viet) 设 x,y,z 是非负实数,且满足 $x+y+z=3$,证明

$$\sqrt{\frac{x}{1+2yz}}+\sqrt{\frac{y}{1+2zx}}+\sqrt{\frac{z}{1+2xy}}\geqslant\sqrt{3}$$

36.如果 a,b,c 和 x,y,z 都是实数,证明

$$4(a^2+x^2)(b^2+y^2)(c^2+z^2)\geqslant 3(bcx+cay+abz)^2$$

37.(Marius Stanean, Mathematical Reflections) 设 x,y,z 是正实数,且满足 $x\leqslant 1$,$y\leqslant 2$ 和 $x+y+z=6$,证明

$$(x+1)(y+1)(z+1)\geqslant 4xyz$$

38.(Titu Andreescu, Mathematical Reflections) 设 a,b,c 是正实数,且满足 $abc=1$,证明

$$\frac{1}{\sqrt{4a^2+a+4}+\frac{3}{2}}+\frac{1}{\sqrt{4b^2+b+4}+\frac{3}{2}}+\frac{1}{\sqrt{4c^2+c+4}+\frac{3}{2}}\leqslant\frac{2}{3}$$

39.(Bogdan Enescu, Mathematical Reflections) 设 $a_1,a_2,\cdots,a_n$ 是整数,不全为0,满足 $a_1+a_2+\cdots+a_n=0$.

证明:存在某些 $k\in\{1,2,\cdots,n\}$,使得 $|a_1+2a_2+\cdots+2^{k-1}a_k|>\frac{2^k}{3}$.

40.设 a,b,c 是正实数,且满足 $a+b+c=3$,证明

$$\frac{a^2}{a+2b^3}+\frac{b^2}{b+2c^3}+\frac{c^2}{c+2a^3}\geqslant 1$$

41.(Tran Quoc Anh) 设 a,b,c 是正实数,证明

$$\frac{a^2+b^2+c^2}{ab+bc+ca}\geqslant\frac{ab}{b^2+bc+c^2}+\frac{bc}{c^2+ca+a^2}+\frac{ca}{a^2+ab+b^2}$$

42.(Hoang Quoc Viet) 设 a,b,c 是正实数,且满足 $a^2+b^2+c^2=3$,证明

$$\frac{a^3}{2b^2+c^2}+\frac{b^3}{2c^2+a^2}+\frac{c^3}{2a^2+b^2}\geqslant 1$$

43. 设 a,b,c 是正实数,且满足 $a+b+c=1$,证明

$$\frac{1-2ab}{c}+\frac{1-2bc}{a}+\frac{1-2ca}{b}\geqslant 7$$

44. (Iran 1999) 设 $a_1<a_2<\cdots<a_n$是实数,$n\geqslant 2$ 是整数,证明

$$a_1a_2^4+a_2a_3^4+\cdots+a_na_1^4\geqslant a_2a_1^4+a_3a_2^4+\cdots+a_1a_n^4$$

45. (IMO Shortlist 1987) 设 x,y,z 是实数,且满足 $x^2+y^2+z^2=2$,证明

$$x+y+z\leqslant xyz+2$$

46. (Romania 2005) 设 a,b,c 是正实数,且满足 $a+b+c=1$,证明

$$\frac{a}{\sqrt{b+c}}+\frac{b}{\sqrt{c+a}}+\frac{c}{\sqrt{a+b}}\geqslant\sqrt{\frac{3}{2}}$$

47. (Junior BMO 2002) 设 a,b,c 是正实数,证明

$$\frac{1}{b(a+b)}+\frac{1}{c(b+c)}+\frac{1}{a(c+a)}\geqslant\frac{27}{2\,(a+b+c)^2}$$

48. (Moldova 2007) 设 $a_1,a_2,\cdots,a_n\in[0,1]$ 以及 $S=a_1^3+a_2^3+\cdots+a_n^3$,证明

$$\frac{a_1}{2n+1+S-a_1^3}+\frac{a_2}{2n+1+S-a_2^3}+\cdots+\frac{a_n}{2n+1+S-a_n^3}\leqslant\frac{1}{3}$$

49. (Romania 2005, Cezar Lupu) 设 a,b,c 是正实数,且满足

$$(a+b)(b+c)(c+a)=1$$

证明

$$ab+bc+ca\leqslant\frac{3}{4}$$

50. (Romania 1997) 设 a,b,c 是正实数,且满足 $abc=1$,证明

$$\frac{a^3+b^3}{a^2+ab+b^2}+\frac{b^3+c^3}{b^2+bc+c^2}+\frac{c^3+a^3}{c^2+ca+a^2}\geqslant 2$$

51. 设 a,b,c 是正实数,且满足 $a+b+c=\sqrt{abc}$,证明

$$ab+bc+ca\geqslant 9(a+b+c)$$

52. (Canada 2008) 设 a,b,c 是正实数,且满足 $a+b+c=1$,证明

$$\frac{a-bc}{a+bc}+\frac{b-ca}{b+ca}+\frac{c-ab}{c+ab}\leqslant\frac{3}{2}$$

53. (Titu Andreescu, Mathematical Reflections) 设 a,b,c 是正实数,且满足

$$a^3+b^3+c^3+abc=\frac{1}{3}$$

证明

$$abc+9\left(\frac{a^5}{4b^2+bc+4c^2}+\frac{b^5}{4c^2+ca+4a^2}+\frac{c^5}{4a^2+ab+4b^2}\right)$$

$$\geqslant \frac{1}{4(a+b+c)(ab+bc+ca)}$$

54.(Titu Andreescu, Mathematical Reflections) 求所有正实数三元组 (x,y,z) ,使其同时满足下列不等式

$$x+y+z-2xyz\leqslant 1 \text{ 和 } xy+yz+zx+\frac{1}{xyz}\leqslant 4$$

8 高级问题

1.(Mathematical Reflections, Arkady Alt) 设 a 和 b 是正实数,证明

$$\sqrt[3]{\frac{(a+b)(a^2+b^2)}{4}} \geqslant \sqrt{\frac{a^2+ab+b^2}{3}}$$

2.(Titu Andreescu, IMO 2000) 设 a,b,c 是正实数,且满足 $abc=1$,证明

$$\left(a-1+\frac{1}{b}\right)\left(b-1+\frac{1}{c}\right)\left(c-1+\frac{1}{a}\right) \leqslant 1$$

3.(Ngugen Van Thach) 设 a,b,c 是正实数,且满足 $ab+bc+ca=\frac{1}{3}$,证明

$$\frac{a}{a^2-bc+1}+\frac{b}{b^2-ca+1}+\frac{c}{c^2-ab+1} \geqslant \frac{1}{a+b+c}$$

4.(Pham Kim Hung) 设 a,b,c 是正实数,且满足 $a+b+c=3$,证明

$$(a^2-ab+b^2)(b^2-bc+c^2)(c^2-ca+a^2) \leqslant 12$$

5.(Russia 2002) 设 a,b,c,x,y,z 是正实数,且满足 $a+x=b+y=c+z=1$,证明

$$(abc+xya)\left(\frac{1}{ay}+\frac{1}{bz}+\frac{1}{cx}\right) \geqslant 3$$

6.(Tuan Le, Mathematical Reflections) 设 $a_1,a_2,\cdots,a_n$ 是正实数,且满足

$$\sum_{i=1}^{n} \frac{1}{a_i^2+1}=n-1$$

证明

$$\sum_{1 \leqslant i<j \leqslant n} a_i a_j \leqslant \frac{n}{2}$$

7.(Mihai Piticari, Dan Popescu) 设 a,b,c 是正实数,且满足 $a+b+c=1$,证明

$$5(a^2+b^2+c^2) \leqslant 6(a^3+b^3+c^3)+1$$

8.设 a,b,c 是非负实数,证明

$$\frac{a^3}{b^2-bc+c^2}+\frac{b^3}{c^2-ca+a^2}+\frac{c^3}{a^2-ab+b^2} \geqslant a+b+c$$

9.(Bulgarian MO 1998) 设 a,b,c 是正实数,且满足 $abc=1$,证明

$$\frac{1}{1+a+b}+\frac{1}{1+b+c}+\frac{1}{1+c+a} \leqslant \frac{1}{2+a}+\frac{1}{2+b}+\frac{1}{2+c}$$

10.(Tran Tuan Anh) 设 $x_1,x_2,\cdots,x_n$ 是正实数,且满足 $x_1^2+x_2^2+\cdots+x_n^2=n$,证明

$$\frac{1}{2}\left(\sum_{i=1}^{n}x_i+\sum_{i=1}^{n}\frac{1}{x_i}\right)\geqslant n-1+\frac{n}{\sum\limits_{i=1}^{n}x_i}$$

11. 设 a,b,c,d,e 是正实数,且满足 $a+b+c+d+e=5$,证明

$$abc+bcd+cde+dea+eab\leqslant 5$$

12. (Gabriel Dospinescu) 设 $a_1,a_2,\cdots,a_n$是正实数,且满足 $a_1a_2\cdots a_n=1$,证明

$$\sqrt{1+a_1^2}+\sqrt{1+a_2^2}+\cdots+\sqrt{1+a_n^2}\leqslant\sqrt{2}(a_1+a_2+\cdots+a_n)$$

13. (IMO Shortlist 1996) 设 a,b,c 是正实数,且满足 $abc=1$,证明

$$\frac{ab}{a^5+ab+b^5}+\frac{bc}{b^5+bc+c^5}+\frac{ca}{c^5+ca+a^5}\leqslant 1$$

14. (Titu Andreescu, Mathematical Reflections) 设 a,b,c 是正实数,且满足 $abc=1$,证明

$$\frac{a+b+1}{a+b^2+c^3}+\frac{b+c+1}{b+c^2+a^3}+\frac{c+a+1}{c+a^2+b^3}\leqslant\frac{(a+1)(b+1)(c+1)+1}{a+b+c}$$

15. (Mathematical Reflections, Arkady Alt) 设 $x_1,x_2,\cdots,x_n$是正实数,证明

$$\left(\frac{x_1+x_2+\cdots+x_n}{n}\right)^n\geqslant(\sqrt[n]{x_1x_2\cdots x_n})^{n-1}\sqrt{\frac{x_1^2+x_2^2+\cdots+x_n^2}{n}}$$

16. 设 a,b,c 是正实数,且满足 $a+b+c=3$,证明

$$abc+\frac{12}{ab+bc+ca}\geqslant 5$$

17. (Samin Riasat, Mathematical Reflections) 设 $a_1,a_2,\cdots,a_n\in[0,1]$,并且 λ 是实数,满足 $a_1+a_2+\cdots+a_n=n+1-\lambda$,对 $(a_1,a_2,\cdots,a_n)$ 的任意排列 $(b_1,b_2,\cdots,b_n)$,证明

$$a_1b_1+a_2b_2+\cdots+a_nb_n\geqslant n-2(\lambda-1)$$

18. (Ukraine 1999) 设 $x_1,x_2,\cdots,x_6$是区间$[0,1]$内的实数,证明

$$\frac{x_1^3}{x_2^5+x_3^5+x_4^5+x_5^5+x_6^5+5}+\cdots+\frac{x_6^3}{x_1^5+x_2^5+x_3^5+x_4^5+x_5^5+5}\leqslant\frac{3}{5}$$

19. (Leningrad Mathematical Olympiad, 1988) 设 $x_1,x_2,\cdots,x_6$是区间$[0,1]$ 内的实数,证明

$$(x_1-x_2)(x_2-x_3)(x_3-x_4)(x_4-x_5)(x_5-x_6)(x_6-x_1)\leqslant\frac{1}{16}$$

20. (MOP 2001) 设 a,b,c 是正实数,且满足 $abc=1$,证明

$$(a+b)(b+c)(c+a)\geqslant 4(a+b+c-1)$$

21. (Moldova TST 2005) 设 a,b,c,d,e 是正实数,且满足

$$\frac{1}{4+a}+\frac{1}{4+b}+\frac{1}{4+c}+\frac{1}{4+d}+\frac{1}{4+e}=1$$

证明

$$\frac{a}{4+a^2}+\frac{b}{4+b^2}+\frac{c}{4+c^2}+\frac{d}{4+d^2}+\frac{e}{4+e^2}\leqslant 1$$

22.(IMO Shortlist 1990) 设 a,b,c,d 是实数,且满足 $ab+bc+cd+da=1$,证明

$$\frac{a^3}{b+c+d}+\frac{b^3}{a+c+d}+\frac{c^3}{b+d+a}+\frac{d^3}{b+c+a}\geqslant\frac{1}{3}$$

23.(IMO Shortlist 1994) 设 $a,b,c\neq 1$ 是正实数,且满足 $a+b+c=1$,证明

$$\frac{1+a^2}{1-a^2}+\frac{1+b^2}{1-b^2}+\frac{1+c^2}{1-c^2}\geqslant\frac{15}{4}$$

24.(Laurentiu Panaitopol, Romanian TST) 设 $a_1,a_2,\cdots,a_n$ 是不同的正整数,证明

$$a_1^2+a_2^2+\cdots+a_n^2\geqslant\frac{2n+1}{3}(a_1+a_2+\cdots+a_n)$$

25.(Calin Popescu, Romania 2004) 设 a_1,a_2,a_3,a_4 是一个四边形的边长,s 表示其半周长,证明

$$\sum_{i=1}^{4}\frac{1}{s+a_i}\leqslant\frac{2}{9}\sum_{1\leqslant i<j\leqslant 4}\frac{1}{\sqrt{(s-a_i)(s-a_j)}}$$

26.(Pham Kim Hung) 设 a,b,c 是非负实数,且满足 $a+b+c=2$,证明

$$a^2b^2+b^2c^2+c^2a^2+abc\leqslant 1$$

27.(Iran 1997) 设 x_1,x_2,x_3,x_4 是正实数,且满足 $x_1x_2x_3x_4=1$,证明

$$x_1^3+x_2^3+x_3^3+x_4^3\geqslant\max\left\{x_1+x_2+x_3+x_4,\frac{1}{x_1}+\frac{1}{x_2}+\frac{1}{x_3}+\frac{1}{x_4}\right\}$$

28.(Vasile Cîrtoaje, Gazeta Matematică) 设 a,b,c 是正实数,证明

$$\frac{a^2}{b^2+c^2}+\frac{b^2}{c^2+a^2}+\frac{c^2}{a^2+b^2}\geqslant\frac{a}{b+c}+\frac{b}{c+a}+\frac{c}{a+b}$$

29.(Vasile Cîrtoaje) 设 a,b,c 是非负实数,且满足 $a^3+b^3+c^3=3$,证明

$$a^4b^4+b^4c^4+c^4a^4\leqslant 3$$

30.(Cezar Lupu, Mathematical Reflections) 设 a,b,c 是正实数,且满足 $abc=1$,证明

$$\sqrt[3]{a}+\sqrt[3]{b}+\sqrt[3]{c}\leqslant\sqrt[3]{3(3+a+b+c+ab+bc+ca)}$$

31.(Berkeley Mathematics Circle) 设 a,b,c 是非负实数,且满足 $ab+bc+ca=1$,证明

$$\frac{1}{a+b}+\frac{1}{b+c}+\frac{1}{c+a}\geqslant\frac{5}{2}$$

32.(Vojtech Jarnik) 设 $x_1,x_2,\cdots,x_n$ 是正实数,且满足

$$\frac{1}{1+x_1}+\frac{1}{1+x_2}+\cdots+\frac{1}{1+x_n}=1$$

证明

$$\sum_{i=1}^{n}\sqrt{x_i}\geqslant(n-1)\sum_{i=1}^{n}\frac{1}{\sqrt{x_i}}$$

33.(Vo Quoc Ba Can) 设 a,b,c,d 是正实数,且满足

$$a+b+c+d=abc+bcd+cda+dab$$

证明

$$\left(\sqrt{a^2+1}+\sqrt{b^2+1}\right)^2+\left(\sqrt{c^2+1}+\sqrt{d^2+1}\right)^2\leqslant(a+b+c+d)^2$$

34.(Vo Quoc Ba Can) 设 a,b,c 是正实数,且满足 $a+b+c=\frac{1}{a}+\frac{1}{b}+\frac{1}{c}$,证明

$$\frac{1}{2a+1}+\frac{1}{2b+1}+\frac{1}{2c+1}\geqslant 1$$

35.(Pham Kim Hung) 设 a,b,c 是正实数,且满足 $abc=1$,证明

$$\frac{1}{(1+a)^3}+\frac{1}{(1+b)^3}+\frac{1}{(1+c)^3}+\frac{5}{(1+a)(1+b)(1+c)}\geqslant 1$$

36.设 a,b,c 是实数,证明

$$3(1-a+a^2)(1-b+b^2)(1-c+c^2)\geqslant 1+abc+a^2b^2c^2$$

37.(Kiran Kedlaya) 设 a,b,c 是正实数,证明

$$\frac{a+\sqrt{ab}+\sqrt[3]{abc}}{3}\leqslant\sqrt[3]{a\cdot\frac{a+b}{2}\cdot\frac{a+b+c}{3}}$$

38.(MOP ELMO 2014) 给定正实数 a,b,c,p,q 满足 $abc=1$ 和 $p\geqslant q$,证明

$$p(a^2+b^2+c^2)+q\left(\frac{1}{a}+\frac{1}{b}+\frac{1}{c}\right)\geqslant(p+q)(a+b+c)$$

39.(Titu Andreescu, Mathematical Reflections) 设 $a_0,a_1,\cdots,a_6$ 是大于 -1 的实数,证明:当

$$\frac{a_0^3+1}{\sqrt{a_1^5+a_1^4+1}}+\frac{a_1^3+1}{\sqrt{a_2^5+a_2^4+1}}+\cdots+\frac{a_6^3+1}{\sqrt{a_0^5+a_0^4+1}}\leqslant 9$$

则

$$\frac{a_0^2+1}{\sqrt{a_1^5+a_1^4+1}}+\frac{a_1^2+1}{\sqrt{a_2^5+a_2^4+1}}+\cdots+\frac{a_6^2+1}{\sqrt{a_0^5+a_0^4+1}}\geqslant 5$$

40.设 $x,y,z\geqslant\frac{2}{3}$ 满足 $x+y+z=3$,证明

$$x^2y^2+y^2z^2+z^2x^2\geqslant xy+yz+zx$$

41.(Mikhail Murashkin, Russia 2007) 设 $x_1,x_2,\cdots,x_n$ 是正实数,证明

$$(1+x_1)(1+x_1+x_2)\cdots(1+x_1+x_2+\cdots+x_n)\geqslant\sqrt{(n+1)^{n+1}(x_1x_2\cdots x_n)}$$

42.(Korea 2002) 两个实序列 $(a_1,a_2,\cdots,a_n)$ 和 $(b_1,b_2,\cdots,b_n)$ 满足

$$a_1^2+a_2^2+\cdots+a_n^2=b_1^2+b_2^2+\cdots+b_n^2=1$$

证明

$$(a_1b_2-a_2b_1)^2\leqslant 2|a_1b_1+a_2b_2+\cdots+a_nb_n-1|$$

43.(Ivan Borsenco, Mathematical Reflections) 对于每一个正整数 m,定义

$$\binom{x}{m}=\frac{x(x-1)\cdots(x-m+1)}{m!}$$

设 $x_1,x_2,\cdots,x_n$ 是实数,且满足 $x_1+x_2+\cdots+x_n\geqslant n^2$,证明

$$\frac{n-1}{2}\left[\sum_{i=1}^{n}\binom{x_i}{3}\right]\left(\sum_{i=1}^{n}x_i\right)\geqslant\frac{n-2}{3}\left[\sum_{i=1}^{n}\binom{x_i}{2}\right]^2$$

44.(Titu Andreescu, USAMO 2004) 设 a,b,c 是正实数,证明

$$(a^5-a^2+3)(b^5-b^2+3)(c^5-c^2+3)\geqslant(a+b+c)^3$$

45.(Vietnam 1998) 设 $n>1$,并且 $x_1,x_2,\cdots,x_n$ 是正实数,满足

$$\frac{1}{x_1+1\ 998}+\frac{1}{x_2+1\ 998}+\cdots+\frac{1}{x_n+1\ 998}=\frac{1}{1\ 998}$$

证明

$$\sqrt[n]{x_1x_2\cdots x_n}\geqslant 1\ 998(n-1)$$

46.(Gabriel Dospinescu, Mathematical Reflections) 设 x,y,z 是实数,证明

$$(x^2+xy+y^2)(y^2+yz+z^2)(z^2+zx+x^2)\geqslant 3(x^2y+y^2z+z^2x)(xy^2+yz^2+zx^2)$$

47.设 a,b,c 是非负实数,没有两个同时为 0,证明

$$\frac{1}{b+c}+\frac{1}{c+a}+\frac{1}{a+b}\geqslant\frac{a}{a^2+bc}+\frac{b}{b^2+ca}+\frac{c}{c^2+ab}$$

48.(Phan Thanh Nam) 设 $a_1,a_2,\cdots,a_n$ 是正实数,满足 $a_i\in[0,i]$,$i\in\{1,2,\cdots,n\}$,证明

$$2^na_1(a_1+a_2)(a_1+a_2+a_3)\cdots(a_1+a_2+\cdots+a_n)\geqslant(n+1)a_1^2a_2^2\cdots a_n^2$$

49.(Titu Andreescu, Mathematical Reflections) 设 a,b,c 是正实数,证明

$$\frac{a^2}{\sqrt{4a^2+ab+4b^2}}+\frac{b^2}{\sqrt{4b^2+bc+4c^2}}+\frac{c^2}{\sqrt{4c^2+ca+4a^2}}\geqslant\frac{a+b+c}{3}$$

50.(Alex Anderson, Mathematical Reflections) 设 $n\geqslant 2$,$a_1,a_2,\cdots,a_n$ 是实数,其

和为1,令

$$b_k=\sqrt{1-\frac{1}{4^k}}\sqrt{a_1^2+a_2^2+\cdots+a_k^2}$$

求 $b_1+b_2+\cdots+b_{n-1}+2b_n$ 的最小值.

51. 设 $x_1,x_2,\cdots,x_n$ 是正实数,满足 $x_1+x_2+\cdots+x_n=1$,为方便起见,令 $x_{n+1}=x_1$,证明

$$\sum_{i=1}^{n}\sqrt{x_i^2+x_{i+1}^2}\leqslant 2-\frac{1}{\frac{\sqrt{2}}{2}+\sum\limits_{i=1}^{n}\frac{x_i^2}{x_{i+1}}}$$

52. 设 $x,y,z\in\left[\frac{1}{2},2\right]$,证明

$$8\left(\frac{x}{y}+\frac{y}{z}+\frac{z}{x}\right)\geqslant 5\left(\frac{y}{x}+\frac{z}{y}+\frac{x}{z}\right)+9$$

53. 设 a,b,c,d 是非负实数,满足 $a+b+c+d=4$,证明

$$3(a^2+b^2+c^2+d^2)+4abcd\geqslant 16$$

54. 设 x,y,z 是正实数,满足 $x^3+y^3+z^3=3$,证明

$$xy^4+yz^4+zx^4\leqslant 3$$

55. (Vasile Cîrtoaje) 设 a,b,c,d,e 是非负实数,满足 $a+b+c+d+e=5$,证明

$$(a^2+b^2)(b^2+c^2)(c^2+d^2)(d^2+e^2)(e^2+a^2)\leqslant\frac{729}{2}$$

9　入门问题的解答

1.(Russia 1995) 设 x 和 y 是正实数,证明

$$\frac{1}{xy} \geqslant \frac{x}{x^4+y^2}+\frac{y}{y^4+x^2}$$

证明　由 AM-GM 不等式,可见

$$\frac{x}{x^4+y^2}+\frac{y}{y^4+x^2} \leqslant \frac{x}{2\sqrt{x^4y^2}}+\frac{y}{2\sqrt{x^2y^4}}=\frac{1}{2xy}+\frac{1}{2xy}=\frac{1}{xy}$$

当且仅当 $x=y=1$ 时等号成立.

2.(Titu Andreescu, Mathematical Reflections) 设 a,b,c 是一个三角形的三边长,证明

$$0 \leqslant \frac{a-b}{b+c}+\frac{b-c}{c+a}+\frac{c-a}{a+b}<1$$

证法 1　首先,注意到

$$\sum_{\text{cyc}} \frac{a-b}{b+c}=\sum_{\text{cyc}} \frac{a+c}{b+c}-3=E-3$$

其中

$$E=\frac{c+a}{b+c}+\frac{a+b}{c+a}+\frac{b+c}{a+b}$$

为证明右边的不等式,注意到,在任何三边长为 a,b,c 的三角形中,我们有

$$b+c>\frac{1}{2}(a+b+c)$$

$$c+a>\frac{1}{2}(a+b+c)$$

$$a+b>\frac{1}{2}(a+b+c)$$

所以

$$E<\frac{2(a+c+b+a+c+b)}{a+b+c}=4$$

对于左边的不等式,由 AM-GM 不等式,我们可以得到 $E \geqslant 3$. 当且仅当三角形是等边三角形时等号成立.

证法 2　作代换 $a=y+z, b=x+z, c=x+y(x,y,z>0)$,则不等式变成

$$0 \leqslant \sum_{cyc} \frac{y-x}{2x+y+z} < 1$$

上述不等式的下界,由排序不等式立即可得.事实上,如果(不失一般性)$x \leqslant y \leqslant z$,则

$$\frac{1}{2x+y+z} \geqslant \frac{1}{x+2y+z} \geqslant \frac{1}{x+y+2z}$$

所以

$$\sum_{cyc} \frac{x}{2x+y+z} \leqslant \sum_{cyc} \frac{y}{2x+y+z}$$

对于上界,我们只须注意到

$$\frac{y-x}{2x+y+z} < \frac{y}{2x+y+z} < \frac{y}{x+y+z}$$

这个不等式与其他两个类似的不等式相加,即得出上界.

3.设 a,b,c 是小于 4 的正实数,证明

$$\max\left\{\frac{1}{a}+\frac{1}{4-b},\frac{1}{b}+\frac{1}{4-c},\frac{1}{c}+\frac{1}{4-a}\right\} \geqslant 1$$

证明 如不然,即

$$\max\left\{\frac{1}{a}+\frac{1}{4-b},\frac{1}{b}+\frac{1}{4-c},\frac{1}{c}+\frac{1}{4-a}\right\} < 1$$

则

$$\left(\frac{1}{a}+\frac{1}{4-b}\right)+\left(\frac{1}{b}+\frac{1}{4-c}\right)+\left(\frac{1}{c}+\frac{1}{4-a}\right) < 3$$

即

$$\left(\frac{1}{a}+\frac{1}{4-a}\right)+\left(\frac{1}{b}+\frac{1}{4-b}\right)+\left(\frac{1}{c}+\frac{1}{4-c}\right) < 3$$

但$\frac{1}{x}+\frac{1}{4-x} \geqslant 1(0 < x < 4)$,这是因为它可以化为$(x-2)^2 \geqslant 0$.最后,我们得到

$$\left(\frac{1}{a}+\frac{1}{4-a}\right)+\left(\frac{1}{b}+\frac{1}{4-b}\right)+\left(\frac{1}{c}+\frac{1}{4-c}\right) \geqslant 1+1+1=3$$

产生矛盾.

当且仅当 $a=b=c=2$,成立等号.证毕.

4.(Serbia and Montenegro 2005) 设 a,b,c 是正实数,且满足 $a+b+c=3$,证明

$$\sqrt{a}+\sqrt{b}+\sqrt{c} \geqslant ab+bc+ca$$

证明 由 AM-GM 不等式,可见

$$a^2+2\sqrt{a}=a^2+\sqrt{a}+\sqrt{a} \geqslant 3a$$

类似可得

$$b^2+2\sqrt{b}\geqslant 3b, c^2+2\sqrt{c}\geqslant 3c$$

这 3 个不等式相加，我们得到

$$a^2+b^2+c^2+2(\sqrt{a}+\sqrt{b}+\sqrt{c})\geqslant 3(a+b+c)=(a+b+c)^2$$
$$=a^2+b^2+c^2+2(ab+bc+ca)$$

当且仅当 $a=b=c=1$ 时成立等号. 证毕.

5.(Titu Andreescu, Mathematical Reflections) 设 a,b,c 是正实数，证明

$$\frac{(a+b)^2}{c}+\frac{c^2}{a}\geqslant 4b$$

证法 1 由 Cauchy-Schwarz 不等式，我们得到

$$\frac{(a+b)^2}{c}+\frac{c^2}{a}\geqslant\frac{(a+b+c)^2}{c+a}$$

所以，只须证明$\frac{(a+b+c)^2}{c+a}\geqslant 4b$. 这又可以转化为$(a-b+c)^2\geqslant 0$，这显然是成立的.

证法 2 两次应用 AM-GM 不等式，我们有

$$\frac{(a+b)^2}{c}+\frac{c^2}{a}\geqslant 3\left[\frac{(a+b)^2}{2c}\cdot\frac{(a+b)^2}{2c}\cdot\frac{c^2}{a}\right]^{\frac{1}{3}}=3\frac{(a+b)^{\frac{4}{3}}}{(4a)^{\frac{1}{3}}}$$
$$\geqslant 3\frac{\left[4\left(a\cdot\frac{b}{3}\cdot\frac{b}{3}\cdot\frac{b}{3}\right)^{\frac{1}{4}}\right]^{\frac{4}{3}}}{(4a)^{\frac{1}{3}}}=4b$$

当且仅当 $b=3a, c=2a$ 时等号成立.

6. 设 a,b,c 是正实数，证明

$$\frac{a^3}{b^2}+\frac{b^3}{c^2}+\frac{c^3}{a^2}\geqslant a+b+c$$

证明 由 AM-GM 不等式，我们有

$$\frac{a^3}{b^2}+b+b\geqslant 3\sqrt[3]{\frac{a^3}{b^2}\cdot b\cdot b}=3a$$

类似可得

$$\frac{b^3}{c^2}+2c\geqslant 3b, \frac{c^3}{a^2}+2a\geqslant 3c$$

3 个不等式相加，我们得到

$$\frac{a^3}{b^2}+\frac{b^3}{c^2}+\frac{c^3}{a^2}+(2a+2b+2c)\geqslant(3a+3b+3c)$$

当且仅当 $a=b=c$ 时等号成立. 证毕.

7.(Macedonia 2000) 设 x,y,z 是正实数，证明

$$x^2+y^2+z^2\geqslant\sqrt{2}(xy+yz)$$

证明 分离项 y^2,并应用AM-GM不等式,我们有

$$x^2+y^2+z^2=\left(x^2+\frac{1}{2}y^2\right)+\left(\frac{1}{2}y^2+z^2\right)\geqslant 2x\frac{y}{\sqrt{2}}+2\frac{y}{\sqrt{2}}z$$

$$=\sqrt{2}xy+\sqrt{2}yz=\sqrt{2}(xy+yz)$$

当且仅当 $x=\frac{y}{\sqrt{2}}=z$ 时等号成立.

8.(Arkady Alt, Mathematical Reflections) 设 a 和 b 是正实数,证明

$$\frac{a^6+b^6}{a^4+b^4}\geqslant\frac{a^4+b^4}{a^3+b^3}\cdot\frac{a^2+b^2}{a+b}$$

证明 去分母,则所证不等式变成

$$(a^6+b^6)(a^3+b^3)(a+b)\geqslant(a^4+b^4)^2(a^2+b^2)$$

两次应用Cauchy-Schwarz不等式,我们有

$$(a^6+b^6)(a^2+b^2)\geqslant(a^4+b^4)^2$$

$$(a^3+b^3)(a+b)\geqslant(a^2+b^2)^2$$

这些不等式相乘,即得所证不等式.当且仅当 $a=b$ 时等号成立.

9.(Tigran Hakobyan, Mathematical Reflections) 设 a,b,c 是正实数,证明

$$\frac{1}{10a+11b+11c}+\frac{1}{11a+10b+11c}+\frac{1}{11a+11b+10c}\leqslant\frac{1}{32a}+\frac{1}{32b}+\frac{1}{32c}$$

证明 由AM-GM不等式,我们有

$$\underbrace{\frac{1}{a}+\cdots+\frac{1}{a}}_{10}+\underbrace{\frac{1}{b}+\cdots+\frac{1}{b}}_{11}+\underbrace{\frac{1}{c}+\cdots+\frac{1}{c}}_{11}\geqslant\frac{32^2}{10a+11b+11c}$$

因此

$$\frac{10}{32a}+\frac{11}{32b}+\frac{11}{32c}\geqslant\frac{32}{10a+11b+11c}$$

类似可得

$$\frac{11}{32a}+\frac{10}{32b}+\frac{11}{32c}\geqslant\frac{32}{11a+10b+11c}$$

$$\frac{11}{32a}+\frac{11}{32b}+\frac{10}{32c}\geqslant\frac{32}{11a+11b+10c}$$

3个不等式相加,即得所证不等式.

10.(Bosnia and Hercegovina 2005) 设 a,b,c 是正实数,且满足 $a+b+c=1$,证明

$$a\sqrt{b}+b\sqrt{c}+c\sqrt{a}\leqslant\frac{1}{\sqrt{3}}$$

证明 由 Cauchy-Schwarz 不等式,我们有

$$(a\sqrt{b}+b\sqrt{c}+c\sqrt{a})^2=(\sqrt{a}\cdot\sqrt{ab}+\sqrt{b}\cdot\sqrt{bc}+\sqrt{c}\cdot\sqrt{ca})^2$$
$$\leqslant(a+b+c)(ab+bc+ca)$$

由例 1.1,有

$$ab+bc+ca\leqslant\frac{1}{3}(a+b+c)^2=\frac{1}{3}$$

综合上述结果,不等式得证.当且仅当 $a=b=c=\frac{1}{3}$ 时等号成立.

11. 设 a,b,c 是正实数,且满足 $abc=1$,证明

$$\frac{a+b+1}{a^2+b^2+1}+\frac{b+c+1}{b^2+c^2+1}+\frac{c+a+1}{c^2+a^2+1}\leqslant 3$$

证明 应用 Cauchy-Schwarz 不等式,我们有

$$3(a^2+b^2+1)\geqslant(a+b+1)^2$$

这等价于

$$\frac{a+b+1}{a^2+b^2+1}\leqslant\frac{3}{a+b+1}$$

类似可得

$$\frac{b+c+1}{b^2+c^2+1}\leqslant\frac{3}{b+c+1}$$

$$\frac{c+a+1}{c^2+a^2+1}\leqslant\frac{3}{c+a+1}$$

所以,只须证明

$$\frac{3}{a+b+1}+\frac{3}{b+c+1}+\frac{3}{c+a+1}\leqslant 3$$

这等价于

$$\frac{1}{a+b+1}+\frac{1}{b+c+1}+\frac{1}{c+a+1}\leqslant 1$$

去分母,消去公共项,这可以化为

$$a^2b+a^2c+b^2a+b^2c+c^2a+c^2b\geqslant 2(a+b+c)$$

这等价于

$$ab+bc+ca-\frac{3}{a+b+c}\geqslant 2$$

应用 AM-GM 不等式,我们有

$$ab+bc+ca\geqslant 3\sqrt[3]{a^2b^2c^2}=3$$

并且

$$\frac{3}{a+b+c}\leqslant\frac{3}{\sqrt[3]{abc}}=1$$

这就证明了不等式.

当且仅当 $a=b=c=1$ 时等号成立.

12.(Romania 2005) 设 a,b,c 是正实数,且满足 $a+b+c\geqslant\frac{a}{b}+\frac{b}{c}+\frac{c}{a}$,证明

$$\frac{a^3c}{b(c+a)}+\frac{b^3a}{c(a+b)}+\frac{c^3b}{a(b+c)}\geqslant\frac{3}{2}$$

证明 由 Hölder 不等式,有

$$\left[\frac{a^3c}{b(c+a)}+\frac{b^3a}{c(a+b)}+\frac{c^3b}{a(b+c)}\right](2a+2b+2c)\left(\frac{a}{b}+\frac{b}{c}+\frac{c}{a}\right)\geqslant(a+b+c)^3$$

所以,我们得到

$$\frac{a^3c}{b(c+a)}+\frac{b^3a}{c(a+b)}+\frac{c^3b}{a(b+c)}\geqslant\frac{a+b+c}{2}$$

现在,由 AM-GM 不等式,有

$$a+b+c\geqslant\frac{a}{b}+\frac{b}{c}+\frac{c}{a}\geqslant 3$$

综合上述不等式,即可完成证明.

13.(Marchel Chirita, Mathematical Reflections) 设 a,b,c 是正实数,且满足 $abc=1$,证明

$$\frac{1}{ab+a+2}+\frac{1}{bc+b+2}+\frac{1}{ca+c+2}\leqslant\frac{3}{4}$$

证明 由 AM-GM 不等式,有

$$\frac{1}{ab+1+a+1}\leqslant\frac{1}{4}\left(\frac{1}{ab+1}+\frac{1}{a+1}\right)=\frac{1}{4}\left(\frac{c}{c+1}+\frac{1}{a+1}\right)$$

类似可得

$$\frac{1}{bc+1+b+1}\leqslant\frac{1}{4}\left(\frac{1}{bc+1}+\frac{1}{a+1}\right)=\frac{1}{4}\left(\frac{a}{a+1}+\frac{1}{b+1}\right)$$

$$\frac{1}{ca+1+c+1}\leqslant\frac{1}{4}\left(\frac{1}{ca+1}+\frac{1}{c+1}\right)=\frac{1}{4}\left(\frac{b}{b+1}+\frac{1}{c+1}\right)$$

上述 3 个不等式相加,即得所证不等式

$$\frac{1}{ab+a+2}+\frac{1}{bc+b+2}+\frac{1}{ca+c+2}\leqslant\frac{1}{4}\left(\frac{a+1}{a+1}+\frac{b+1}{b+1}+\frac{c+1}{c+1}\right)=\frac{3}{4}$$

等号成立,当且仅当 $a=b=c=1$.

14.(Japan TST 2004) 设 a,b,c 是正实数,且满足 $a+b+c=1$,证明

$$\frac{1+a}{1-a}+\frac{1+b}{1-b}+\frac{1+c}{1-c}\leqslant\frac{2a}{b}+\frac{2b}{c}+\frac{2c}{a}$$

证明 由给定的条件 $a+b+c=1$,不等式等价于

$$\frac{3}{2}+\sum_{\text{cyc}}\frac{a}{b+c}\leqslant\sum_{\text{cyc}}\frac{a}{b}$$

这可以化为

$$\sum_{\text{cyc}}\frac{ac}{b(b+c)}\geqslant\frac{3}{2}$$

由 Cauchy-Schwarz 不等式,有

$$\sum_{\text{cyc}}\frac{ac}{b(b+c)}=\sum_{\text{cyc}}\frac{a^2c^2}{abc(b+c)}\geqslant\frac{(ab+bc+ca)^2}{2abc(a+b+c)}\geqslant\frac{3}{2}$$

这最后的不等式,可由例 1.1 对变量 ab,bc,ca 可得,等号成立,当且仅当 $a=b=c=\frac{1}{3}$.

15. (Cezar Lupu, Mathematical Reflections) 设 a,b,c 是一个三角形的三边长,证明

$$\frac{b+c}{a}+\frac{c+a}{b}+\frac{a+b}{c}+\frac{(b+c-a)(c+a-b)(a+b-c)}{abc}\geqslant 7$$

证明 作替换 $a=x+y,b=y+z,c=z+x$, 其中,x,y,z 是正实数,则不等式可以写成

$$\frac{2x+y+z}{y+z}+\frac{x+2y+z}{z+x}+\frac{x+y+2z}{x+y}+\frac{8xyz}{(x+y)(y+z)(z+x)}\geqslant 7$$

去分母之后,不等式等价于

$$2(x^3+y^3+z^3)+6xyz\geqslant 2\sum_{\text{cyc}}xy(x+y)$$

这又可以化为 $2\sum_{\text{cyc}}x(x-y)(x-z)\geqslant 0$, 这是 Schur 不等式,显然成立. 等号成立,当且仅当 $x=y=z$, 即 $a=b=c$.

16. (Romania 2005, Cezar Lupu) 设 a,b,c 是正实数,证明

$$\frac{b+c}{a^2}+\frac{c+a}{b^2}+\frac{a+b}{c^2}\geqslant 2\left(\frac{1}{a}+\frac{1}{b}+\frac{1}{c}\right)$$

证明 不失一般性,设 $a\leqslant b\leqslant c$,则 $b+c\geqslant c+a\geqslant a+b$ 以及 $\frac{1}{a^2}\geqslant\frac{1}{b^2}\geqslant\frac{1}{c^2}$. 所以,由排序不等式,有

$$(a+b+c)\left(\frac{1}{a^2}+\frac{1}{b^2}+\frac{1}{c^2}\right)\geqslant 3\left(\frac{1}{a}+\frac{1}{b}+\frac{1}{c}\right)$$

不等式两边同时减去 $\frac{1}{a}+\frac{1}{b}+\frac{1}{c}$,得到

$$\frac{b+c}{a^2}+\frac{c+a}{b^2}+\frac{a+b}{c^2}\geqslant 2\left(\frac{1}{a}+\frac{1}{b}+\frac{1}{c}\right)$$

等号成立,当且仅当 $a=b=c$.

17.(Pham Huu Duc, Mathematical Reflections) 设 a,b,c 是正实数,证明

$$\frac{a+b+c}{\sqrt[3]{abc}}+\frac{8abc}{(a+b)(b+c)(c+a)}\geqslant 4$$

证明 对表达式 $a+b,b+c,c+a$ 应用 AM-GM 不等式,我们有

$$(a+b)(b+c)(c+a)\leqslant\frac{[2(a+b+c)]^3}{27}$$

所以,只须证明

$$\frac{a+b+c}{\sqrt[3]{abc}}+\frac{27abc}{(a+b+c)^3}\geqslant 4$$

令 $S=\frac{a+b+c}{\sqrt[3]{abc}}$,这个不等式等价于

$$S+\frac{27}{S^3}=\frac{S}{3}+\frac{S}{3}+\frac{S}{3}+\frac{27}{S^3}\geqslant 4$$

这最后的不等式由 AM-GM 不等式可得. 等号成立,当且仅当 $a=b=c$.

18.(Peru 2007) 设 a,b,c 是正实数,且满足 $a+b+c\geqslant\frac{1}{a}+\frac{1}{b}+\frac{1}{c}$,证明

$$a+b+c\geqslant\frac{3}{a+b+c}+\frac{2}{abc}$$

证明 由 AM-HM 不等式,有

$$a+b+c\geqslant\frac{1}{a}+\frac{1}{b}+\frac{1}{c}\geqslant\frac{9}{a+b+c}$$

即

$$\frac{a+b+c}{3}\geqslant\frac{3}{a+b+c}$$

所以,只须证明

$$\frac{2(a+b+c)}{3}\geqslant\frac{2}{abc}$$

这等价于

$$a+b+c\geqslant\frac{3}{abc}$$

利用例 1.1 中的不等式

$$(x+y+z)^2\geqslant 3(xy+yz+zx)$$

我们有

$$(a+b+c)^2 \geqslant \left(\frac{1}{a}+\frac{1}{b}+\frac{1}{c}\right)^2 \geqslant 3\left(\frac{1}{ab}+\frac{1}{bc}+\frac{1}{ca}\right)=3\left(\frac{a+b+c}{abc}\right)$$

可见，$a+b+c \geqslant \frac{3}{abc}$. 证毕.

19.(Endrit Fejzullahu, Lithuania 1987) 设 a,b,c 是正实数，证明

$$\frac{a^3}{a^2+ab+b^2}+\frac{b^3}{b^2+bc+c^2}+\frac{c^3}{c^2+ca+a^2} \geqslant \frac{a+b+c}{3}$$

证法 1 由 Cauchy-Schwarz 不等式，有

$$\begin{aligned}\sum_{cyc}\frac{a^3}{a^2+ab+b^2} &= \sum_{cyc}\frac{a^4}{a^3+a^2b+ab^2} \\ &\geqslant \frac{(a^2+b^2+c^2)^2}{a^3+b^3+c^3+a^2b+ab^2+b^2c+bc^2+c^2a+ca^2} \\ &= \frac{a^2+b^2+c^2}{a+b+c} \geqslant \frac{a+b+c}{3}\end{aligned}$$

这最后的不等式是由 Cauchy-Schwarz 不等式或者是 AM-QM 不等式得到的.

证明 2 用 A 表示不等式左边的表达式，注意到恒等式

$$\sum_{cyc}\frac{a^3}{a^2+ab+b^2}=\sum_{cyc}\frac{b^3}{a^2+ab+b^2}=\frac{1}{2}\sum_{cyc}\frac{a^3+b^3}{a^2+ab+b^2}$$

实际上，我们有

$$\sum_{cyc}\frac{a^3}{a^2+ab+b^2}-\sum_{cyc}\frac{b^3}{a^2+ab+b^2}=\sum_{cyc}\frac{a^3-b^3}{a^2+ab+b^2}=\sum_{cyc}(a-b)=0$$

因为

$$2(a^2+ab+b^2) \leqslant 6(a^2-ab+b^2)$$

这可由 $4(a-b)^2 \geqslant 0$ 得到. 因此可见

$$A=\sum_{cyc}\frac{a^3+b^3}{2(a^2+ab+b^2)} \geqslant \sum_{cyc}\frac{a^3+b^3}{6(a^2-ab+b^2)}=\frac{a+b+c}{3}$$

或者，这最后的不等式也可以如下证明

$$\begin{aligned}\frac{1}{2}\sum_{cyc}\frac{a^3+b^3}{a^2+ab+b^2}-\frac{a+b+c}{3} &= \frac{1}{2}\sum_{cyc}\left(\frac{a^3+b^3}{a^2+ab+b^2}-\frac{a+b}{3}\right) \\ &= \frac{1}{2}\sum_{cyc}\frac{3a^3+3b^3-a^3-a^2b-ab^2-b^3-a^2b-ab^2}{3(a^2+ab+b^2)} \\ &= \frac{1}{2}\sum_{cyc}\frac{2(a-b)^2(a+b)}{3(a^2+ab+b^2)} \geqslant 0\end{aligned}$$

等号成立，当且仅当 $a=b=c$.

20.(Baltic Way 2005) 设 a,b,c 是正实数，且满足 $abc=1$，证明

$$\frac{a}{a^2+2}+\frac{b}{b^2+2}+\frac{c}{c^2+2}\leqslant 1$$

证明 由不等式 $x^2+1\geqslant 2x$（对所有实数 x 都成立）可见

$$\begin{aligned}\frac{a}{a^2+2}+\frac{b}{b^2+2}+\frac{c}{c^2+2}&=\frac{a}{a^2+1+1}+\frac{b}{b^2+1+1}+\frac{c}{c^2+1+1}\\&\leqslant\frac{a}{2a+1}+\frac{b}{2b+1}+\frac{c}{2c+1}\\&=\frac{1}{2+\frac{1}{a}}+\frac{1}{2+\frac{1}{b}}+\frac{1}{2+\frac{1}{c}}\end{aligned}$$

因此,所证不等式可以改写成

$$\left(2+\frac{1}{b}\right)\left(2+\frac{1}{c}\right)+\left(2+\frac{1}{c}\right)\left(2+\frac{1}{a}\right)+\left(2+\frac{1}{a}\right)\left(2+\frac{1}{b}\right)$$
$$\leqslant\left(2+\frac{1}{a}\right)\left(2+\frac{1}{b}\right)\left(2+\frac{1}{c}\right)$$

整理可得 $4\leqslant\frac{1}{ab}+\frac{1}{ac}+\frac{1}{bc}+\frac{1}{abc}$，利用题设条件可以进一步简化为

$$3\leqslant\frac{1}{ab}+\frac{1}{ac}+\frac{1}{bc}$$

这显然是成立的,因为

$$\frac{1}{ab}+\frac{1}{ac}+\frac{1}{bc}\geqslant 3\sqrt[3]{\left(\frac{1}{abc}\right)^2}=3$$

等号成立,当且仅当 $a=b=c=1$.

21.设 a,b,c 是正实数,且满足 $a+b+c=3$,证明

$$\frac{a+1}{b^2+1}+\frac{b+1}{c^2+1}+\frac{c+1}{a^2+1}\geqslant 3$$

证明 由例1.1,我们有

$$9=(a+b+c)^2\geqslant 3(ab+bc+ca)$$

从而

$$ab+bc+ca\leqslant 3$$

另外,由 AM-GM 不等式,有

$$\frac{a+1}{b^2+1}=a+1-\frac{b^2(a+1)}{b^2+1}\geqslant a+1-\frac{b^2(a+1)}{2b}=a+1-\frac{ab+b}{2}$$

综合上述不等式,我们得到

$$\sum_{\text{cyc}}\frac{a+1}{b^2+1}\geqslant 3+\frac{1}{2}\sum_{\text{cyc}}a-\frac{1}{2}\sum_{\text{cyc}}ab\geqslant 3$$

等号成立，当且仅当 $a=b=c=1$.

22.(Belarus 1999) 设 a,b,c 是正实数，且满足 $a^2+b^2+c^2=3$，证明

$$\frac{1}{1+ab}+\frac{1}{1+bc}+\frac{1}{1+ca}\geqslant\frac{3}{2}$$

证明 应用 Cauchy-Schwarz 不等式，有

$$9=(a^2+b^2+c^2)^2\leqslant\left(\sum_{cyc}\frac{1}{1+bc}\right)\left(\sum_{cyc}a^2(1+bc)\right)$$

因此可见，只须证明 $\sum_{cyc}a^2(1+bc)\leqslant 6$. 事实上，由 QM-AM 和 AM-GM 不等式，有

$$\begin{aligned}\sum_{cyc}a^2(1+bc)&=a^2+b^2+c^2+abc(a+b+c)\\&\leqslant 3+\left[\sqrt{\left(\frac{a^2+b^2+c^2}{3}\right)^3}\right]\left(3\sqrt{\frac{a^2+b^2+c^2}{3}}\right)\\&=3+\frac{1}{3}(a^2+b^2+c^2)^2\\&=3+3=6\end{aligned}$$

不等式得证，等号成立，当且仅当 $a=b=c=1$.

应用 Cauchy-Schwarz 不等式，有

$$\begin{aligned}\frac{1}{1+ab}+\frac{1}{1+bc}+\frac{1}{1+ca}&\geqslant\frac{(1+1+1)^2}{1+ab+1+bc+1+ca}=\frac{9}{3+ab+bc+ca}\\&\geqslant\frac{9}{3+a^2+b^2+c^2}=\frac{9}{3+3}=\frac{3}{2}\end{aligned}$$

不等式得证，等号成立，当且仅当 $a=b=c=1$.

23. 设 x,y,z 是非负实数，没有两个同时为 0，证明

$$\frac{x^2-yz}{x+y}+\frac{y^2-zx}{y+z}+\frac{z^2-xy}{z+x}\geqslant 0$$

证法 1 去分母并展开，不等式可以改写成如下形式

$$\sum_{cyc}(y^2-xz)\left(x^2+\sum_{cyc}yz\right)\geqslant 0$$

$$\sum_{cyc}x^2y^2-\sum_{cyc}xy^3+\left(\sum_{cyc}x^2\right)\left(\sum_{cyc}yz\right)-\left(\sum_{cyc}yz\right)^2\geqslant 0$$

$$\sum_{cyc}x^3y\geqslant xyz\sum_{cyc}x$$

这由 Cauchy-Schwarz 不等式即得，事实上，我们有

$$\left(\sum_{cyc}x^3y\right)\left(\sum_{cyc}x\right)\geqslant xyz\left(\sum_{cyc}x\right)^2$$

不等式得证，等号成立，当且仅当 $x=y=z$.

证法 2 我们对不等式的分母做代换.令 $x+y=2a, y+z=2b, z+x=2c$,则 $x=a-b+c, y=a+b-c, z=-a+b+c$,并且 $x+y+z=a+b+c$.简单的计算,有

$$x^2-yz=2(a^2+c^2-ab-bc)$$

这样一来,所证不等式变成

$$\sum_{\text{cyc}}\left(a+\frac{c^2}{a}-b-\frac{bc}{a}\right)=\sum_{\text{cyc}}\left(\frac{c^2}{a}-\frac{bc}{a}\right)\geqslant 0$$

去分母之后,不等式转化为

$$a^3c+b^3a+c^3b-(a^2b^2+b^2c^2+c^2a^2)\geqslant 0$$

这由排序不等式可得.

24. 设 a,b,c,d 是正实数,证明

$$\frac{1}{a^2+ab}+\frac{1}{b^2+bc}+\frac{1}{c^2+cd}+\frac{1}{d^2+da}\geqslant\frac{4}{ac+bd}$$

证明 注意到

$$\begin{aligned}\frac{ac+bd}{a^2+ab}&=\frac{a^2+ab+ac+bd}{a^2+ab}-1\\&=\frac{a(a+c)+b(d+a)}{a(a+b)}-1\\&=\frac{a+c}{a+b}+\frac{b(d+a)}{a(a+b)}-1\end{aligned}$$

应用 AM-GM 不等式,有

$$(ac+bd)\left(\sum_{\text{cyc}}\frac{1}{a^2+ab}\right)=\left(\sum_{\text{cyc}}\frac{a+c}{a+b}\right)+\left[\sum_{\text{cyc}}\frac{b(d+a)}{a(a+b)}\right]-4\geqslant\sum_{\text{cyc}}\frac{a+c}{a+b}$$

也注意到

$$\begin{aligned}\sum_{\text{cyc}}\frac{a+c}{a+b}&=(a+c)\left(\frac{1}{a+b}+\frac{1}{c+d}\right)+(b+d)\left(\frac{1}{b+c}+\frac{1}{d+a}\right)\\&\geqslant\frac{4(a+c)}{a+b+c+d}+\frac{4(b+d)}{a+b+c+d}=4\end{aligned}$$

综合上述两个不等式,即得所证不等式,等号成立,当且仅当 $a=b=c=d$.

25. (Romania 2002) 设 a,b,c,d 是正实数,且满足 $abcd=1$,证明

$$\frac{1+ab}{1+a}+\frac{1+bc}{1+b}+\frac{1+cd}{1+c}+\frac{1+da}{1+d}\geqslant 4$$

证明 应用题设条件 $abcd=1$,我们有

$$\frac{1+ab}{1+a}+\frac{1+bc}{1+b}+\frac{1+cd}{1+c}+\frac{1+da}{1+d}=\frac{1+ab}{1+a}+\frac{1+bc}{1+b}+\frac{1+\frac{1}{ab}}{1+c}+\frac{1+\frac{1}{bc}}{1+d}$$

$$=(1+ab)\left(\frac{1}{1+a}+\frac{1}{ab+abc}\right)+$$

$$(1+bc)\left(\frac{1}{1+b}+\frac{1}{bc+bcd}\right)$$

应用 AM-HM 不等式,有

$$(1+ab)\left(\frac{1}{1+a}+\frac{1}{ab+abc}\right)+(1+bc)\left(\frac{1}{1+b}+\frac{1}{bc+bcd}\right)$$

$$\geqslant\frac{4(1+ab)}{1+a+ab+abc}+\frac{4(1+bc)}{1+b+bc+bcd}$$

$$=4\left(\frac{1+ab}{1+a+ab+abc}+\frac{1+bc}{1+b+bc+bcd}\right)$$

$$=4\left(\frac{1+ab}{1+a+ab+abc}+\frac{a+abc}{a+ab+abc+abcd}\right)$$

$$=4\left(\frac{1+a+ab+abc}{1+a+ab+abc}\right)=4$$

综上所述,不等式得证.

26.(Pham Kim Hung) 设 a,b,c,d 是正实数,且满足 $a+b+c+d=4$,证明

$$\frac{a}{1+b^2c}+\frac{b}{1+c^2d}+\frac{c}{1+d^2a}+\frac{d}{1+a^2b}\geqslant 2$$

证明 应用 AM-GM 不等式,我们有

$$\frac{a}{1+b^2c}=a-\frac{ab^2c}{1+b^2c}\geqslant a-\frac{ab^2c}{2b\sqrt{c}}=a-\frac{ab\sqrt{c}}{2}=a-\frac{b\sqrt{a\cdot ac}}{2}\geqslant a-\frac{b(a+ac)}{4}$$

因此可见

$$\sum_{\text{cyc}}\frac{a}{1+b^2c}\geqslant\sum_{\text{cyc}}a-\frac{1}{4}\sum_{\text{cyc}}ab-\frac{1}{4}\sum_{\text{cyc}}abc$$

由 AM-GM 不等式,我们有

$$\sum_{\text{cyc}}ab=(a+c)(b+d)\leqslant\frac{1}{4}\left(\sum_{\text{cyc}}a\right)^2=4$$

以及

$$\sum_{\text{cyc}}abc=ab(c+d)+cd(a+b)\leqslant\frac{(a+b)^2}{4}(c+d)+\frac{(c+d)^2}{4}(a+b)$$

$$=\frac{a+b+c+d}{4}\sum_{\text{cyc}}ab\leqslant\frac{1}{16}\left(\sum_{\text{cyc}}a\right)^3=4$$

综合上述不等式,我们推出

$$\frac{a}{1+b^2c}+\frac{b}{1+c^2d}+\frac{c}{1+d^2a}+\frac{d}{1+a^2b}\geqslant a+b+c+d-2=2$$

证毕.

27.(Pham Kim Hung) 设 a,b,c 是正实数,且满足 $a^2+b^2+c^2=3$,证明

$$\frac{1}{2-a}+\frac{1}{2-b}+\frac{1}{2-c}\geqslant 3$$

证法1 因为 $a^2\leqslant a^2+b^2+c^2=3<4$, 所以,$a<2$. 注意到

$$\frac{1}{2-a}\geqslant 1+\frac{1}{2}(a^2-1)$$

这个不等式,当 $0<a<2$ 时,可由 $a(a-1)^2\geqslant 0$ 推出. 把这个不等式与关于 b,c 的类似的两个不等式相加,可得

$$\frac{1}{2-a}+\frac{1}{2-b}+\frac{1}{2-c}\geqslant 3+\frac{1}{2}(a^2+b^2+c^2-3)=3$$

证毕.

证法2 不等式等价于

$$\left(\frac{1}{2-a}-\frac{1}{2}\right)+\left(\frac{1}{2-b}-\frac{1}{2}\right)+\left(\frac{1}{2-c}-\frac{1}{2}\right)\geqslant\frac{3}{2}$$

这可以改写成

$$\frac{a}{2-a}+\frac{b}{2-b}+\frac{c}{2-c}\geqslant 3$$

或者

$$\frac{a^4}{2a^3-a^4}+\frac{b^4}{2b^3-b^4}+\frac{c^4}{2c^3-c^4}\geqslant 3$$

应用Cauchy-Schwarz不等式以及题设条件,我们有

$$\begin{aligned}\frac{a^4}{2a^3-a^4}+\frac{b^4}{2b^3-b^4}+\frac{c^4}{2c^3-c^4}&\geqslant\frac{(a^2+b^2+c^2)^2}{2(a^3+b^3+c^3)-(a^4+b^4+c^4)}\\&=\frac{9}{2(a^3+b^3+c^3)-(a^4+b^4+c^4)}\end{aligned}$$

所以,只须证明

$$2\sum_{\text{cyc}}a^3-\sum_{\text{cyc}}a^4\leqslant\sum_{\text{cyc}}a^2=3$$

这可由AM-GM不等式得到.

28.(Andrei Razvan Baleanu, Mathematical Reflections) 设 a,b,c 是正实数,证明

$$\frac{ab}{3a+4b+2c}+\frac{bc}{3b+4c+2a}+\frac{ca}{3c+4a+2b}\leqslant\frac{a+b+c}{9}$$

证明 不等式等价于

$$\frac{9ab}{3a+4b+2c}+\frac{9bc}{3b+4c+2a}+\frac{9ca}{3c+4a+2b}\leqslant a+b+c$$

由 AM-HM 不等式，可见

$$\frac{9ab}{3a+4b+2c}\leqslant\frac{ab}{a+b+c}+\frac{ab}{a+b+c}+\frac{ab}{a+2b}$$

利用这个不等式与通过变量轮换得到的其他两个类似的不等式相加可知，只须证明

$$\frac{2(ab+bc+ca)}{a+b+c}+\frac{ab}{a+2b}+\frac{bc}{b+2c}+\frac{ca}{c+2a}\leqslant a+b+c$$

由例 1.1

$$(a+b+c)^2\geqslant 3(ab+bc+ca)$$

所以

$$\frac{2(ab+bc+ca)}{a+b+c}\leqslant\frac{2(a+b+c)}{3}$$

因此，只须证明

$$\frac{ab}{a+2b}+\frac{bc}{b+2c}+\frac{ca}{c+2a}\leqslant\frac{a+b+c}{3}$$

应用 AM-GM 不等式，有 $(a+2b)(b+2a)\geqslant 9ab$，这等价于$\frac{ab}{a+2b}\leqslant\frac{b+2a}{9}$. 所以

$$\frac{ab}{a+2b}+\frac{bc}{b+2c}+\frac{ca}{c+2a}\leqslant\frac{b+2a}{9}+\frac{c+2b}{9}+\frac{a+2c}{9}=\frac{a+b+c}{3}$$

不等式得证，等号成立，当且仅当 $a=b=c$.

29. 设 a,b,c,d 是正实数，且满足 $a+b+c+d=4$，证明

$$\frac{a}{1+b^2}+\frac{b}{1+c^2}+\frac{c}{1+d^2}+\frac{d}{1+a^2}\geqslant 2$$

证明 由 AM-GM 不等式，得到

$$\frac{a}{1+b^2}=a-\frac{ab^2}{1+b^2}\geqslant a-\frac{ab^2}{2b}=a-\frac{ab}{2}$$

类似可得

$$\frac{b}{1+c^2}\geqslant b-\frac{bc}{2}$$

$$\frac{c}{1+d^2}\geqslant c-\frac{cd}{2}$$

$$\frac{d}{1+a^2}\geqslant d-\frac{da}{2}$$

这些不等式相加，我们看到，只须证明

$$ab+bc+cd+da\leqslant 4$$

这可由 AM-GM 不等式得到. 实际上

$$ab+bc+cd+da\leqslant\frac{(a+b+c+d)^2}{4}=4$$

等号成立,当且仅当 $a=b=c=d=1$.

30.设 a,b,c 是非负实数,且满足 $a+b+c\geqslant 3$,证明

$$\frac{1}{a^2+b+c}+\frac{1}{a+b^2+c}+\frac{1}{a+b+c^2}\leqslant 1$$

证明 我们很快发现,只须在条件 $a+b+c=3$ 下,证明不等式成立即可.在此条件下,不等式等价于

$$\frac{1}{a^2-a+3}+\frac{1}{b^2-b+3}+\frac{1}{c^2-c+3}\leqslant 1$$

注意到

$$\frac{4-a}{9}-\frac{1}{a^2-a+3}=\frac{(a-1)^2(3-a)}{9(a^2-a+3)}=\frac{(a-1)^2(b+c)}{9(a^2-a+3)}\geqslant 0$$

相加下列不等式,即得所证不等式

$$\frac{1}{a^2-a+3}\leqslant\frac{4-a}{9}$$

$$\frac{1}{b^2-b+3}\leqslant\frac{4-b}{9}$$

$$\frac{1}{c^2-c+3}\leqslant\frac{4-c}{9}$$

等号成立,当且仅当 $a=b=c=1$.

31.(Popa Alexandru, Romania Junior TST 2007) 设 a,b,c 是正实数,且满足 $ab+bc+ca=3$,证明

$$\frac{1}{1+a^2(b+c)}+\frac{1}{1+b^2(c+a)}+\frac{1}{1+c^2(a+b)}\leqslant\frac{1}{abc}$$

证明 应用题设条件 $ab+bc+ca=3$,由 AM-GM 不等式,我们有

$$1=\frac{ab+bc+ca}{3}\geqslant\sqrt[3]{a^2b^2c^2}$$

由此可得,$abc\leqslant 1$,所以

$$1+a^2(b+c)=1+a(3-bc)=1+3a-abc\geqslant 3a$$

类似可得

$$1+3b-abc\geqslant 3b$$

$$1+3c-abc\geqslant 3c$$

综合上述不等式,我们有

$$\sum_{\text{cyc}} \frac{1}{1+3a-abc} \leqslant \frac{1}{3}\left(\frac{1}{a}+\frac{1}{b}+\frac{1}{c}\right)=\frac{ab+bc+ca}{3abc}=\frac{1}{abc}$$

不等式得证.等号成立,当且仅当 $a=b=c=1$.

32.(Pham Huu Duc, Mathematical Reflections) 设 a,b,c 是正实数,证明

$$\frac{a^2}{b}+\frac{b^2}{c}+\frac{c^2}{a}+a+b+c \geqslant \frac{2(a+b+c)^3}{3(ab+bc+ca)}$$

证明 由例 1.1,可见

$$2(a+b+c)^2 \leqslant 3(a^2+b^2+c^2+ab+bc+ca)$$

所以

$$\frac{2(a+b+c)^3}{3(ab+bc+ca)} \leqslant \frac{(a+b+c)(a^2+b^2+c^2+ab+bc+ca)}{ab+bc+ca}$$

$$=\frac{(a+b+c)(a^2+b^2+c^2)}{ab+bc+ca}+a+b+c$$

所以,只须证明

$$\frac{a^2}{b}+\frac{b^2}{c}+\frac{c^2}{a} \geqslant \frac{(a+b+c)(a^2+b^2+c^2)}{ab+bc+ca}$$

由 AM-GM 不等式,有 $\frac{ca^3}{b}+\frac{ab^3}{c} \geqslant 2a^2b$. 这个不等式与通过变量轮换得到的其他两个类似的不等式相加,有

$$\frac{ca^3}{b}+\frac{ab^3}{c}+\frac{bc^3}{a} \geqslant a^2b+b^2c+c^2a$$

在上述不等式的两边同时加上 $a^3+b^3+c^3+ab^2+bc^2+ca^2$,并进行因式分解,我们得到

$$(ab+bc+ca)\left(\frac{a^2}{b}+\frac{b^2}{c}+\frac{c^2}{a}\right) \geqslant (a+b+c)(a^2+b^2+c^2)$$

这等价于所要证明的不等式,等号成立,当且仅当 $a=b=c$.

33.(India 2002) 设 a,b,c 是正实数,证明

$$\frac{a}{b}+\frac{b}{c}+\frac{c}{a} \geqslant \frac{a+b}{b+c}+\frac{b+c}{c+a}+\frac{c+a}{a+b}$$

证明 不等式等价于

$$\left(\frac{a}{b}-\frac{b+c}{c+a}\right)+\left(\frac{b}{c}-\frac{c+a}{a+b}\right)+\left(\frac{c}{a}-\frac{a+b}{b+c}\right) \geqslant 0$$

整理可得

$$\frac{(a-b)(a+b+c)}{b(c+a)}+\frac{(b-c)(a+b+c)}{c(a+b)}+\frac{(c-a)(a+b+c)}{a(b+c)} \geqslant 0$$

不等式两边同时除以 $a+b+c$ 并去分母,我们得到等价不等式

$$ca(a^2-b^2)(b+c)+ab(b^2-c^2)(c+a)+bc(c^2-a^2)(a+b) \geqslant 0$$

这可以化为

$$a^3c^2+b^3a^2+c^3b^2\geqslant ab^2c^2+a^2bc^2+a^2b^2c$$

这个不等式可以由 AM-GM 不等式得到

$$a^3c^2+ab^2c^2\geqslant 2a^2bc^2$$

$$b^3a^2+a^2bc^2\geqslant 2a^2b^2c$$

$$c^3b^2+a^2b^2c\geqslant 2ab^2c^2$$

上述 3 个不等式相加,即得. 等号成立,当且仅当 $a=b=c$.

34. (Titu Andreescu, Mathematical Reflections) 设多项式 $P(x)=x^3+x^2+ax+b$ 的零点全都是负实数,证明

$$4a-9b\leqslant 1$$

证明 设 $x_1,x_2,x_3<0$ 是多项式 P 的根,则

$$P(x)=x^3+x^2+ax+b=(x-x_1)(x-x_2)(x-x_3)$$

应用 Vieta 定理(正好匹配两边的系数),可见

$$x_1+x_2+x_3=-1$$

$$x_1x_2+x_2x_3+x_3x_1=a$$

$$-x_1x_2x_3=b$$

做代换 $-x_1=u,-x_2=v,-x_3=w$,则 u,v,w 是正实数,且满足

$$u+v+w=1$$

$$uv+vw+wu=a$$

$$uvw=b$$

则所证不等式转化为

$$u^3+v^3+w^3+3uvw\geqslant u^2v+uv^2+v^2w+vw^2+w^2u+wu^2$$

这最后的不等式正是 Schur 不等式. 等号成立,当且仅当 $x_1=x_2=x_3=-\frac{1}{3}$,即 $a=\frac{1}{3}$,$b=\frac{1}{27}$.

35. (Phan Thanh Viet) 设 x,y,z 是非负实数,且满足 $x+y+z=3$,证明

$$\sqrt{\frac{x}{1+2yz}}+\sqrt{\frac{y}{1+2zx}}+\sqrt{\frac{z}{1+2xy}}\geqslant\sqrt{3}$$

证明 由 Cauchy-Schwarz 不等式,我们有

$$\sum_{\text{cyc}}\sqrt{\frac{x}{1+2yz}}=\sum_{\text{cyc}}\frac{x^2}{\sqrt{x}\sqrt{x^2+2x^2yz}}$$

$$\geqslant \frac{(x+y+z)^2}{\sqrt{x}\sqrt{x^2+2x^2yz}+\sqrt{y}\sqrt{y^2+2y^2zx}+\sqrt{z}\sqrt{z^2+2z^2xy}}$$

$$\geqslant \frac{(x+y+z)^2}{\sqrt{(x+y+z)[x^2+y^2+z^2+2xyz(x+y+z)]}}$$

所以，只须证明

$$(x+y+z)^3 \geqslant 3(x^2+y^2+z^2)+6xyz(x+y+z)$$

应用题设条件 $x+y+z=3$，这个不等式等价于

$$(x+y+z)^3 \geqslant (x+y+z)(x^2+y^2+z^2)+6xyz(x+y+z)$$

这又可以化为 $3\sum_{cyc}x(y-z)^2 \geqslant 0$，这显然是成立的，当 $(x,y,z)=(1,1,1)$ 或者 $(x,y,z)=(3,0,0)$ 及其轮换，等号成立.

36. 如果 a,b,c 和 x,y,z 都是实数，证明

$$4(a^2+x^2)(b^2+y^2)(c^2+z^2) \geqslant 3(bcx+cay+abz)^2$$

证明 由 Cauchy-Schwarz 不等式，有

$$(a^2+x^2)[(cy+bz)^2+b^2c^2] \geqslant [a(cy+bz)+bcx]^2$$

所以，我们只须证明

$$4(b^2+y^2)(c^2+z^2) \geqslant 3[(cy+bz)^2+b^2c^2]$$

这又等价于一个显然成立的不等式

$$(cy-bz)^2+(bc-2yz)^2 \geqslant 0$$

当 $a,b,c \neq 0$，等号成立，当且仅当 $\frac{x}{a}=\frac{y}{b}=\frac{z}{c}=\frac{\sqrt{2}}{2}$.

37. (Marius Stanean, Mathematical Reflections) 设 x,y,z 是正实数，且满足 $x \leqslant 1$，$y \leqslant 2$ 和 $x+y+z=6$，证明

$$(x+1)(y+1)(z+1) \geqslant 4xyz$$

证法 1 利用题设条件 $x+y+z=6$，则不等式可以改写成

$$3(x+y)(2+xy)+7 \geqslant 19xy+x^2+y^2$$

另外，由条件 $x \leqslant 1, y \leqslant 2$，可见 $(1-x)(2-y) \geqslant 0$，从而 $2+xy \geqslant 2x+y$，$4 \geqslant 2xy$ 以及 $3 \geqslant 3x^2$.

综合上述不等式，由 AM-GM 不等式，我们有

$$\begin{aligned}3(x+y)(2+xy)+7 &\geqslant 3(x+y)(2x+y)+(4+3)\\ &\geqslant 3(x+y)(2x+y)+2xy+3x^2\\ &=(x^2+y^2)+11xy+8\left(x^2+\frac{y^2}{4}\right)\end{aligned}$$

$$\geqslant (x^2+y^2)+11xy+8xy$$
$$=19xy+x^2+y^2$$

等号成立,当且仅当 $x=1,y=2,z=3$. 证毕.

证法 2 由 AM-GM 不等式,有

$$6=x+\left(\frac{y}{2}+\frac{y}{2}\right)+\left(\frac{z}{3}+\frac{z}{3}+\frac{z}{3}\right)\geqslant 6\sqrt[6]{\frac{xy^2z^3}{2^23^3}}\Rightarrow xy^2z^3\leqslant 2^23^3$$

所以

$$(x+1)(y+1)(z+1)=(x+1)\left(y+\frac{1}{2}+\frac{1}{2}\right)\left(z+\frac{1}{3}+\frac{1}{3}+\frac{1}{3}\right)$$
$$\geqslant 2\sqrt{x}\cdot 3\sqrt[3]{\frac{y^2}{4}}\cdot 4\sqrt[4]{\frac{z^3}{27}}$$
$$=24\sqrt[12]{\frac{x^{12}y^{12}z^{12}}{2^83^9x^5y^2xy^2z^3}}\geqslant 4xyz$$

证法 3 注意到$\frac{(x+1)(z+1)}{xz}=1+\frac{x+z+1}{xz}$. 由题设条件 $x+y+z=6$ 有 $x+z=6-y$,因为 $x\leqslant 1$,所以我们也有 $xz\leqslant 5-y$ (对于固定的和 $x+z=6-y$,乘积 xz 随着 x 趋向$\frac{6-y}{2}\geqslant 2$ 而增加,但由于 $x\leqslant 1$,所以最大值在 $x=1$ 和 $z=5-y$ 达到),所以

$$\frac{(x+1)(z+1)}{xz}\geqslant 1+\frac{7-y}{5-y}=\frac{2(6-y)}{5-y}$$

因此(因为 $y\leqslant 2$)

$$\frac{(x+1)(y+1)(z+1)}{xyz}\geqslant\frac{2(y+1)(6-y)}{y(5-y)}=4+\frac{2(2-y)(3-y)}{y(5-y)}\geqslant 4$$

等号成立,当且仅当 $x=1,y=2,z=3$. 证毕.

38. (Titu Andreescu, Mathematical Reflections) 设 a,b,c 是正实数,且满足 $abc=1$,证明

$$\frac{1}{\sqrt{4a^2+a+4}+\frac{3}{2}}+\frac{1}{\sqrt{4b^2+b+4}+\frac{3}{2}}+\frac{1}{\sqrt{4c^2+c+4}+\frac{3}{2}}\leqslant\frac{2}{3}$$

证明 首先,注意到显然的不等式 $7(x-1)^2\geqslant 0$,由此可以得到

$$4x^2+x+4\geqslant\frac{9}{4}(x+1)^2$$

所以

$$\frac{1}{\sqrt{4x^2+x+4}+\frac{3}{2}} \leqslant \frac{1}{\frac{3}{2}(x+1)+\frac{3}{2}} = \frac{2}{3} \cdot \frac{1}{x+2}$$

因此,只须证明

$$\frac{1}{a+2}+\frac{1}{b+2}+\frac{1}{c+2} \leqslant 1$$

不等式两边同时乘以$(a+2)(b+2)(c+2)$,并利用题设条件 $abc=1$,不等式化为

$$ab+bc+ca \geqslant 3$$

这可由 AM-GM 不等式直接得到

$$\frac{ab+bc+ca}{3} \geqslant \sqrt[3]{a^2b^2c^2}=1$$

等号成立,当且仅当 $a=b=c=1$.

39.(Bogdan Enescu, Mathematical Reflections) 设 $a_1,a_2,\cdots,a_n$ 是整数,不全为 0,满足 $a_1+a_2+\cdots+a_n=0$.

证明:存在某些 $k \in \{1,2,\cdots,n\}$,使得$|a_1+2a_2+\cdots+2^{k-1}a_k|>\frac{2^k}{3}$.

证明 假若不然,即对所有的$k \in \{1,2,\cdots,n\}$,有$|a_1+2a_2+\cdots+2^{k-1}a_k| \leqslant \frac{2^k}{3}$.采用归纳法,我们来推出 $a_1=a_2=\cdots=a_n=0$, 这将和题设条件相矛盾.对于基础情况$k=1$,显然可以得到$a_1=0$(因为a_1是整数且$|a_1| \leqslant \frac{2}{3}<1$).假设结论对于$i=1,2,\cdots,k-1$ 为真.可见 $a_1=a_2=\cdots=a_{k-1}=0$,并且

$$\frac{2^k}{3} \geqslant |a_1+2a_2+\cdots+2^{k-1}a_k|=2^{k-1}|a_k|$$

由此可得,$|a_k| \leqslant \frac{2}{3}<1$,由于 a_k 是整数,从而 $a_k=0$.由归纳法可见 $a_1=a_2=\cdots=a_n=0$, 这与题设条件相矛盾,证毕.

40.设 a,b,c 是正实数,且满足 $a+b+c=3$,证明

$$\frac{a^2}{a+2b^3}+\frac{b^2}{b+2c^3}+\frac{c^2}{c+2a^3} \geqslant 1$$

证明 由 AM-GM 不等式,我们有

$$\frac{a^2}{a+2b^3}=a-\frac{2ab^3}{a+2b^3} \geqslant a-\frac{2ab^3}{3\sqrt[3]{ab^6}}=a-\frac{2ba^{\frac{2}{3}}}{3}$$

类似可得

$$\frac{b^2}{b+2c^3} \geqslant b-\frac{2cb^{\frac{2}{3}}}{3}$$

$$\frac{c^2}{c+2a^3} \geqslant c - \frac{2ac^{\frac{2}{3}}}{3}$$

上述不等式相加,我们有

$$\frac{a^2}{a+2b^3}+\frac{b^2}{b+2c^3}+\frac{c^2}{c+2a^3} \geqslant (a+b+c)-\frac{2}{3}(ba^{\frac{2}{3}}+cb^{\frac{2}{3}}+ac^{\frac{2}{3}})$$

所以,只须证明

$$(a+b+c)-\frac{2}{3}(ba^{\frac{2}{3}}+cb^{\frac{2}{3}}+ac^{\frac{2}{3}}) \geqslant 1$$

由题设条件 $a+b+c=3$,上述不等式可以化为

$$ba^{\frac{2}{3}}+cb^{\frac{2}{3}}+ac^{\frac{2}{3}} \leqslant 3$$

由 AM-GM 不等式,我们有

$$\frac{2a+1}{3}=\frac{a+a+1}{3} \geqslant \sqrt[3]{a^2}=a^{\frac{2}{3}}$$

由不等式 $(a+b+c)^2 \geqslant 3(ab+bc+ca)$ (例 1.1),我们推出

$$ba^{\frac{2}{3}}+cb^{\frac{2}{3}}+ac^{\frac{2}{3}} \leqslant \frac{b(2a+1)+c(2b+1)+a(2c+1)}{3}$$

$$=\frac{a+b+c+2(ab+bc+ca)}{3}$$

$$\leqslant \frac{(a+b+c)+\frac{2\cdot(a+b+c)^2}{3}}{3}$$

$$=\frac{3+2\cdot\frac{3^2}{3}}{3}=3$$

这就证明了不等式,等号成立,当且仅当 $a=b=c=1$.

41.(Tran Quoc Anh) 设 a,b,c 是正实数,证明

$$\frac{a^2+b^2+c^2}{ab+bc+ca} \geqslant \frac{ab}{b^2+bc+c^2}+\frac{bc}{c^2+ca+a^2}+\frac{ca}{a^2+ab+b^2}$$

证明 首先,注意到

$$\frac{a^2}{ab+bc+ca}-\frac{ab}{b^2+bc+c^2}=\frac{ca(ca-b^2)}{(b^2+bc+c^2)(ab+bc+ca)}$$

所以,所证不等式等价于 $\sum\limits_{\text{cyc}} \frac{ca(ca-b^2)}{b^2+bc+c^2} \geqslant 0$,即

$$\sum_{\text{cyc}}\left[\frac{ca(ca-b^2)}{b^2+bc+c^2}+ca\right] \geqslant \sum_{\text{cyc}} ca$$

这又等价于

$$\sum_{\text{cyc}} \frac{c^2 a(a+b+c)}{b^2+bc+c^2} \geqslant \sum_{\text{cyc}} ca$$

整理可得

$$\sum_{\text{cyc}} \frac{c^2 a}{b^2+bc+c^2} \geqslant \frac{ab+bc+ca}{a+b+c}$$

由 Cauchy-Schwarz 不等式，有

$$\sum_{\text{cyc}} \frac{c^2 a}{b^2+bc+c^2} = \sum_{\text{cyc}} \frac{c^2 a^2}{a(b^2+bc+c^2)} \geqslant \frac{\left(\sum_{\text{cyc}} ca\right)^2}{\sum_{\text{cyc}} a(b^2+bc+c^2)} = \frac{\sum_{\text{cyc}} ca}{\sum_{\text{cyc}} a}$$

这就证明了不等式，等号成立，当且仅当 $a=b=c$.

42.(Hoang Quoc Viet) 设 a,b,c 是正实数，且满足 $a^2+b^2+c^2=3$，证明

$$\frac{a^3}{2b^2+c^2}+\frac{b^3}{2c^2+a^2}+\frac{c^3}{2a^2+b^2} \geqslant 1$$

证明 应用 Cauchy-Schwarz 不等式，可见

$$\sum_{\text{cyc}} \frac{a^3}{2b^2+c^2} = \sum_{\text{cyc}} \frac{a^4}{2ab^2+ac^2} \geqslant \frac{(a^2+b^2+c^2)^2}{2\sum_{\text{cyc}} ab^2+\sum_{\text{cyc}} ac^2}$$

应用给定的条件 $a^2+b^2+c^2=3$，只须证明

$$a^2 b+b^2 c+c^2 a \leqslant 3$$

$$ab^2+bc^2+ca^2 \leqslant 3$$

由 Cauchy-Schwarz 不等式，有

$$a(ab)+b(bc)+c(ca) \leqslant \sqrt{(a^2+b^2+c^2)\left[(ab)^2+(bc)^2+(ca)^2\right]}$$

由例 1.1，对 $x=a^2, y=b^2, z=c^2$，调用不等式

$$(x+y+z)^2 \geqslant 3(xy+yz+zx)$$

可得

$$(ab)^2+(bc)^2+(ca)^2 \leqslant \frac{(a^2+b^2+c^2)^2}{3}$$

综上所述可见

$$a^2 b+b^2 c+c^2 a \leqslant 3$$

第二个不等式类似可证，等号成立，当且仅当 $a=b=c=1$.

43. 设 a,b,c 是正实数，且满足 $a+b+c=1$，证明

$$\frac{1-2ab}{c}+\frac{1-2bc}{a}+\frac{1-2ca}{b} \geqslant 7$$

证法 1 应用题设条件 $a+b+c=1$，我们可以把不等式的左边改写成如下形式

$$\frac{1-2ab}{c}+\frac{1-2bc}{a}+\frac{1-2ca}{b}=\frac{(a+b+c)^2-2ab}{c}+\frac{(a+b+c)^2-2bc}{a}+\frac{(a+b+c)^2-2ca}{b}$$

$$=\frac{a^2+b^2+c^2+2bc+2ac}{c}+\frac{a^2+b^2+c^2+2ac+2ab}{a}+\frac{a^2+b^2+c^2+2ab+2bc}{b}$$

$$=(a^2+b^2+c^2)\left(\frac{1}{a}+\frac{1}{b}+\frac{1}{c}\right)+4(a+b+c)$$

$$=(a^2+b^2+c^2)\left(\frac{1}{a}+\frac{1}{b}+\frac{1}{c}\right)+4$$

由 QM-AM 不等式,有

$$a^2+b^2+c^2\geqslant\frac{(a+b+c)^2}{3}=\frac{1}{3}$$

由 AM-GM 不等式,有

$$\frac{1}{a}+\frac{1}{b}+\frac{1}{c}\geqslant\frac{9}{a+b+c}=9$$

综合上述不等式,我们推出

$$\frac{1-2ab}{c}+\frac{1-2bc}{a}+\frac{1-2ca}{b}=(a^2+b^2+c^2)\left(\frac{1}{a}+\frac{1}{b}+\frac{1}{c}\right)+4\geqslant\frac{9}{3}+4=7$$

证法 2 由例 1.1,我们有$\frac{1}{3}=\frac{1}{3}(a+b+c)^2\geqslant ab+bc+ca$,所以

$$\frac{2}{3}\left(\frac{1}{a}+\frac{1}{b}+\frac{1}{c}\right)\geqslant 2(ab+bc+ca)\left(\frac{1}{a}+\frac{1}{b}+\frac{1}{c}\right)$$

$$=\frac{2ab}{c}+\frac{2bc}{a}+\frac{2ca}{b}+4(a+b+c)$$

$$=\frac{2ab}{c}+\frac{2bc}{a}+\frac{2ca}{b}+4$$

这个不等式与由 AM-HM 得到的不等式$\frac{1}{3}\left(\frac{1}{a}+\frac{1}{b}+\frac{1}{c}\right)\geqslant\frac{3}{a+b+c}=3$ 相加,得到

$$\frac{1}{a}+\frac{1}{b}+\frac{1}{c}\geqslant\frac{2ab}{c}+\frac{2bc}{a}+\frac{2ca}{b}+7$$

这个不等式显然与所证不等式等价.

44. (Iran 1999) 设 $a_1<a_2<\cdots<a_n$是实数,$n\geqslant 2$ 是整数,证明

$$a_1a_2^4+a_2a_3^4+\cdots+a_na_1^4\geqslant a_2a_1^4+a_3a_2^4+\cdots+a_1a_n^4$$

证明 观察到,只须证明不等式在 $n=3$ 的情况下成立即可. 因为,我们可以采用归

纳法对最大的 n 值来证明.为此,假定不等式当 $n=k$ 时成立,则

$$a_1a_2^4+a_2a_3^4+\cdots+a_ka_1^4\geqslant a_2a_1^4+a_3a_2^4+\cdots+a_1a_k^4$$

因此,当 $n=k+1$ 时,我们来证明

$$a_1a_2^4+a_2a_3^4+\cdots+a_ka_{k+1}^4+a_{k+1}a_1^4\geqslant a_2a_1^4+a_3a_2^4+\cdots+a_{k+1}a_k^4+a_1a_{k+1}^4$$

这只须证明

$$a_ka_{k+1}^4+a_{k+1}a_1^4-a_ka_1^4\geqslant a_{k+1}a_k^4+a_1a_{k+1}^4-a_1a_k^4$$

这正好等价于 $n=3$ 时的情况,此时的3个变量是 a_1,a_k,a_{k+1}.特别的,我们必须证明,对任何 $a<b<c$ 的实数 a,b,c,有

$$ab(b^3-a^3)+bc(c^3-b^3)\geqslant ca(c^3-a^3)$$

这等价于

$$(b^3-a^3)(ab-ac)\geqslant(c^3-b^3)(ac-bc)$$

因为 $a<b<c$,我们用负量 $(b-c)(b-a)$ 除以不等式的两边,得到等价的不等式

$$a(b^2+ab+a^2)\leqslant c(c^2+bc+b^2)$$

最后,这个不等式可以改写成如下形式

$$(c-a)(a^2+b^2+c^2+ab+bc+ca)$$
$$=\frac{1}{2}(c-a)[(a+b)^2+(b+c)^2+(c+a)^2]\geqslant 0$$

这显然是成立的,证毕.

45.(IMO Shortlist 1987) 设 x,y,z 是实数,且满足 $x^2+y^2+z^2=2$,证明

$$x+y+z\leqslant xyz+2$$

证法1 应用 Cauchy-Schwarz 不等式,有

$$x+y+z-xyz=x(1-yz)+y+z\leqslant\sqrt{[x^2+(y+z)^2][1+(1-yz)^2]}$$

因此,只须证明

$$\sqrt{[x^2+(y+z)^2][1+(1-yz)^2]}\leqslant 2$$

这又可以改写成

$$(2+2yz)(2-2yz+(yz)^2)\leqslant 4$$

化简整理,得 $2(yz)^3\leqslant 2(yz)^2$,这由 $2\geqslant y^2+z^2\geqslant 2yz$ 可知,它是成立的.

证法2 我们也可以通过检查变量 x,y,z 的不同取值情况来进行处理.假设 x,y,z 中有一个是负的,不妨说是 x.因此可见

$$2+xyz-x-y-z=(2-y-z)-x(1-yz)\geqslant 0$$

这是因为,由 AM-GM 不等式以及题设条件

$$x^2+y^2+z^2=2$$

我们有

$$y+z\leqslant\sqrt{2(y^2+z^2)}$$

以及

$$yz\leqslant\frac{y^2+z^2}{2}\leqslant 1$$

所以,不失一般性,我们假定 $0<x\leqslant y\leqslant z$. 如果 $z\leqslant 1$, 可见

$$2+xyz-x-y-z=(1-z)(1-xy)+(1-x)(1-y)\geqslant 0$$

另一方面,如果 $z>1$, 则

$$z+(x+y)\leqslant\sqrt{2[z^2+(x+y)^2]}=2\sqrt{1+xy}\leqslant 2+xy\leqslant 2+xyz$$

对所有的情况,我们证明了不等式. 等号成立,当且仅当 $(x,y,z)=(0,1,1)$ 及其轮换.

46. (Romania 2005) 设 a,b,c 是正实数,且满足 $a+b+c=1$,证明

$$\frac{a}{\sqrt{b+c}}+\frac{b}{\sqrt{c+a}}+\frac{c}{\sqrt{a+b}}\geqslant\sqrt{\frac{3}{2}}$$

证明 应用 Cauchy-Schwarz 不等式,我们得到

$$\left(\sum_{\text{cyc}}\frac{a}{\sqrt{b+c}}\right)(a\sqrt{b+c}+b\sqrt{a+c}+c\sqrt{a+b})$$

$$\geqslant\left(\sum_{\text{cyc}}\frac{\sqrt{a}}{\sqrt[4]{b+c}}\sqrt{a}\sqrt[4]{b+c}\right)^2=(a+b+c)^2=1$$

因此可见

$$\sum_{\text{cyc}}\frac{a}{\sqrt{b+c}}\geqslant\frac{1}{a\sqrt{b+c}+b\sqrt{a+c}+c\sqrt{a+b}}$$

所以,只须证明

$$a\sqrt{b+c}+b\sqrt{a+c}+c\sqrt{a+b}\leqslant\sqrt{\frac{2}{3}}$$

应用 Cauchy-Schwarz 不等式以及题设条件 $a+b+c=1$, 有

$$\begin{aligned}a\sqrt{b+c}+b\sqrt{a+c}+c\sqrt{a+b}&=\left(\sum_{\text{cyc}}\sqrt{a}\sqrt{a(b+c)}\right)\\&\leqslant\sqrt{a+b+c}\sqrt{2ab+2bc+2ca}\\&=\sqrt{\frac{2}{3}}\sqrt{3ab+3bc+3ca}\end{aligned}$$

由例 1.1,我们有

$$\sqrt{\frac{2}{3}}\sqrt{3ab+3bc+3ca}\leqslant\sqrt{\frac{2}{3}}\sqrt{(a+b+c)^2}=\sqrt{\frac{2}{3}}$$

这样，我们就证明了不等式，等号成立，当且仅当 $a=b=c=\frac{1}{3}$.

47.(Junior BMO 2002) 设 a,b,c 是正实数，证明

$$\frac{1}{b(a+b)}+\frac{1}{c(b+c)}+\frac{1}{a(c+a)}\geqslant\frac{27}{2(a+b+c)^2}$$

证明 由 AM-GM 不等式，我们有

$$\frac{1}{b(a+b)}+\frac{1}{c(b+c)}+\frac{1}{a(c+a)}\geqslant\frac{3}{XY}$$

其中

$$X=\sqrt[3]{abc},Y=\sqrt[3]{(a+b)(b+c)(c+a)}$$

再次由 AM-GM 不等式，有

$$X\leqslant\frac{a+b+c}{3},Y\leqslant\frac{2a+2b+2c}{3}$$

所以，$\frac{3}{XY}\geqslant\frac{27}{2(a+b+c)^2}$，这就证明了不等式，等号成立，当且仅当 $a=b=c$.

48.(Moldova 2007) 设 $a_1,a_2,\cdots,a_n\in[0,1]$ 以及 $S=a_1^3+a_2^3+\cdots+a_n^3$，证明

$$\frac{a_1}{2n+1+S-a_1^3}+\frac{a_2}{2n+1+S-a_2^3}+\cdots+\frac{a_n}{2n+1+S-a_n^3}\leqslant\frac{1}{3}$$

证明 对于 $1\leqslant i\leqslant n$，由 AM-GM 不等式，有

$$2n+1+S-a_i^3=\sum_{j\neq i}(a_j^3+1+1)+3\geqslant 3\sum_{j\neq i}a_j+3\geqslant 3(a_1+a_2+\cdots+a_n)$$

由此可见

$$\frac{a_i}{2n+1+S-a_i^3}\leqslant\frac{1}{3}\left(\frac{a_i}{a_1+a_2+\cdots+a_n}\right)$$

对于 $i=1,2,\cdots,n$，将这 n 个不等式相加，即得所要证明的不等式. 等号成立，当且仅当 $a_1=a_2=\cdots=a_n=1$.

49.(Romania 2005, Cezar Lupu) 设 a,b,c 是正实数，且满足

$$(a+b)(b+c)(c+a)=1$$

证明

$$ab+bc+ca\leqslant\frac{3}{4}$$

证明 首先，注意到恒等式

$$(a+b)(b+c)(c+a)=(a+b+c)(ab+bc+ca)-abc$$

因此

$$ab+bc+ca=\frac{1+abc}{a+b+c}$$

由 AM-GM 不等式,我们得到

$$1=(a+b)(b+c)(c+a)\geqslant 2\sqrt{ab}\cdot 2\sqrt{bc}\cdot 2\sqrt{ca}=8abc$$

从而

$$abc\leqslant\frac{1}{8}$$

再次由 AM-GM 不等式,我们有

$$\frac{2(a+b+c)}{3}=\frac{(a+b)+(b+c)+(c+a)}{3}\geqslant\sqrt[3]{(a+b)(b+c)(c+a)}=1$$

所以

$$a+b+c\geqslant\frac{3}{2}$$

综合上述不等式,我们推出

$$ab+bc+ca=\frac{1+abc}{a+b+c}\leqslant\frac{1+\frac{1}{8}}{\frac{3}{2}}=\frac{3}{4}$$

等号成立,当且仅当 $a=b=c=\frac{1}{2}$.

50.(Romania 1997) 设 a,b,c 是正实数,且满足 $abc=1$,证明

$$\frac{a^3+b^3}{a^2+ab+b^2}+\frac{b^3+c^3}{b^2+bc+c^2}+\frac{c^3+a^3}{c^2+ca+a^2}\geqslant 2$$

证明 首先观察到,对所有的正实数 a 和 b ,有

$$a^3+b^3=(a+b)(a^2-ab+b^2)\geqslant ab(a+b)$$

因为这可以化为 $(a-b)^2\geqslant 0$.应用这个结果,我们可以得出

$$\frac{a^3+b^3}{a^2+ab+b^2}=\frac{a^3+b^3+2(a^3+b^3)}{3(a^2+ab+b^2)}\geqslant\frac{a^3+b^3+2ab(a+b)}{3(a^2+ab+b^2)}$$

$$=\frac{(a+b)(a^2+ab+b^2)}{3(a^2+ab+b^2)}=\frac{a+b}{3}$$

类似可得

$$\frac{b^3+c^3}{b^2+bc+c^2}\geqslant\frac{b+c}{3}$$

$$\frac{c^3+a^3}{c^2+ca+a^2}\geqslant\frac{c+a}{3}$$

上述 3 个不等式相加并应用 AM-GM 不等式,有

$$\frac{a^3+b^3}{a^2+ab+b^2}+\frac{b^3+c^3}{b^2+bc+c^2}+\frac{c^3+a^3}{c^2+ca+a^2}\geqslant\frac{a+b}{3}+\frac{b+c}{3}+\frac{c+a}{3}$$

$$=\frac{2(a+b+c)}{3}$$

$$\geqslant\frac{2\cdot 3\sqrt[3]{abc}}{3}=2$$

等号成立，当且仅当 $a=b=c=1$.

51. 设 a,b,c 是正实数，且满足 $a+b+c=\sqrt{abc}$，证明

$$ab+bc+ca\geqslant 9(a+b+c)$$

证明 应用 AM-GM 不等式以及题设条件，我们有

$$\sqrt{abc}=a+b+c\geqslant 3\sqrt[3]{abc}$$

两边 6 次乘方，有 $abc\geqslant 3^6$，由此我们推出

$$a+b+c=\sqrt{abc}\geqslant\sqrt{3^6}=3^3$$

对表达式 ab,bc,ca 再次应用 AM-GM 不等式，有

$$ab+bc+ca\geqslant 3\sqrt[3]{(abc)^2}$$

综合上述不等式，我们有

$$(ab+bc+ca)^3\geqslant 3^3(abc)^2=3^3(a+b+c)^4\geqslant 3^6(a+b+c)^3$$

上面的不等式两边取三次方根，即得所证不等式，等号成立，当且仅当 $a=b=c=9$.

52. (Canada 2008) 设 a,b,c 是正实数，且满足 $a+b+c=1$，证明

$$\frac{a-bc}{a+bc}+\frac{b-ca}{b+ca}+\frac{c-ab}{c+ab}\leqslant\frac{3}{2}$$

证明 使用给定的条件 $a+b+c=1$，有

$$1-\frac{a-bc}{a+bc}=\frac{2bc}{1-b-c+bc}=\frac{2bc}{(1-b)(1-c)}=\frac{2bc}{(c+a)(a+b)}$$

从而

$$\frac{a-bc}{a+bc}=1-\frac{2bc}{(c+a)(a+b)}$$

类似可得

$$\frac{b-ca}{b+ca}=1-\frac{2ca}{(c+b)(b+a)}$$

$$\frac{c-ab}{c+ab}=1-\frac{2ab}{(b+c)(c+a)}$$

应用这些恒等式，只须证明

$$1-\frac{2bc}{(c+a)(a+b)}+1-\frac{2ca}{(c+b)(b+a)}+1-\frac{2ab}{(b+c)(c+a)}\leqslant\frac{3}{2}$$

或者

$$\frac{2bc}{(c+a)(a+b)}+\frac{2ca}{(c+b)(b+a)}+\frac{2ab}{(b+c)(c+a)}\geqslant\frac{3}{2}$$

去分母并展开,这个不等式等价于

$$4[bc(b+c)+ca(c+a)+ab(a+b)]\geqslant 3(a+b)(b+c)(c+a)$$

整理得
$$ab+bc+ca\geqslant 9abc$$

这可以改写成

$$\frac{1}{a}+\frac{1}{b}+\frac{1}{c}\geqslant 9$$

使用 AM-HM 不等式以及题设条件 $a+b+c=1$,我们得到

$$\frac{1}{a}+\frac{1}{b}+\frac{1}{c}\geqslant\frac{9}{a+b+c}=9$$

这就证明了不等式,等号成立,当且仅当 $a=b=c=\frac{1}{3}$.

53.(Titu Andreescu, Mathematical Reflections) 设 a,b,c 是正实数,且满足

$$a^3+b^3+c^3+abc=\frac{1}{3}$$

证明

$$abc+9\left(\frac{a^5}{4b^2+bc+4c^2}+\frac{b^5}{4c^2+ca+4a^2}+\frac{c^5}{4a^2+ab+4b^2}\right)$$
$$\geqslant\frac{1}{4(a+b+c)(ab+bc+ca)}$$

证明 用 A 表示不等式左边的表达式.注意到

$$4(a+b+c)(ab+bc+ca)=9abc+a(4b^2+bc+4c^2)+b(4c^2+ca+4a^2)+c(4a^2+ab+4b^2)$$

应用 Cauchy-Schwarz 不等式,我们得到

$$4(a+b+c)(ab+bc+ca)\cdot A\geqslant(3abc+3a^3+3b^3+3c^3)^2=1$$

这就证明了不等式,等号成立,当且仅当 $a=b=c=\frac{1}{\sqrt[3]{12}}$.

54.(Titu Andreescu, Mathematical Reflections) 求所有正实数三元组(x,y,z),使其同时满足下列不等式

$$x+y+z-2xyz\leqslant 1 \text{ 和 } xy+yz+zx+\frac{1}{xyz}\leqslant 4$$

解 应用 AM-HM 不等式以及题设的第一个不等式,我们有

$$\frac{9xyz}{xy+yz+zx}\leqslant x+y+z\leqslant 1+2xyz$$

因此可见

$$\frac{9xyz}{2xyz+1} \leqslant xy+yz+zx$$

综合上述不等式以及题设的第二个不等式，我们得到

$$\frac{9xyz}{2xyz+1}+\frac{1}{xyz} \leqslant 4$$

设 $t=xyz>0$ ，上述不等式去分母，可得 $9t^2+2t+1 \leqslant 4t(2t+1)$ ，这又可以化为 $(t-1)^2 \leqslant 0$，可见 $t=1$，因为实数的平方都是非负的. 这样，题设的第一个不等式，可以写成

$$x+y+z \leqslant 3xyz$$

另一方面，由 AM-GM 不等式，有 $3xyz \leqslant x+y+z$，这样一来，$x+y+z=3xyz$. 当且仅当 $x=y=z=1$ 时，等号成立，所以，满足题设条件的三元组只有 $(1,1,1)$.

10 高级问题的解答

1.(Mathematical Reflections, Arkady Alt) 设 a 和 b 是正实数,证明

$$\sqrt[3]{\frac{(a+b)(a^2+b^2)}{4}} \geqslant \sqrt{\frac{a^2+ab+b^2}{3}}$$

证明 不等式两边同时 6 次乘方,我们来证明

$$\left[\frac{(a+b)(a^2+b^2)}{4}\right]^2 \geqslant \left(\frac{a^2+ab+b^2}{3}\right)^3$$

这等价于

$$\frac{(a+b)^2(a^2+b^2)^2}{16} - \frac{(a^2+ab+b^2)^3}{27} \geqslant 0$$

去分母,不等式可以改写成

$$27\left[(a-b)^2+4ab\right]\left[(a-b)^2+2ab\right]^2-16\left[(a-b)^2+3ab\right]^3 \geqslant 0$$

令 $(a-b)^2=x \geqslant 0, ab=y>0$. 我们来证明

$$27(x+4y)(x+2y)^2-16(x+3y)^3 \geqslant 0$$

这等价于

$$x(11x^2+72xy+108y^2) \geqslant 0$$

因为 $x, y \geqslant 0$,上面的不等式显然为真. 等号成立,当且仅当 $x=0$, 即 $a=b$.

2.(Titu Andreescu, IMO 2000) 设 a,b,c 是正实数,且满足 $abc=1$,证明

$$\left(a-1+\frac{1}{b}\right)\left(b-1+\frac{1}{c}\right)\left(c-1+\frac{1}{a}\right) \leqslant 1$$

证明 利用给定的条件 $abc=1$, 我们做变换 $a=\frac{x}{y}, b=\frac{y}{z}, c=\frac{z}{x}$,其中 x,y,z 是正实数,则所证不等式可以改写成

$$\left(\frac{x}{y}-1+\frac{z}{y}\right)\left(\frac{y}{z}-1+\frac{x}{z}\right)\left(\frac{z}{x}-1+\frac{y}{x}\right) \leqslant 1$$

即

$$(x+y-z)(z+x-y)(y+z-x) \leqslant xyz$$

这由 Schur 不等式可得,等号成立,当且仅当 $x=y=z$, 即 $a=b=c=1$.

3.(Ngugen Van Thach) 设 a,b,c 是正实数,且满足 $ab+bc+ca=\frac{1}{3}$,证明

$$\frac{a}{a^2-bc+1}+\frac{b}{b^2-ca+1}+\frac{c}{c^2-ab+1}\geqslant\frac{1}{a+b+c}$$

证明 令 A 表示这个不等式的左边，由 Cauchy-Schwarz 不等式，我们有

$$A=\frac{a^2}{a^3-abc+a}+\frac{b^2}{b^3-abc+b}+\frac{c^2}{c^3-abc+c}\geqslant\frac{(a+b+c)^2}{a^3+b^3+c^3+a+b+c-3abc}$$

观察到 $a^3+b^3+c^3-3abc$ 可以因式分解，这是一个经典的恒等式. 实际上，考虑3个根为 a,b,c 的三次多项式

$$P(x)=(x-a)(x-b)(x-c)=x^3-(a+b+c)x^2+(ab+bc+ca)x-abc$$

因为 a,b,c 是 $P(x)$ 的根，所以

$$P(a)=P(b)=P(c)=0$$

于是

$$a^3-(a+b+c)a^2+(ab+bc+ca)a-abc=0$$

$$b^3-(a+b+c)b^2+(ab+bc+ca)b-abc=0$$

$$c^3-(a+b+c)c^2+(ab+bc+ca)c-abc=0$$

上述 3 个等式相加并利用题设条件

$$ab+bc+ca=\frac{1}{3}$$

我们得到

$$\begin{aligned}a^3+b^3+c^3-3abc&=(a+b+c)(a^2+b^2+c^2)-(ab+bc+ca)(a+b+c)\\&=(a+b+c)(a^2+b^2+c^2-ab-bc-ca)\\&=(a+b+c)\left(a^2+b^2+c^2-\frac{1}{3}\right)\end{aligned}$$

综合上述结果，我们有

$$A\geqslant\frac{(a+b+c)^2}{a^3+b^3+c^3+a+b+c-3abc}=\frac{(a+b+c)^2}{(a+b+c)\left(a^2+b^2+c^2+1-\frac{1}{3}\right)}$$

$$=\frac{a+b+c}{a^2+b^2+c^2+\frac{2}{3}}=\frac{a+b+c}{a^2+b^2+c^2+2(ab+bc+ca)}=\frac{1}{a+b+c}$$

这就证明了不等式，等号成立，当且仅当 $a=b=c=\frac{1}{3}$.

4.(Pham Kim Hung) 设 a,b,c 是正实数，且满足 $a+b+c=3$ ，证明

$$(a^2-ab+b^2)(b^2-bc+c^2)(c^2-ca+a^2)\leqslant 12$$

证明 不失一般性，假设 $a\geqslant b\geqslant c\geqslant 0$，则

$$0\leqslant b^2-bc+c^2\leqslant b^2$$

$$0\leqslant c^2-ca+a^2\leqslant a^2$$

综合上述结果,有

$$(b^2-bc+c^2)(c^2-ca+a^2)\leqslant a^2b^2$$

所以

$$(a^2-ab+b^2)(b^2-bc+c^2)(c^2-ca+a^2)\leqslant a^2b^2(a^2-ab+b^2)$$

由AM-GM不等式,有

$$\begin{aligned}a^2b^2(a^2-ab+b^2)&=\frac{4}{9}\cdot\frac{3ab}{2}\cdot\frac{3ab}{2}\cdot(a^2-ab+b^2)\\&\leqslant\frac{4}{9}\cdot\left[\frac{1}{3}\left(\frac{3ab}{2}+\frac{3ab}{2}+(a^2-ab+b^2)\right)\right]^3\\&=\frac{4}{9}\left[\frac{(a+b)^2}{3}\right]^3\leqslant\frac{4}{9}\left[\frac{(a+b+c)^2}{3}\right]^3\\&=\frac{4}{9}\left(\frac{3^2}{3}\right)^3=12\end{aligned}$$

当 $c=0$ 以及 $\frac{3ab}{2}=a^2-ab+b^2$,即 $c=0$ 以及 $(2a-b)(a-2b)=0$ 时,等号成立.所以,等号成立,当且仅当 $(a,b,c)=(1,2,0)$ 及其轮换.

5.(Russia 2002)设 a,b,c,x,y,z 是正实数,且满足 $a+x=b+y=c+z=1$,证明

$$(abc+xyz)\left(\frac{1}{ay}+\frac{1}{bz}+\frac{1}{cx}\right)\geqslant 3$$

证明 首先,注意到

$$abc+xyz=abc+(1-a)(1-b)(1-c)=(1-b)(1-c)+ac+ab-a$$

所以

$$\frac{abc+xyz}{a(1-b)}=\frac{1-c}{a}+\frac{c}{1-b}-1$$

综合上述结果以及通过变量轮换得到的其他两个类似的恒等式,并由AM-GM不等式,我们有

$$\begin{aligned}(abc+xyz)\left(\frac{1}{ay}+\frac{1}{bz}+\frac{1}{cx}\right)&=\frac{a}{1-c}+\frac{b}{1-a}+\frac{c}{1-b}+\frac{1-c}{a}+\frac{1-b}{c}+\frac{1-a}{b}-3\\&\geqslant 6-3=3\end{aligned}$$

这就证明了不等式,等号成立,当且仅当 $a=b=c=x=y=z=\frac{1}{2}$.

6.(Tuan Le, Mathematical Reflections)设 $a_1,a_2,\cdots,a_n$ 是正实数,且满足

$$\sum_{i=1}^{n}\frac{1}{a_i^2+1}=n-1$$

证明

$$\sum_{1\leqslant i<j\leqslant n} a_i a_j \leqslant \frac{n}{2}$$

证明 应用 Cauchy-Schwarz 不等式以及给定的条件,可见

$$1=\sum_{i=1}^{n}\frac{a_i^2}{a_i^2+1}\geqslant\frac{\left(\sum_{i=1}^{n}a_i\right)^2}{n+\sum_{i=1}^{n}a_i^2}$$

因此

$$\left(\sum_{i=1}^{n}a_i\right)^2-\sum_{i=1}^{n}a_i^2\leqslant n$$

另一方面

$$2\sum_{1\leqslant i<j\leqslant n}a_ia_j=\left(\sum_{i=1}^{n}a_i\right)^2-\sum_{i=1}^{n}a_i^2$$

综合上述结果,我们推出

$$\sum_{1\leqslant i<j\leqslant n} a_i a_j \leqslant \frac{n}{2}$$

等号成立,当且仅当 $a_1=a_2=\cdots=a_n=\frac{1}{\sqrt{n-1}}$.

7.(Mihai Piticari, Dan Popescu) 设 a,b,c 是正实数,且满足 $a+b+c=1$,证明

$$5(a^2+b^2+c^2)\leqslant 6(a^3+b^3+c^3)+1$$

证明 因为 $a+b+c=1$,所以

$$a^3+b^3+c^3=3abc+a^2+b^2+c^2-ab-bc-ca$$

因此,只须证明

$$5(a^2+b^2+c^2)\leqslant 18abc+6(a^2+b^2+c^2)-6(ab+bc+ca)+1$$

这等价于

$$4(ab+bc+ca)\leqslant 1+9abc$$

经因式分解之后,不等式等价于

$$(1-2a)(1-2b)(1-2c)\leqslant abc$$

利用题设条件 $a+b+c=1$,这又可以改写成

$$(b+c-a)(c+a-b)(a+b-c)\leqslant abc$$

这最后的不等式等价于 Schur 不等式,等号成立,当且仅当 $a=b=c=\frac{1}{3}$.

8.设 a,b,c 是非负实数,证明

$$\frac{a^3}{b^2-bc+c^2}+\frac{b^3}{c^2-ca+a^2}+\frac{c^3}{a^2-ab+b^2}\geqslant a+b+c$$

证明 因为 $\frac{b^3+c^3}{b^2-bc+c^2}=b+c$, 所以,给定的不等式等价于

$$(a^3+b^3+c^3)\left(\frac{1}{b^2-bc+c^2}+\frac{1}{c^2-ca+a^2}+\frac{1}{a^2-ab+b^2}\right)\geqslant 3(a+b+c)$$

由 Cauchy-Schwarz 不等式,有

$$\frac{1}{b^2-bc+c^2}+\frac{1}{c^2-ca+a^2}+\frac{1}{a^2-ab+b^2}\geqslant\frac{9}{2(a^2+b^2+c^2)-(ab+bc+ca)}$$

所以,只须证明

$$3(a^3+b^3+c^3)\geqslant(a+b+c)\left[2(a^2+b^2+c^2)-(ab+bc+ca)\right]$$

整理可得

$$a^3+b^3+c^3+3abc\geqslant a^2b+ab^2+b^2c+bc^2+c^2a+ca^2$$

这正是 Schur 不等式,等号成立,当且仅当 $a=b=c$.

9.(Bulgarian MO 1998) 设 a,b,c 是正实数,且满足 $abc=1$,证明

$$\frac{1}{1+a+b}+\frac{1}{1+b+c}+\frac{1}{1+c+a}\leqslant\frac{1}{2+a}+\frac{1}{2+b}+\frac{1}{2+c}$$

证明 令 $x=a+b+c,y=ab+bc+ca$. 简单的计算之后,我们有

$$\sum_{\text{cyc}}\frac{1}{1+b+c}=\sum_{\text{cyc}}\frac{1}{x+1-a}=\frac{x^2+4x+3+y}{x^2+2x+xy+y}$$

$$\sum_{\text{cyc}}\frac{1}{2+a}=\frac{12+4x+y}{9+4x+2y}$$

因此,只须证明

$$\frac{x^2+4x+3+y}{x^2+2x+xy+y}\leqslant\frac{12+4x+y}{9+4x+2y}$$

这等价于

$$(3y-5)x^2+(x-1)y^2+6xy\geqslant 24x+3y+27$$

因为 $abc=1$,由 AM-GM 不等式,可得 $x\geqslant 3,y\geqslant 3$. 用 A 表示不等式左边的表达式,所以

$$\begin{aligned}A&\geqslant 4x^2+2y^2+6xy\geqslant 12x+6(y-1)x+6x+2y^2\\&\geqslant 24x+3y+(y^2+6x)\geqslant 24x+3y+7\end{aligned}$$

当 $x=y=3$,即 $a=b=c=1$ 时,等号成立.

10.(Tran Tuan Anh) 设 $x_1,x_2,\cdots,x_n$ 是正实数,且满足 $x_1^2+x_2^2+\cdots+x_n^2=n$,证明

$$\frac{1}{2}\left(\sum_{i=1}^{n}x_i+\sum_{i=1}^{n}\frac{1}{x_i}\right)\geqslant n-1+\frac{n}{\sum\limits_{i=1}^{n}x_i}$$

证明 注意到

$$x_i+\frac{1}{x_i}=2+\frac{(x_i-1)^2}{x_i}\geqslant 2+\frac{(x_i-1)^2}{x_1+x_2+\cdots+x_n}$$

对 $i=1,2,\cdots,n$,将这 n 个不等式相加,并利用给定的条件 $\sum\limits_{i=1}^{n}x_i^2=n$, 可得

$$\begin{aligned}\sum_{i=1}^{n}x_i+\sum_{i=1}^{n}\frac{1}{x_i}=\sum_{i=1}^{n}\left(x_i+\frac{1}{x_i}\right)&\geqslant 2n+\frac{\sum\limits_{i=1}^{n}(x_i-1)^2}{\sum\limits_{i=1}^{n}x_i}\\&=2n+\frac{\sum\limits_{i=1}^{n}x_i^2-2\sum\limits_{i=1}^{n}x_i+n}{\sum\limits_{i=1}^{n}x_i}\\&=2n-2+\frac{2n}{\sum\limits_{i=1}^{n}x_i}\end{aligned}$$

这就证明了不等式,等号成立,当且仅当 $x_1=x_2=\cdots=x_n=1$.

11. 设 a,b,c,d,e 是正实数,且满足 $a+b+c+d+e=5$,证明

$$abc+bcd+cde+dea+eab\leqslant 5$$

证明 不失一般性,我们可以假设 $e=\min\{a,b,c,d,e\}$.

对不等式左边的项重新组合,并应用 AM-GM 不等式,我们有

$$\begin{aligned}abc+bcd+cde+dea+eab&=e(a+c)(b+d)+bc(a+d-e)\\&\leqslant e\left(\frac{a+c+b+d}{2}\right)^2+\left(\frac{b+c+a+d-e}{3}\right)^3\\&=\frac{e(5-e)^2}{4}+\frac{(5-2e)^2}{27}\end{aligned}$$

其中,这最后的不等式,我们应用了条件 $a+b+c+d+e=5$. 所以,只须证明

$$\frac{e(5-e)^2}{4}+\frac{(5-2e)^2}{27}\leqslant 5$$

这可化为显然的结果 $(e-1)^2(e+8)\geqslant 0$. 等号成立,当且仅当 $a=b=c=d=e=1$.

12. (Gabriel Dospinescu) 设 $a_1,a_2,\cdots,a_n$ 是正实数,且满足 $a_1a_2\cdots a_n=1$,证明

$$\sqrt{1+a_1^2}+\sqrt{1+a_2^2}+\cdots+\sqrt{1+a_n^2}\leqslant\sqrt{2}(a_1+a_2+\cdots+a_n)$$

证明 由显然成立的不等式

$$(\sqrt{x}-1)^4\geqslant 0\quad(x\geqslant 0)$$

我们有

$$\frac{1+x^2}{2}\leqslant(x-\sqrt{x}+1)^2$$

所以

$$\sqrt{1+x^2}\leqslant\sqrt{2}(x-\sqrt{x}+1)$$

由 AM-GM 不等式,我们有

$$\sum_{i=1}^{n}\sqrt{a_i}\geqslant n$$

综合上述结果,我们推出

$$\sum_{i=1}^{n}\sqrt{1+a_i^2}\leqslant\sqrt{2}\sum_{i=1}^{n}a_i+\sqrt{2}(n-\sum_{i=1}^{n}\sqrt{a_i})\leqslant\sqrt{2}(\sum_{i=1}^{n}a_i)$$

这就证明了不等式,等号成立,当且仅当 $a_1=a_2=\cdots=a_n$.

13.(IMO Shortlist 1996) 设 a,b,c 是正实数,且满足 $abc=1$,证明

$$\frac{ab}{a^5+ab+b^5}+\frac{bc}{b^5+bc+c^5}+\frac{ca}{c^5+ca+a^5}\leqslant 1$$

证明 首先注意到

$$a^4-a^3b-ab^3+b^4=(a-b)(a^3-b^3)\geqslant 0$$

所以

$$a^5+b^5=(a+b)(a^4-a^3b+a^2b^2-ab^3+b^4)\geqslant(a+b)a^2b^2$$

利用题设条件 $abc=1$, 我们推出

$$\frac{ab}{a^5+ab+b^5}\leqslant\frac{ab}{(a+b)a^2b^2+ab}=\frac{abc^2}{(a+b)a^2b^2c^2+abc^2}=\frac{c}{a+b+c}$$

这个不等式与通过变量轮换得到的其他两个类似的不等式相加,我们有

$$\frac{ab}{a^5+ab+b^5}+\frac{bc}{b^5+bc+c^5}+\frac{ca}{c^5+ca+a^5}\leqslant\frac{a+b+c}{a+b+c}=1$$

等号成立,当且仅当 $a=b=c=1$.

14.(Titu Andreescu, Mathematical Reflections) 设 a,b,c 是正实数,且满足 $abc=1$,证明

$$\frac{a+b+1}{a+b^2+c^3}+\frac{b+c+1}{b+c^2+a^3}+\frac{c+a+1}{c+a^2+b^3}\leqslant\frac{(a+1)(b+1)(c+1)+1}{a+b+c}$$

证明 应用 Cauchy-Schwarz 不等式以及题设条件 $abc=1$,我们有

$$(a+b^2+c^3)(a+1+ab)\geqslant(a+b+c)^2$$

所以

$$\frac{1}{a+b^2+c^3}\leqslant\frac{1+a+ab}{(a+b+c)^2}$$

因此

$$\frac{a+b+1}{a+b^2+c^3} \leqslant \frac{(a+b+1)(1+a+ab)}{(a+b+c)^2}$$

类似可得

$$\frac{b+c+1}{b+c^2+a^3} \leqslant \frac{(b+c+1)(1+b+bc)}{(a+b+c)^2}$$

$$\frac{c+a+1}{c+a^2+b^3} \leqslant \frac{(c+a+1)(1+c+ca)}{(a+b+c)^2}$$

我们来证明下面这个恒等式,从而完成不等式的证明

$$\sum_{\text{cyc}} \frac{(a+b+1)(1+a+ab)}{(a+b+c)^2} = \frac{(a+1)(b+1)(c+1)+1}{a+b+c}$$

注意到

$$1+a+ab = a+ab+abc = a(1+b+bc)$$

所以

$$\frac{(a+b+1)(1+a+ab)}{(a+b+c)^2} = \frac{(a+b)(1+a+ab)+a(1+b+bc)}{(a+b+c)^2}$$

这个恒等式与其他两个类似的恒等式相加,我们有

$$\sum_{\text{cyc}} \frac{(a+b+1)(1+a+ab)}{(a+b+c)^2} = \frac{\sum_{\text{cyc}}(1+a+ab)}{a+b+c}$$

重新调整这最后的表达式的分子为如下形式

$$\begin{aligned}\sum_{\text{cyc}}(1+a+ab) &= 3+a+b+c+ab+bc+ca = 2+a+b+c+ab+bc+ca+abc \\ &= (a+1)(b+1)(c+1)+1\end{aligned}$$

证毕.

15.(Mathematical Reflections, Arkady Alt) 设 $x_1, x_2, \cdots, x_n$ 是正实数,证明

$$\left(\frac{x_1+x_2+\cdots+x_n}{n}\right)^n \geqslant \left(\sqrt[n]{x_1x_2\cdots x_n}\right)^{n-1}\sqrt{\frac{x_1^2+x_2^2+\cdots+x_n^2}{n}}$$

证明 由于不等式是齐次的,我们可以添加条件 $x_1x_2\cdots x_n=1$. 设

$$S = x_1^2+x_2^2+\cdots+x_n^2$$

则只须证明

$$(x_1+x_2+\cdots+x_n)^{2n} \geqslant n^{2n-1}S$$

由 AM-GM 不等式,有

$$(x_1+x_2+\cdots+x_n)^2 = S+2\sum_{1\leqslant i<j\leqslant 1} x_ix_j \geqslant S+2\cdot\frac{n(n-1)}{2}\left[(x_1x_2\cdots x_n)^{n-1}\right]^{\frac{2}{n(n-1)}}$$

$$=S+n(n-1)$$

因此,只须证明

$$[S+n(n-1)]^n \geqslant n^{2n-1}S$$

再次应用AM-GM不等式,有

$$S+n(n-1)=S+n+n+\cdots+n \geqslant n\,(Sn^{n-1})^{\frac{1}{n}}$$

所以

$$[S+n(n-1)]^n \geqslant n^n S n^{n-1}=n^{2n-1}S$$

证毕.

16. 设 a,b,c 是正实数,且满足 $a+b+c=3$,证明

$$abc+\frac{12}{ab+bc+ca} \geqslant 5$$

证明 由三次Schur不等式,我们有

$$(a+b+c)^3+9abc \geqslant 4(a+b+c)(ab+bc+ca)$$

注意到 $a+b+c=3$, 可见

$$3abc \geqslant 4(ab+bc+ca)-9$$

所以,只须证明

$$4(ab+bc+ca)-9+\frac{36}{ab+bc+ca} \geqslant 15$$

但这可以改写成明显成立的不等式

$$(ab+bc+ca-3)^2 \geqslant 0$$

等号成立,当且仅当 $a=1,b=1,c=1$.

17. (Samin Riasat, Mathematical Reflections) 设 $a_1,a_2,\cdots,a_n \in [0,1]$,并且 λ 是实数,满足 $a_1+a_2+\cdots+a_n=n+1-\lambda$,对 $(a_1,a_2,\cdots,a_n)$ 的任意排列 $(b_1,b_2,\cdots,b_n)$,证明

$$a_1b_1+a_2b_2+\cdots+a_nb_n \geqslant n-2(\lambda-1)$$

证明 首先注意,因为 $a_i \in [0,1]$,$i=1,2,\cdots,n$

$$\sum_{i=1}^{n}(1-a_i)=\sum_{i=1}^{n}(1-b_i)=n-(n+1-\lambda)=\lambda-1 \geqslant 0$$

所以,$\lambda \geqslant 1$,并且

$$a_1b_1+a_2b_2+\cdots+a_nb_n=n-\sum_{i=1}^{n}(1-a_i)-\sum_{i=1}^{n}(1-b_i)+\sum_{i=1}^{n}(1-a_i)(1-b_i)$$

$$=n-2(\lambda-1)+\sum_{i=1}^{n}(1-a_i)(1-b_i)$$

$$\geqslant n-2(\lambda-1)$$

等号成立,当且仅当,对每一个 i 或者 $a_i=1$ 或者 $b_i=1$.

18. (Ukraine 1999) 设 $x_1,x_2,\cdots,x_6$是区间$[0,1]$内的实数,证明

$$\frac{x_1^3}{x_2^5+x_3^5+x_4^5+x_5^5+x_6^5+5}+\cdots+\frac{x_6^3}{x_1^5+x_2^5+x_3^5+x_4^5+x_5^5+5}\leqslant\frac{3}{5}$$

证明 首先,注意到

$$x_2^5+x_3^5+x_4^5+x_5^5+x_6^5+5\geqslant x_1^5+x_2^5+x_3^5+x_4^5+x_5^5+x_6^5+4$$

也注意到,通过变量轮换得到的其他类似的不等式,综合这些结果可知,只须证明

$$\frac{3}{5}\geqslant\sum_{i=1}^{6}\frac{x_i^3}{\sum_{i=1}^{6}x_i^5+4}=\frac{\sum_{i=1}^{6}x_i^3}{\sum_{i=1}^{6}x_i^5+4}$$

由 AM-GM 不等式,得到

$$3x^5+2=x^5+x^5+x^5+1+1\geqslant5\sqrt[5]{x^{15}}=5x^3$$

所以

$$3\left(\sum_{i=1}^{6}x_i^5+4\right)=\sum_{i=1}^{6}(3x_i^5+2)\geqslant5\sum_{i=1}^{6}x_i^3$$

这就证明了不等式,等号成立,当且仅当 $x_1=x_2=\cdots=x_6=1$.

19. (Leningrad Mathematical Olympiad, 1988) 设 $x_1,x_2,\cdots,x_6$是区间$[0,1]$ 内的实数,证明

$$(x_1-x_2)(x_2-x_3)(x_3-x_4)(x_4-x_5)(x_5-x_6)(x_6-x_1)\leqslant\frac{1}{16}$$

证明 设 $y_i=x_i-x_{i+1}$(为方便起见,令 $x_7=x_1$),则

$$y_1+y_2+\cdots+y_6=0 \tag{1}$$

并且

$$-1\leqslant y_i\leqslant1 \tag{2}$$

我们来证明

$$y_1y_2\cdots y_6\leqslant\frac{1}{16} \tag{3}$$

注意到,如果某些 y_i 是 0 或者负 y_i 的个数是奇数个,则式(3) 是显然成立的. 这样一来,我们可以假设负的 y_i 的个数是偶数个. 由式(1) 可知,这个数是 2 或 4.

也注意到,我们用 $-y_i$ 交换 y_i,问题是不变的. 所以,不失一般性,我们可以假设 y_i有两个是负的,不妨说是 y_1和 y_2,则

$$0<y_1y_2\leqslant1,0<-(y_1+y_2)\leqslant2$$

由 AM-GM 不等式,有

$$P=y_1y_2y_3y_4y_5y_6\leqslant y_3y_4y_5y_6\leqslant\left(\frac{y_3+y_4+y_5+y_6}{4}\right)^4$$

所以

$$P\leqslant\left(\frac{-y_1-y_2}{4}\right)^4\leqslant\left(\frac{1}{2}\right)^4=\frac{1}{16}$$

当 $y_1=y_2=-1,y_3=y_4=y_5=y_6=\frac{1}{2}$ 及其轮换,等号成立.对于 x_i,我们可以选择,比如说

$$x_1=0,x_2=1,x_3=\frac{1}{2},x_4=0,x_5=1,x_6=\frac{1}{2}$$

20.(MOP 2001) 设 a,b,c 是正实数,且满足 $abc=1$,证明

$$(a+b)(b+c)(c+a)\geqslant 4(a+b+c-1)$$

证明 首先,注意到恒等式

$$(a+b)(b+c)(c+a)=(a+b+c)(ab+bc+ca)-1$$

应用这个恒等式,所证不等式可以化为

$$ab+bc+ca+\frac{3}{a+b+c}\geqslant 4$$

应用4个变量的 AM-GM 不等式,我们有

$$ab+bc+ca+\frac{3}{a+b+c}=\frac{3(ab+bc+ca)}{3}+\frac{3}{a+b+c}\geqslant 4\sqrt[4]{\frac{(ab+bc+ca)^3}{9(a+b+c)}}$$

所以,只须证明

$$(ab+bc+ca)^3\geqslant 9(a+b+c)$$

由 AM-GM 不等式以及题设条件 $abc=1$,我们有

$$ab+bc+ca\geqslant 3\sqrt[3]{(abc)^2}=3$$

由例1.1,因为

$$(x+y+z)^2\geqslant 3(xy+yz+zx)$$

我们推出

$$(ab+bc+ca)^2\geqslant 3[(ab)(bc)+(bc)(ca)+(ca)(ab)]=3(a+b+c)$$

由前面的两个结果,可见

$$(ab+bc+ca)^3\geqslant 9(a+b+c)$$

这就证明了不等式,等号成立,当且仅当 $a=b=c=1$.

21.(Moldova TST 2005) 设 a,b,c,d,e 是实数,且满足

$$\frac{1}{4+a}+\frac{1}{4+b}+\frac{1}{4+c}+\frac{1}{4+d}+\frac{1}{4+e}=1$$

证明

$$\frac{a}{4+a^2}+\frac{b}{4+b^2}+\frac{c}{4+c^2}+\frac{d}{4+d^2}+\frac{e}{4+e^2}\leqslant 1$$

证法 1 所证不等式等价于

$$\frac{a}{4+a^2}+\frac{b}{4+b^2}+\frac{c}{4+c^2}+\frac{d}{4+d^2}+\frac{e}{4+e^2}\leqslant\frac{1}{4+a}+\frac{1}{4+b}+\frac{1}{4+c}+\frac{1}{4+d}+\frac{1}{4+e}$$

这又可以改写成

$$\sum_{\text{cyc}}\frac{1-a}{(4+a)(4+a^2)}\geqslant 0$$

不失一般性,假设 $a\geqslant b\geqslant c\geqslant d\geqslant e$,由此可见

$$\frac{1-a}{4+a}\leqslant\frac{1-b}{4+b}\leqslant\frac{1-c}{4+c}\leqslant\frac{1-d}{4+d}\leqslant\frac{1-e}{4+e}$$

$$\frac{1}{4+a^2}\leqslant\frac{1}{4+b^2}\leqslant\frac{1}{4+c^2}\leqslant\frac{1}{4+d^2}\leqslant\frac{1}{4+e^2}$$

应用 Chebyshev 不等式,我们有

$$5\sum_{\text{cyc}}\frac{1-a}{(4+a)(4+a^2)}\geqslant\sum_{\text{cyc}}\left(\frac{1-a}{4+a}\right)\left(\sum_{\text{cyc}}\frac{1}{4+a^2}\right)=0$$

其中,我们使用关系式

$$\sum_{\text{cyc}}\left(\frac{1-a}{4+a}\right)=\sum_{\text{cyc}}\left(\frac{5-(4+a)}{4+a}\right)=0$$

这就证明了不等式,等号成立,当且仅当 $a=b=c=d=e=1$.

证法 2 设 $x_1=\frac{5}{4+a},x_2=\frac{5}{4+b},\cdots,x_5=\frac{5}{4+e}$,则 $x_1+x_2+\cdots+x_5=5$.另外注意到由 $a=\frac{5-4x_1}{x_1}$,可得

$$\frac{a}{a^2+4}=\frac{x_1(5-4x_1)}{5(4x_1^2-8x_1+5)}$$

因此,只须证明

$$\sum_{i=1}^{5}\frac{x_i(5-4x_i)}{4x_i^2-8x_i+5}\leqslant 5$$

这等价于

$$\sum_{i=1}^{5}\left(\frac{5}{4}-\frac{x_i(5-4x_i)}{4x_i^2-8x_i+5}\right)\geqslant\frac{5}{4}$$

整理得

$$\sum_{i=1}^{5}\frac{(6x_i-5)^2}{4x_i^2-8x_i+5}\geqslant 5$$

不失一般性,我们可以假设

$$4x_1^2-8x_1+5=\max_{1\leqslant i\leqslant 5}\{4x_i^2-8x_i+5\}$$

则有

$$\sum_{i=1}^{5}\frac{(6x_i-5)^2}{4x_i^2-8x_i+5}\geqslant\frac{\sum\limits_{i=1}^{5}(6x_i-5)^2}{4x_1^2-8x_1+5}$$

由 Cauchy-Schwarz 不等式,有

$$\sum_{i=1}^{5}(6x_i-5)^2\geqslant\frac{1}{4}\left[\sum_{i=1}^{5}(6x_i-5)\right]^2=(5-3x_1)^2$$

所以,只须证明

$$(6x_1-5)^2+(5-3x_1)^2\geqslant 5(4x_1^2-8x_1+5)$$

但这可以化为 $25(x_1-1)^2\geqslant 0$. 这显然是成立的. 等号成立,当且仅当

$$x_1=x_2=x_3=x_4=x_5=1$$

即 $a=b=c=d=e=1$.

22.(IMO Shortlist 1990) 设 a,b,c,d 是实数,且满足 $ab+bc+cd+da=1$,证明

$$\frac{a^3}{b+c+d}+\frac{b^3}{a+c+d}+\frac{c^3}{b+d+a}+\frac{d^3}{b+c+a}\geqslant\frac{1}{3}$$

证法 1 用 A 表示不等式左边的表达式,由 Cauchy-Schwarz 不等式,我们有

$$A=\sum_{\text{cyc}}\frac{a^4}{a(b+c+d)}\geqslant\frac{(a^2+b^2+c^2+d^2)^2}{2(ab+ac+ad+bc+bd+cd)}$$

注意到,$a^2+b^2+c^2+d^2\geqslant 1$, 这可由 AM-GM 不等式得到

$$a^2+b^2+c^2+d^2=\frac{a^2+b^2}{2}+\frac{b^2+c^2}{2}+\frac{c^2+d^2}{2}+\frac{d^2+a^2}{2}\geqslant ab+bc+cd+da=1$$

另外,注意到

$$3(a^2+b^2+c^2+d^2)\geqslant 2(ab+ac+ad+bc+bd+cd)$$

因为这可以化为

$$(a-b)^2+(a-c)^2+(a-d)^2+(b-c)^2+(b-d)^2+(c-d)^2\geqslant 0$$

综合上述结果,我们有

$$A\geqslant\frac{(a^2+b^2+c^2+d^2)^2}{2(ab+ac+ad+bc+bd+cd)}\geqslant\frac{1}{3}$$

证毕.

证法 2 令 $a+b+c+d=s$, 并把不等式左边记为 A,则所证不等式可以改写成

$$A=\frac{a^3}{s-a}+\frac{b^3}{s-b}+\frac{c^3}{s-c}+\frac{d^3}{s-d}\geqslant\frac{1}{3}$$

不失一般性，设 $a\geqslant b\geqslant c\geqslant d$. 由此可见

$$a^3\geqslant b^3\geqslant c^3\geqslant d^3$$

$$\frac{1}{s-a}\geqslant\frac{1}{s-b}\geqslant\frac{1}{s-c}\geqslant\frac{1}{s-d}$$

由 Chebyshev 不等式，我们有

$$(a^3+b^3+c^3+d^3)\left(\frac{1}{s-a}+\frac{1}{s-b}+\frac{1}{s-c}+\frac{1}{s-d}\right)\leqslant 4\left(\frac{a^3}{s-a}+\frac{b^3}{s-b}+\frac{c^3}{s-c}+\frac{d^3}{s-d}\right)\tag{1}$$

注意到 $a^2\geqslant b^2\geqslant c^2\geqslant d^2$，由 Chebyshev 不等式，我们有

$$(a^2+b^2+c^2+d^2)(a+b+c+d)\leqslant 4(a^3+b^3+c^3+d^3)$$

于是

$$a^3+b^3+c^3+d^3\geqslant\frac{(a^2+b^2+c^2+d^2)(a+b+c+d)}{4}$$

由 AM-GM 不等式，我们有

$$a^2+b^2+c^2+d^2=\frac{a^2+b^2}{2}+\frac{b^2+c^2}{2}+\frac{c^2+d^2}{2}+\frac{d^2+a^2}{2}\geqslant ab+bc+cd+da=1$$

综合上面两个结果，我们有

$$a^3+b^3+c^3+d^3\geqslant\frac{a+b+c+d}{4}=\frac{(s-a)+(s-b)+(s-c)+(s-d)}{12}$$

由最后的不等式以及不等式(1)，应用 AM-HM 不等式，我们得到

$$4A\geqslant\left[\frac{(s-a)+(s-b)+(s-c)+(s-d)}{12}\right]\left(\frac{1}{s-a}+\frac{1}{s-b}+\frac{1}{s-c}+\frac{1}{s-d}\right)\geqslant\frac{4}{3}$$

从而 $A\geqslant\frac{1}{3}$，这等价于所证的不等式.

23.(IMO Shortlist 1994) 设 $a,b,c\neq 1$ 是正实数，且满足 $a+b+c=1$，证明

$$\frac{1+a^2}{1-a^2}+\frac{1+b^2}{1-b^2}+\frac{1+c^2}{1-c^2}\geqslant\frac{15}{4}$$

证明 由题设条件，我们立即可得 $0<a,b,c<1$. 不失一般性，假设 $a\leqslant b\leqslant c$，则有

$$1+a^2\leqslant 1+b^2\leqslant 1+c^2$$

$$\frac{1}{1-a^2}\leqslant\frac{1}{1-b^2}\leqslant\frac{1}{1-c^2}$$

不等式的左边记为 A，应用 Chebyshev 不等式，有

$$A\geqslant\frac{1}{3}(1+a^2+1+b^2+1+c^2)\left(\frac{1}{1-a^2}+\frac{1}{1-b^2}+\frac{1}{1-c^2}\right)$$

$$=\frac{(a^2+b^2+c^2+3)}{3}\left(\frac{1}{1-a^2}+\frac{1}{1-b^2}+\frac{1}{1-c^2}\right) \tag{1}$$

由例1.1,可见

$$a^2+b^2+c^2\geqslant\frac{(a+b+c)^2}{3}=\frac{1}{3}$$

综合上述两个结果,我们有

$$A\geqslant\frac{\left(\frac{1}{3}+3\right)}{3}\left(\frac{1}{1-a^2}+\frac{1}{1-b^2}+\frac{1}{1-c^2}\right)=\frac{10}{9}\left(\frac{1}{1-a^2}+\frac{1}{1-b^2}+\frac{1}{1-c^2}\right)$$

注意到 $1-a^2,1-b^2,1-c^2>0$,由 AM-HM 不等式,可见

$$\frac{1}{1-a^2}+\frac{1}{1-b^2}+\frac{1}{1-c^2}\geqslant\frac{9}{3-(a^2+b^2+c^2)}\geqslant\frac{9}{3-\frac{1}{3}}=\frac{27}{8}$$

综上所述,我们推出

$$A\geqslant\frac{10}{9}\left(\frac{1}{1-a^2}+\frac{1}{1-b^2}+\frac{1}{1-c^2}\right)\geqslant\frac{10}{9}\cdot\frac{27}{8}=\frac{15}{4}$$

这就证明了不等式,等号成立,当且仅当 $a=b=c=\frac{1}{3}$.

24.(Laurentiu Panaitopol, Romanian TST) 设 $a_1,a_2,\cdots,a_n$ 是不同的正整数,证明

$$a_1^2+a_2^2+\cdots+a_n^2\geqslant\frac{2n+1}{3}(a_1+a_2+\cdots+a_n)$$

证明 不失一般性,我们可以假设 $a_1<a_2<\cdots<a_n$. 可见,对所有的 $i,a_i\geqslant i$. 因为 a_i 是互不相同的正整数,我们做代换 $b_i=a_i-i\geqslant 0$,并利用关系式 $\sum_{i=1}^{n}i^2=\frac{n(n+1)(2n+1)}{6}$,则不等式变成

$$\sum_{i=1}^{n}b_i^2+2\sum_{i=1}^{n}ib_i+\frac{n(n+1)(2n+1)}{6}\geqslant\frac{2n+1}{3}\sum_{i=1}^{n}b_i+\frac{n(n+1)(2n+1)}{6}$$

$$=\frac{2n+1}{3}\sum_{i=1}^{n}b_i+\frac{(2n+1)}{3}\cdot\frac{n(n+1)}{2}$$

由假设条件 $a_{i+1}>a_i$ 可见 $b_1\leqslant b_2\leqslant\cdots\leqslant b_n$. 由 Chebyshev 不等式,我们得到

$$2\sum_{i=1}^{n}ib_i\geqslant(n+1)\sum_{i=1}^{n}b_i\geqslant\frac{2n+1}{3}\sum_{i=1}^{n}b_i$$

这就证明了不等式,等号成立,当且仅当 $a_1,a_2,\cdots,a_n$ 是 $1,2,\cdots,n$ 的一个排列.

25.(Calin Popescu, Romania 2004) 设 a_1,a_2,a_3,a_4 是一个四边形的边长,s 表示其半周长,证明

$$\sum_{i=1}^{4}\frac{1}{s+a_i}\leqslant\frac{2}{9}\sum_{1\leqslant i<j\leqslant 4}\frac{1}{\sqrt{(s-a_i)(s-a_j)}}$$

证明 由 AM-GM 不等式,我们有

$$\frac{2}{9}\sum_{1\leqslant i<j\leqslant 4}\frac{1}{\sqrt{(s-a_i)(s-a_j)}}\geqslant\frac{2}{9}\cdot 2\sum_{1\leqslant i<j\leqslant 4}\frac{1}{(s-a_i)+(s-a_j)}=\frac{4}{9}\sum_{1\leqslant i<j\leqslant 4}\frac{1}{a_i+a_j}$$

为简单起见,令 $a_1=a,a_2=b,a_3=c,a_4=d$,只须证明

$$\frac{2}{9}\left(\frac{1}{a+b}+\frac{1}{a+c}+\frac{1}{a+d}+\frac{1}{b+c}+\frac{1}{b+d}+\frac{1}{c+d}\right)$$

$$\geqslant\frac{1}{3a+b+c+d}+\frac{1}{a+3b+c+d}+\frac{1}{a+b+3c+d}+\frac{1}{a+b+c+3d}$$

由 AM-HM 不等式,我们有

$$\left(\frac{1}{a+b}+\frac{1}{a+c}+\frac{1}{a+d}\right)[(a+b)+(a+c)+(a+d)]\geqslant 9$$

即

$$\frac{1}{9}\left(\frac{1}{a+b}+\frac{1}{a+c}+\frac{1}{a+d}\right)\geqslant\frac{9}{3a+b+c+d}$$

类似可得

$$\frac{1}{9}\left(\frac{1}{a+b}+\frac{1}{b+c}+\frac{1}{b+d}\right)\geqslant\frac{9}{a+3b+c+d}$$

$$\frac{1}{9}\left(\frac{1}{a+c}+\frac{1}{b+c}+\frac{1}{c+d}\right)\geqslant\frac{9}{a+b+3c+d}$$

$$\frac{1}{9}\left(\frac{1}{a+d}+\frac{1}{a+d}+\frac{1}{c+d}\right)\geqslant\frac{9}{a+b+c+3d}$$

综合上述结果,我们有

$$\frac{2}{9}\left(\frac{1}{a+b}+\frac{1}{a+c}+\frac{1}{a+d}+\frac{1}{b+c}+\frac{1}{b+d}+\frac{1}{c+d}\right)$$

$$\geqslant\frac{1}{3a+b+c+d}+\frac{1}{a+3b+c+d}+\frac{1}{a+b+3c+d}+\frac{1}{a+b+c+3d}$$

$$=\frac{1}{2}\left(\frac{1}{s+a}+\frac{1}{s+b}+\frac{1}{s+c}+\frac{1}{s+d}\right)$$

这就证明了不等式,等号成立,当且仅当 $a=b=c=d$.

26.(Pham Kim Hung) 设 a,b,c 是非负实数,且满足 $a+b+c=2$,证明

$$a^2b^2+b^2c^2+c^2a^2+abc\leqslant 1$$

证明 使用题设条件 $a+b+c=2$,则不等式可以转化为

$$(ab+bc+ca)^2\leqslant 1+3abc$$

设 $x=ab+bc+ca,y=abc$.下面我们来考虑 x 的不同取值情况.如果 $x\leqslant 1$,不等式显

然成立.反之,即 $x \geqslant 1$,由 Schur 不等式,有

$$(a+b-c)(b+c-a)(c+a-b) \leqslant abc$$

因此

$$8(1-a)(1-b)(1-c) \leqslant abc$$

所以,只须证明 $x^2 \leqslant 1+\frac{1}{3}(8x-8)$,这可以简化为

$$(x-1)(3x-5) \leqslant 0$$

由例 1.1,我们有

$$4=(a+b+c)^2 \geqslant 3(ab+bc+ca)=3x$$

所以,不等式 $(x-1)(3x-5) \leqslant 0$ 显然成立,因为

$$1 \leqslant x \leqslant \frac{4}{3} < \frac{5}{3}$$

等号成立当且仅当 $(a,b,c)=(1,1,0)$ 及其轮换.

27.(Iran 1997) 设 x_1,x_2,x_3,x_4 是正实数,且满足 $x_1x_2x_3x_4=1$,证明

$$x_1^3+x_2^3+x_3^3+x_4^3 \geqslant \max\left\{x_1+x_2+x_3+x_4, \frac{1}{x_1}+\frac{1}{x_2}+\frac{1}{x_3}+\frac{1}{x_4}\right\}$$

证明 设 $S=\sum_{i=1}^{4} x_i^3$,$S_i=S-x_i^3$.应用 AM-GM 不等式,有

$$\frac{1}{3}S_1 \geqslant \sqrt[3]{x_2^3x_3^3x_4^3}=x_2x_3x_4=\frac{1}{x_1}$$

类似可得

$$\frac{1}{3}S_i \geqslant \frac{1}{x_i} \quad (i=1,2,3,4)$$

所以

$$S=\frac{1}{3}(S_1+S_2+S_3+S_4) \geqslant \frac{1}{x_1}+\frac{1}{x_2}+\frac{1}{x_3}+\frac{1}{x_4}$$

由 AM-GM 不等式,有

$$\frac{1}{4}\sum_{i=1}^{4} x_i \geqslant \sqrt[4]{x_1x_2x_3x_4}=1$$

综合上述结果,应用幂平均不等式,我们有

$$\frac{1}{4}S=\frac{1}{4}\sum_{i=1}^{4} x_i^3 \geqslant \left(\frac{1}{4}\sum_{i=1}^{4} x_i\right)^3 \geqslant \left(\frac{1}{4}\sum_{i=1}^{4} x_i\right)$$

所以

$$S \geqslant \sum_{i=1}^{4} x_i, S \geqslant \sum_{i=1}^{4} \frac{1}{x_i}$$

这就证明了不等式,等号成立,当且仅当 $x_1=x_2=x_3=x_4=1$.

28.(Vasile Cîrtoaje, Gazeta Matematică) 设 a,b,c 是正实数,证明

$$\frac{a^2}{b^2+c^2}+\frac{b^2}{c^2+a^2}+\frac{c^2}{a^2+b^2}\geqslant\frac{a}{b+c}+\frac{b}{c+a}+\frac{c}{a+b}$$

证明 注意到恒等式

$$\frac{a^2}{b^2+c^2}-\frac{a}{b+c}=\frac{ab(a-b)+ac(a-c)}{(b^2+c^2)(b+c)}$$

类似可得

$$\frac{b^2}{c^2+a^2}-\frac{b}{c+a}=\frac{bc(b-c)+ab(b-a)}{(c^2+a^2)(c+a)}$$

$$\frac{c^2}{a^2+b^2}-\frac{c}{a+b}=\frac{ac(c-a)+bc(c-b)}{(b^2+a^2)(b+a)}$$

综合这些结果,我们有

$$\begin{aligned}&\frac{a^2}{b^2+c^2}+\frac{b^2}{c^2+a^2}+\frac{c^2}{a^2+b^2}-\left(\frac{a}{b+c}+\frac{b}{c+a}+\frac{c}{a+b}\right)\\&=\frac{ab(a-b)+ac(a-c)}{(b^2+c^2)(b+c)}+\frac{bc(b-c)+ab(b-a)}{(c^2+a^2)(c+a)}+\frac{ac(c-a)+bc(b-c)}{(b^2+a^2)(b+a)}\\&=\sum_{\text{cyc}}\left[\frac{ab(a-b)}{(b^2+c^2)(b+c)}+\frac{ab(b-a)}{(c^2+a^2)(c+a)}\right]\\&=(a^2+b^2+c^2+ab+bc+ca)\sum_{\text{cyc}}\frac{ab(a-b)^2}{(b+c)(c+a)(b^2+c^2)(c^2+a^2)}\geqslant 0\end{aligned}$$

29.(Vasile Cîrtoaje) 设 a,b,c 是非负实数,且满足 $a^3+b^3+c^3=3$,证明

$$a^4b^4+b^4c^4+c^4a^4\leqslant 3$$

证明(证明由 Gabriel Dospinescu 提供) 应用 AM-GM 不等式以及题设条件 $a^3+b^3+c^3=3$, 我们有

$$bc\leqslant\frac{b^3+c^3+1}{3}=\frac{4-a^3}{3}$$

所以

$$b^4c^4\leqslant\frac{4b^3c^3-a^3b^3c^3}{3}$$

类似可得

$$c^4a^4\leqslant\frac{4c^3a^3-a^3b^3c^3}{3}$$

$$a^4b^4\leqslant\frac{4a^3a^3-a^3b^3c^3}{3}$$

综合这些结果,我们有

$$a^4b^4+b^4c^4+c^4a^4\leqslant\frac{4(a^3b^3+b^3c^3+c^3a^3)}{3}-a^3b^3c^3$$

所以,只须证明

$$4(a^3b^3+b^3c^3+c^3a^3)-3a^3b^3c^3\leqslant 9$$

这正好是三次 Schur 不等式

$$4(xy+yz+zx)(x+y+z)-9xyz\leqslant(x+y+z)^3$$

其中

$$x=a^3,y=b^3,z=c^3$$

等号成立,当且仅当 $a=b=c=1$.

30.(Cezar Lupu, Mathematical Reflections) 设 a,b,c 是正实数,且满足 $abc=1$,证明

$$\sqrt[3]{a}+\sqrt[3]{b}+\sqrt[3]{c}\leqslant\sqrt[3]{3(3+a+b+c+ab+bc+ca)}$$

证明 令$\sqrt[3]{a}=x,\sqrt[3]{b}=y,\sqrt[3]{c}=z$.易见,$xyz=1,x,y,z>0$.不等式转化为

$$3(3+x^3+y^3+z^3+(xy)^3+(yz)^3+(zx)^3)\geqslant(x+y+z)^3$$

应用 Schur 不等式,我们有

$$A^3+B^3+C^3+5ABC\geqslant(A+B)(B+C)(C+A)$$

其中 $A=xy,B=yz,C=zx$,因为 $xyz=1$,上面这个不等式等价于

$$(xy)^3+(yz)^3+(zx)^3+5\geqslant(x+y)(y+z)(z+x)$$

所以,只须证明

$$3[3+x^3+y^3+z^3+(x+y)(y+z)(z+x)-5]$$
$$\geqslant x^3+y^3+z^3+3(x+y)(y+z)(z+x)$$

这可以简化为 $x^3+y^3+z^3\geqslant 3$.这由 AM-GM 不等式立即可得

$$\frac{x^3+y^3+z^3}{3}\geqslant xyz=1$$

等号成立,当且仅当 $x=y=z=1$, 即 $a=b=c=1$.

31.(Berkeley Mathematics Circle) 设 a,b,c 是非负实数,且满足 $ab+bc+ca=1$,证明

$$\frac{1}{a+b}+\frac{1}{b+c}+\frac{1}{c+a}\geqslant\frac{5}{2}$$

证明 设 $x=a+b+c,z=abc$,则不等式变成

$$2\sum_{\text{cyc}}(a+b)(a+c)\geqslant 5(a+b)(b+c)(c+a)$$

这可以简化为

$$6+2(a^2+b^2+c^2)\geqslant 5(a+b+c-abc)$$

这可以改写成 $2x^2-5x+2+5z\geqslant 0$，可以因式分解变成

$$(x-2)(2x-1)+5z\geqslant 0$$

我们对 x 的取值情况进行讨论.

如果 $x\geqslant 2$，则不等式显然成立. 反之，如果 $x<2$，由 Schur 不等式，有

$$(x-2a)(x-2b)(x-2c)=(a+b-c)(b+c-a)(c+a-b)\leqslant abc$$

可见，$9z\geqslant 4x-x^3$，因此只须证明

$$(x-2)(2x-1)+\frac{5}{9}(4x-x^3)\geqslant 0$$

这等价于

$$(2-x)(5x^2-8x+9)\geqslant 0$$

这最后不等式成立，是因为 $x\leqslant 2$. 等号成立，当且仅当 $(a,b,c)=(1,1,0)$ 及其轮换.

32. (Vojtech Jarnik) 设 $x_1,x_2,\cdots,x_n$ 是正实数，且满足

$$\frac{1}{1+x_1}+\frac{1}{1+x_2}+\cdots+\frac{1}{1+x_n}=1$$

证明

$$\sum_{i=1}^{n}\sqrt{x_i}\geqslant (n-1)\sum_{i=1}^{n}\frac{1}{\sqrt{x_i}}$$

证明 设 $a_i=\dfrac{1}{1+x_i}$，则不等式变成

$$\sum_{i=1}^{n}\sqrt{\frac{1-a_i}{a_i}}\geqslant (n-1)\sum_{i=1}^{n}\sqrt{\frac{a_i}{1-a_i}}$$

这可以改写成

$$\sum_{i=1}^{n}\sqrt{\frac{1}{a_i(1-a_i)}}\geqslant n\sum_{i=1}^{n}\sqrt{\frac{a_i}{1-a_i}}$$

这等价于

$$\left(\sum_{i=1}^{n}a_i\right)\left(\sum_{i=1}^{n}\sqrt{\frac{1}{a_i(1-a_i)}}\right)\geqslant n\sum_{i=1}^{n}\sqrt{\frac{a_i}{1-a_i}}$$

这最后的不等式是关于两序列

$$(a_1,a_2,\cdots,a_n)$$

$$\left(\sqrt{\frac{1}{a_1(1-a_1)}}\sqrt{\frac{1}{a_2(1-a_2)}},\cdots,\sqrt{\frac{1}{a_n(1-a_n)}}\right)$$

的 Chebyshev 不等式得到的. 实际上，因为

$$a_i(1-a_i)-a_j(1-a_j)=(a_i-a_j)(1-a_i-a_j)$$

具有和 a_i-a_j 相同的符号,两个 n 元组具有相反的排列次序. 等号成立,当且仅当 $x_1=x_2=\cdots=x_n=n-1$.

33.(Vo Quoc Ba Can) 设 a,b,c,d 是正实数,且满足

$$a+b+c+d=abc+bcd+cda+dab$$

证明

$$\left(\sqrt{a^2+1}+\sqrt{b^2+1}\right)^2+\left(\sqrt{c^2+1}+\sqrt{d^2+1}\right)^2\leqslant(a+b+c+d)^2$$

证明 不等式展开并消去同类项,可以化为

$$4+2\sqrt{(a^2+1)(b^2+1)}+2\sqrt{(c^2+1)(d^2+1)}\leqslant 2(ab+ac+ad+bc+bd+cd)$$

因为 $a+b+c+d=abc+bcd+cda+dab$, 注意到

$$a^2+1=\frac{(a+b)(a+c)(a+d)}{a+b+c+d}$$

$$b^2+1=\frac{(b+a)(b+c)(b+d)}{a+b+c+d}$$

由 AM-GM 不等式,有

$$\begin{aligned}4(a^2+1)(b^2+1)&=\frac{4(a+b)^2(a+c)(b+d)(a+d)(b+c)}{(a+b+c+d)^2}\\&\leqslant\frac{(a+b)^2[(a+c)(b+d)+(a+d)(b+c)]^2}{(a+b+c+d)^2}\end{aligned}$$

不等式两边开平方,可得

$$2\sqrt{(a^2+1)(b^2+1)}\leqslant\frac{(a+b)[(a+c)(b+d)+(a+d)(b+c)]}{(a+b+c+d)}$$

类似可得

$$2\sqrt{(c^2+1)(d^2+1)}\leqslant\frac{(c+d)[(a+c)(b+d)+(a+d)(b+c)]}{(a+b+c+d)}$$

这些不等式相加,可得

$$2\sqrt{(a^2+1)(b^2+1)}+2\sqrt{(c^2+1)(d^2+1)}\leqslant(a+c)(b+d)+(a+d)(b+c)$$

因此,只须证明

$$4+(a+c)(b+d)+(a+d)(b+c)\leqslant 2(ab+ac+ad+bc+bd+cd)$$

这等价于 $(a+b)(c+d)\geqslant 4$. 根据题设条件,这个不等式等价于

$$(a+b)(c+d)(a+b+c+d)\geqslant 4[ab(c+d)+cd(a+b)]$$

这又可以化为

$$(c+d)(a-b)^2+(a+b)(c-d)^2\geqslant 0$$

这显然成立,等号成立,当且仅当 $a=b=\frac{1}{c}=\frac{1}{d}$.

34.(Vo Quoc Ba Can) 设 a,b,c 是正实数,且满足 $a+b+c=\frac{1}{a}+\frac{1}{b}+\frac{1}{c}$,证明

$$\frac{1}{2a+1}+\frac{1}{2b+1}+\frac{1}{2c+1}\geqslant 1$$

证明 去分母之后,不等式可以改写成

$$(2b+1)(2c+1)+(2a+1)(2c+1)+(2a+1)(2b+1)\geqslant(2a+1)(2b+1)(2c+1)$$

这等价于

$$4(ab+bc+ca)+4(a+b+c)+3\geqslant 8abc+4(ab+bc+ca)+2(a+b+c)+1$$

整理得

$$a+b+c+1\geqslant 4abc$$

应用 AM-HM 不等式,我们有

$$a+b+c=\frac{1}{a}+\frac{1}{b}+\frac{1}{c}\geqslant\frac{9}{a+b+c}$$

于是

$$a+b+c\geqslant 3$$

另外,由题设条件

$$a+b+c=\frac{1}{a}+\frac{1}{b}+\frac{1}{c}$$

有

$$abc(a+b+c)=ab+bc+ca$$

综上所述,我们有

$$ab+bc+ca\geqslant 3abc$$

从而

$$(a+b+c)^2\geqslant 9abc$$

由 Schur 不等式,有

$$4(ab+bc+ca)(a+b+c)\leqslant(a+b+c)^3+9abc$$

所以

$$(a+b+c)^3+(a+b+c)^2\geqslant(a+b+c)^3+9abc$$

$$\geqslant 4(ab+bc+ca)(a+b+c)=4abc(a+b+c)^2$$

因此,$a+b+c+1\geqslant 4abc$, 等号成立,当且仅当 $a=b=c=1$.

35.(Pham Kim Hung) 设 a,b,c 是正实数,且满足 $abc=1$,证明

$$\frac{1}{(1+a)^3}+\frac{1}{(1+b)^3}+\frac{1}{(1+c)^3}+\frac{5}{(1+a)(1+b)(1+c)}\geqslant 1$$

证明 设

$$x=\frac{1}{1+a},y=\frac{1}{1+b},z=\frac{1}{1+c}$$

$$u=x+y+z,v=xy+yz+zx\quad(0<x,y,z<1)$$

则题设条件 $abc=1$,变成

$$xyz=(1-x)(1-y)(1-z)$$

或者

$$2xyz=1-u+v$$

于是,所证不等式变成

$$x^3+y^3+z^3+5xyz\geqslant 1$$

这又可以改写成

$$u^3-3uv+8xyz\geqslant 1$$

即

$$u^3-4u+3\geqslant(3u-4)v$$

注意到,$u-1<v\leqslant\frac{u^2}{3}$.实际上,不等式 $u-1<v$,可由 $2xyz=1-u+v$ 得出;右边的不等式 $v\leqslant\frac{u^2}{3}$,可由例1.1得出.为证明

$$u^3-4u+3\geqslant(3u-4)v$$

我们来考虑变量 u 的取值情况.

情况1:$u\leqslant 1$.我们有

$$u^3-4u+3=(1-u)(3-u-u^2)\geqslant 0>(3u-4)v$$

不等式得证.

情况2:$1<u<\frac{4}{3}$.在这种情况下,注意到

$$u^3-4u+3-(3u-4)v>u^3-4u+3-(3u-4)(u-1)=(u-1)^3>0$$

不等式得证.

情况3:$u\geqslant\frac{4}{3}$.在此,注意到

$$u^3-4u+3-(3u-4)v\geqslant u^3-4u+3-(3u-4)\frac{u^2}{3}=\frac{(2u-3)^2}{3}\geqslant 0$$

不等式得证.

等号成立,当且仅当 $a=b=c=1$.

36.设 a,b,c 是实数,证明

$$3(1-a+a^2)(1-b+b^2)(1-c+c^2)\geqslant 1+abc+a^2b^2c^2$$

证明 由关系式

$$2(1-a+a^2)(1-b+b^2)=1+a^2b^2+(a-b)^2+(1-a)^2(1-b)^2$$

我们有

$$2(1-a+a^2)(1-b+b^2)\geqslant 1+a^2b^2$$

所以,只须证明

$$3(1+a^2b^2)(1-c+c^2)\geqslant 2(1+abc+a^2b^2c^2)$$

这可以写成如下形式

$$(3+a^2b^2)c^2-(3+2ab+3a^2b^2)c+1+3a^2b^2\geqslant 0$$

这是成立的,因为关于变量 c 的二次方程的判别式

$$\Delta=-3(1-ab)^4\leqslant 0$$

等号成立,当且仅当 $a=b=c=1$.

37.(Kiran Kedlaya) 设 a,b,c 是正实数,证明

$$\frac{a+\sqrt{ab}+\sqrt[3]{abc}}{3}\leqslant\sqrt[3]{a\cdot\frac{a+b}{2}\cdot\frac{a+b+c}{3}}$$

证明 由 AM-GM 不等式或者 $(a-b)^2\geqslant 0$,可见 $\frac{a+b}{2}\geqslant\sqrt{ab}$,所以

$$\sqrt[3]{ab\cdot\frac{a+b}{2}}\geqslant\sqrt[3]{ab\sqrt{ab}}=\sqrt{ab}$$

于是

$$a+\sqrt{ab}+\sqrt[3]{abc}\leqslant a+\sqrt[3]{ab\cdot\frac{a+b}{2}}+\sqrt[3]{abc}$$

因此,只须证明

$$a+\sqrt[3]{ab\cdot\frac{a+b}{2}}+\sqrt[3]{abc}\leqslant 3\sqrt[3]{a\cdot\frac{a+b}{2}\cdot\frac{a+b+c}{3}}$$

3 次应用 AM-GM 不等式,有

$$\sqrt[3]{1\cdot\frac{2a}{a+b}\cdot\frac{3a}{a+b+c}}\leqslant\frac{1+\frac{2a}{a+b}+\frac{3a}{a+b+c}}{3}$$

$$\sqrt[3]{1\cdot 1\cdot\frac{3b}{a+b+c}}\leqslant\frac{2+\frac{3b}{a+b+c}}{3}$$

$$\sqrt[3]{1\cdot\frac{2b}{a+b}\cdot\frac{3c}{a+b+c}}\leqslant\frac{1+\frac{2b}{a+b}+\frac{3c}{a+b+c}}{3}$$

综合上述结果,我们得到

$$\sqrt[3]{\frac{2a}{a+b}\cdot\frac{3a}{a+b+c}}+\sqrt[3]{\frac{3b}{a+b+c}}+\sqrt[3]{\frac{2b}{a+b}\cdot\frac{3c}{a+b+c}}\leqslant 3$$

所以

$$\sqrt[3]{\frac{1}{a}\cdot\frac{2}{a+b}\cdot\frac{3}{a+b+c}}\left(a+\sqrt[3]{ab\cdot\frac{a+b}{2}}+\sqrt[3]{abc}\right)\leqslant 3$$

整理可得

$$a+\sqrt[3]{ab\cdot\frac{a+b}{2}}+\sqrt[3]{abc}\leqslant 3\sqrt[3]{a\cdot\frac{a+b}{2}\cdot\frac{a+b+c}{3}}$$

这就证明了不等式,等号成立,当且仅当 $a=b=c$.

38.(MOP ELMO 2014)给定正实数 a,b,c,p,q 满足 $abc=1$ 和 $p\geqslant q$,证明

$$p(a^2+b^2+c^2)+q\left(\frac{1}{a}+\frac{1}{b}+\frac{1}{c}\right)\geqslant(p+q)(a+b+c)$$

证明 由AM-GM不等式,有

$$\sum_{cyc}a\geqslant 3,\sum_{cyc}a^2=\sum_{cyc}(a-1)^2+2\sum_{cyc}a-3\geqslant\sum_{cyc}a$$

所以

$$\begin{aligned}p\sum_{cyc}a^2+q\sum_{cyc}\frac{1}{a}&=p\sum_{cyc}a^2+q\sum_{cyc}ab=(p-q)\sum_{cyc}a^2+q\sum_{cyc}(a^2+ab)\\&=(p-q)\sum_{cyc}a^2+\frac{q}{2}\sum_{cyc}(a+b)^2\\&\geqslant(p-q)\sum_{cyc}a+\frac{q}{2}\cdot\frac{4}{3}\left(\sum_{cyc}a\right)^2\\&\geqslant(p-q)\sum_{cyc}a+2q\sum_{cyc}a=(p+q)\sum_{cyc}a\end{aligned}$$

39.(Titu Andreescu, Mathematical Reflections)设 $a_0,a_1,\cdots,a_6$ 是大于 -1 的实数,证明:当 $\frac{a_0^3+1}{\sqrt{a_1^5+a_1^4+1}}+\frac{a_1^3+1}{\sqrt{a_2^5+a_2^4+1}}+\cdots+\frac{a_6^3+1}{\sqrt{a_0^5+a_0^4+1}}\leqslant 9$,则

$$\frac{a_0^2+1}{\sqrt{a_1^5+a_1^4+1}}+\frac{a_1^2+1}{\sqrt{a_2^5+a_2^4+1}}+\cdots+\frac{a_6^2+1}{\sqrt{a_0^5+a_0^4+1}}\geqslant 5$$

证明 我们有

$$(x^3-x+1)(x^2+x+1)=x^5+x^4+1$$

对所有满足 $x^3-x+1>0$ 和 $x^2+x+1>0$ 的实数 x,由AM-GM不等式有

$$x^3+x^2+2=(x^3-x+1)+(x^2+x+1)\geqslant 2\sqrt{x^5+x^4+1}$$

对于每一个 a_i，我们有

$$\left(\frac{a_0^2+1}{\sqrt{a_1^5+a_1^4+1}}+\cdots+\frac{a_6^2+1}{\sqrt{a_0^5+a_0^4+1}}\right)+\left(\frac{a_0^3+1}{\sqrt{a_1^5+a_1^4+1}}+\cdots+\frac{a_6^3+1}{\sqrt{a_0^5+a_0^4+1}}\right)$$

$$\geqslant 2\left(\frac{\sqrt{a_0^5+a_0^4+1}}{\sqrt{a_1^5+a_1^4+1}}+\cdots+\frac{\sqrt{a_6^5+a_6^4+1}}{\sqrt{a_0^5+a_0^4+1}}\right)\geqslant 14$$

注意到中间括号中的 7 个项的乘积是 1，由 AM-GM 不等式可知，两个表达式的和至少是 14，如果其中一个表达式不超过 9，则另一个表达式至少是 5，这就证明了不等式.

备注 本题不仅对 $a_i>-1$ 是成立的，而且对于 a_i 大于 x^3-x+1 的负根也是成立的. 另外，我们也注意到 5 和 9 也可以用任何一对和为 14 的非负实数来替换.

40. 设 $x,y,z\geqslant\frac{2}{3}$ 满足 $x+y+z=3$，证明

$$x^2y^2+y^2z^2+z^2x^2\geqslant xy+yz+zx$$

证明 不失一般性，我们假设 $x\geqslant y\geqslant z$，并设

$$E(x,y,z)=x^2y^2+y^2z^2+z^2x^2-xy-yz-zx$$

进一步的，设 $t=\frac{y+z}{2}$. 由

$$x,y,z\geqslant\frac{2}{3},x\geqslant y\geqslant z,x+y+z=3$$

我们有 $\frac{2}{3}\leqslant t\leqslant 1$. 下面，我们来证明

$$E(x,y,z)\geqslant E(x,t,t)\geqslant 0$$

特别的，我们有

$$\begin{aligned}E(x,y,z)-E(x,t,t)&=x^2(y^2+z^2-2t^2)-(t^2-yz)(t^2+yz-1)\\&=\frac{1}{4}(y-z)^2[x^2+(x^2-yz)+(1-t^2)]\geqslant 0\end{aligned}$$

并且

$$E(x,t,t)=2x^2t^2+t^4-2xt-t^2$$

由题设条件 $x+2t=3$，我们有

$$\begin{aligned}9E(x,t,t)&=18x^2t^2+9t^4-(2xt+t^2)(x+2t)^2\\&=t(5t^3-12xt^2+9x^2t-2x^3)\\&=t(t-x)^2(5t-2x)\\&=3t(t-x)^2(3t-2)\geqslant 0\end{aligned}$$

这就证明了不等式,当 $(x,y,z)=(1,1,1)$,或者 $(x,y,z)=\left(\frac{5}{3},\frac{2}{3},\frac{2}{3}\right)$ 及其轮换,等号成立.

41.(Mikhail Murashkin, Russia 2007) 设 $x_1,x_2,\cdots,x_n$ 是正实数,证明

$$(1+x_1)(1+x_1+x_2)\cdots(1+x_1+x_2+\cdots+x_n)\geqslant\sqrt{(n+1)^{n+1}(x_1x_2\cdots x_n)}$$

证明 不等式两边平方之后,可以转化为如下形式

$$\frac{x_1x_2\cdots x_n}{(1+x_1)^2(1+x_1+x_2)^2\cdots(1+x_1+\cdots+x_n)^2}\leqslant\frac{1}{(n+1)^{n+1}}$$

用 A 表示上述不等式左边的表达式,设

$$y_1=\frac{x_1}{1+x_1}$$

$$y_2=\frac{x_2}{(1+x_1)(1+x_1+x_2)}$$

$$y_3=\frac{x_3}{(1+x_1+x_2)(1+x_1+x_2+x_3)}$$

$$\vdots$$

$$y_n=\frac{x_n}{(1+x_1+\cdots+x_{n-1})(1+x_1+\cdots+x_n)}$$

$$y_{n+1}=\frac{1}{1+x_1+\cdots+x_n}$$

则

$$y_1y_2\cdots y_{n+1}=A, y_1+y_2+\cdots+y_n+y_{n+1}=1$$

由 AM-GM 不等式,有

$$A=y_1y_2\cdots y_n\leqslant\left(\frac{y_1+y_2+\cdots+y_{n+1}}{n+1}\right)^{n+1}=\frac{1}{(n+1)^{n+1}}$$

证毕

42.(Korea 2002) 两个实序列 $(a_1,a_2,\cdots,a_n)$ 和 $(b_1,b_2,\cdots,b_n)$ 满足

$$a_1^2+a_2^2+\cdots+a_n^2=b_1^2+b_2^2+\cdots+b_n^2=1$$

证明

$$(a_1b_2-a_2b_1)^2\leqslant 2\left|a_1b_1+a_2b_2+\cdots+a_nb_n-1\right|$$

证明 由 Cauchy-Schwarz 不等式,以及题设条件 $\sum_{i=1}^{n}a_i^2=\sum_{\text{cyc}}b_i^2=1$,我们有

$$1\geqslant a_1b_1+a_2b_2+\cdots+a_nb_n\geqslant-1$$

由 Cauchy-Schwarz 不等式,有

$$(a_1^2+a_2^2+\cdots+a_n^2)(b_1^2+b_2^2+\cdots+b_n^2)-(a_1b_1+a_2b_2+\cdots+a_nb_n)^2$$

$$=\sum_{i,j=1}^{n}(a_ib_j-a_jb_i)^2\geqslant(a_1b_2-a_2b_1)^2$$

这等价于

$$\left(1-\sum_{i=1}^{n}a_ib_i\right)\left(1+\sum_{i=1}^{n}a_ib_i\right)\geqslant(a_1b_2-a_2b_1)^2$$

所以

$$(a_1b_2-a_2b_1)^2\leqslant 2\left(1-\sum_{i=1}^{n}a_ib_i\right)=2\,|a_1b_1+a_2b_2+\cdots+a_nb_n-1|$$

证毕.

43.(Ivan Borsenco, Mathematical Reflections) 对于每一个正整数 m,定义

$$\binom{x}{m}=\frac{x(x-1)\cdots(x-m+1)}{m!}$$

设 $x_1,x_2,\cdots,x_n$是实数,且满足 $x_1+x_2+\cdots+x_n\geqslant n^2$,证明

$$\frac{n-1}{2}\left[\sum_{i=1}^{n}\binom{x_i}{3}\right]\left(\sum_{i=1}^{n}x_i\right)\geqslant\frac{n-2}{3}\left[\sum_{i=1}^{n}\binom{x_i}{2}\right]^2$$

证明 如果 $n=1$,则不等式显然成立,因为右边是负的,而左边是0.假设 $n\geqslant 2$.令

$$S_k=x_1^k+x_2^k+\cdots+x_n^k$$

我们得到

$$\sum_{i=1}^{n}\binom{x_i}{3}=\frac{S_3-3S_2+2S_1}{6}$$

$$\sum_{i=1}^{n}\binom{x_i}{2}=\frac{S_2-S_1}{2}$$

所证不等式等价于

$$S_1S_3-S_2^2-S_1S_2+S_1^2+\frac{(S_2-S_1)^2}{n-1}\geqslant 0$$

应用 AM-GM 不等式,我们有

$$S_2\geqslant\frac{S_1^2}{n}\geqslant nS_1$$

所以

$$S_2^2-(n+1)S_1S_2+nS_1^2=(S_2-S_1)(S_2-nS_1)\geqslant 0$$

等号成立当且仅当所有 x_i都相等.因此

$$(S_2-S_1)^2\geqslant(n-1)(S_1S_2-S_1^2)$$

此外,注意到

$$S_1S_3-S_2^2=\frac{1}{2}\sum_{i\neq j}x_ix_j(x_i-x_j)^2\geqslant 0$$

综合上述结果,就完成了不等式的证明,等号成立当且仅当所有 x_i 都相等.

44.(Titu Andreescu, USAMO 2004) 设 a,b,c 是正实数,证明

$$(a^5-a^2+3)(b^5-b^2+3)(c^5-c^2+3)\geqslant(a+b+c)^3$$

证明 首先注意到 $a^5-a^2+3\geqslant a^3+2$,因为这可以转化为

$$(a^2-1)(a^3-1)\geqslant 0$$

上面这个不等式总是成立的,因为 a 是正数(当 $a<1$,a^2-1 和 a^3-1 有相同的符号).这样一来,只须证明

$$(a^3+2)(b^3+2)(c^3+2)\geqslant(a+b+c)^3$$

应用 AM-GM 不等式,我们有

$$\frac{a^3}{a^3+2}+\frac{1}{b^3+2}+\frac{1}{c^3+2}\geqslant\frac{3a}{\sqrt[3]{(a^3+2)(b^3+2)(c^3+2)}}$$

类似可得

$$\frac{1}{a^3+2}+\frac{b^3}{b^3+2}+\frac{1}{c^3+2}\geqslant\frac{3b}{\sqrt[3]{(a^3+2)(b^3+2)(c^3+2)}}$$

$$\frac{1}{a^3+2}+\frac{1}{b^3+2}+\frac{c^3}{c^3+2}\geqslant\frac{3a}{\sqrt[3]{(a^3+2)(b^3+2)(c^3+2)}}$$

上述三个不等式相加,再进行简单的代数运算,即得所证不等式.等号成立当且仅当 $a=b=c=1$.

45.(Vietnam 1998) 设 $n>1$,并且 $x_1,x_2,\cdots,x_n$是正实数,满足

$$\frac{1}{x_1+1\ 998}+\frac{1}{x_2+1\ 998}+\cdots+\frac{1}{x_n+1\ 998}=\frac{1}{1\ 998}$$

证明

$$\sqrt[n]{x_1x_2\cdots x_n}\geqslant 1\ 998(n-1)$$

证明 设$\frac{1\ 998}{x_i+1\ 998}=y_i,i\in\{1,2,\cdots,n\}$,则题设条件

$$\sum_{i=1}^{n}\frac{1}{x_i+1\ 998}=\frac{1}{1\ 998}$$

变成

$$y_1+y_2+\cdots+y_n=1$$

我们来证明

$$\left(\frac{1}{y_1}-1\right)\left(\frac{1}{y_2}-1\right)\cdots\left(\frac{1}{y_n}-1\right)\geqslant(n-1)^n$$

应用 AM-GM 不等式，我们有

$$\frac{1}{y_i}-1=\frac{1-y_i}{y_i}=\frac{y_1+\cdots+y_{i-1}+y_{i+1}+\cdots+y_n}{y_i}\geqslant(n-1)\sqrt[n-1]{\frac{y_1\cdots y_{i-1}y_{i+1}\cdots y_n}{y_i^{n-1}}}$$

对所有的 $i=1,2,\cdots,n$，把这些不等式相乘，即得所证不等式，等号成立，当且仅当 $y_1=y_2=\cdots=y_n=\frac{1}{n}$，即 $x_1=x_2=\cdots=x_n=1\,998(n-1)$.

备注 做代换

$$x_i=1\,998(n-1)z_i$$

则问题变成，在条件 $\frac{1}{z_1+n-1}+\frac{1}{z_2+n-1}+\cdots+\frac{1}{z_n+n-1}=1$ 下，证明不等式 $z_1z_2\cdots z_n\geqslant 1$. 这与例 2.25 是类似的.

46.(Gabriel Dospinescu, Mathematical Reflections) 设 x,y,z 是实数，证明

$$(x^2+xy+y^2)(y^2+yz+z^2)(z^2+zx+x^2)\geqslant 3(x^2y+y^2z+z^2x)(xy^2+yz^2+zx^2)$$

证法 1 如果 $xyz=0$，不妨说 $x=0$，则不等式等价于 $y^2z^2(y-z)^2\geqslant 0$，这显然是成立的. 所以，假设 $xyz\neq 0$. 不等式的两边同时除以 $(xyz)^2$，则不等式变成

$$\left[\left(\frac{x}{y}\right)^2+\frac{x}{y}+1\right]\left[\left(\frac{y}{z}\right)^2+\frac{y}{z}+1\right]\left[\left(\frac{z}{x}\right)^2+\frac{z}{x}+1\right]\geqslant 3\left(\frac{x}{z}+\frac{y}{x}+\frac{z}{y}\right)\left(\frac{x}{y}+\frac{y}{z}+\frac{z}{x}\right)$$

作代换 $\frac{x}{y}=a,\frac{y}{z}=b,\frac{z}{x}=c$，则 $abc=1$，上述不等式变成

$$(a^2+a+1)(b^2+b+1)(c^2+c+1)\geqslant 3(a+b+c)(ab+bc+ca)$$

这又等价于

$$[ab+bc+ca-(a+b+c)]^2\geqslant 0$$

这显然成立. 等号成立当且仅当 $ab+bc+ca=a+b+c$. 这个条件可以转化为 $\frac{x}{z}+\frac{y}{x}+\frac{z}{y}=\frac{x}{y}+\frac{y}{z}+\frac{z}{x}$，等价于 $\frac{x-y}{z}+\frac{y-z}{x}+\frac{z-x}{y}=0\Rightarrow(x-y)(y-z)(z-x)=0$. 考虑到 $xyz=0$ 的情况，所以等号成立当且仅当 $x=y$ 或 $y=z$ 或 $z=x$.

证法 2 设 $p(x,y,z)$ 表示不等式左边减去右边所构成的多项式，不难看出 $p(x,x,z)=0$，因为当 $y=x$ 时，不等式可以简化为

$$3x^2(x^2+xz+z^2)^2\geqslant 3(x^3+x^2z+xz^2)^2$$

这显然是一个等式. 所以，$p(x,y,z)$ 必定是 $x-y$ 的倍数. 因为 $p(x,y,z)$ 是关于 x,y,z 的对称多项式，因此它必定是 $(x-y)^2(y-z)^2(z-x)^2$ 的倍数. 因为，假设 $x\neq 0$，这

个多项式和 $p(x,y,z)$ 都是关于 x 的四次多项式,其首项系数是

$$(y-z)^2=y^2+yz+z^2-3yz$$

因此,我们推出

$$p(x,y,z)=(x-y)^2(y-z)^2(z-x)^2$$

这样,所证不等式是一个平凡的不等式.

47. 设 a,b,c 是非负实数,没有两个同时为0,证明

$$\frac{1}{b+c}+\frac{1}{c+a}+\frac{1}{a+b}\geqslant\frac{a}{a^2+bc}+\frac{b}{b^2+ca}+\frac{c}{c^2+ab}$$

证明(Darij Grinberg 提供) 首先,注意恒等式

$$\frac{1}{(1+x)^2}+\frac{1}{(1+y)^2}-\frac{1}{1+xy}=\frac{xy(x-y)^2+(1-xy)^2}{(1+x)^2(1+y)^2(1+xy)}$$

我们得到

$$\frac{1}{(a+b)^2}+\frac{1}{(a+c)^2}-\frac{1}{a^2+bc}=\frac{bc(b-c)^2+(a^2-bc)^2}{(a+b)^2(a+c)^2(a^2+bc)}\geqslant 0$$

利用上述不等式,我们有

$$\begin{aligned}\sum_{\text{cyc}}\frac{1}{b+c}&=\sum_{\text{cyc}}\left[\frac{b}{(b+c)^2}+\frac{c}{(b+c)^2}\right]=\sum_{\text{cyc}}\frac{a}{(a+b)^2}+\sum_{\text{cyc}}\frac{a}{(c+a)^2}\\&=\sum_{\text{cyc}}a\left[\frac{1}{(a+b)^2}+\frac{1}{(a+c)^2}\right]\geqslant\sum_{\text{cyc}}\frac{a}{a^2+bc}\end{aligned}$$

等号成立当且仅当 $a=b=c$.

48. (Phan Thanh Nam) 设 $a_1,a_2\cdots,a_n$ 是正实数,满足 $a_i\in[0,i]$,$i\in\{1,2,\cdots,n\}$,证明

$$2^n a_1(a_1+a_2)(a_1+a_2+a_3)\cdots(a_1+a_2+\cdots+a_n)\geqslant(n+1)a_1^2a_2^2\cdots a_n^2$$

证明 应用AM-GM不等式,我们有

$$\begin{aligned}a_1+a_2+\cdots+a_k&=1\cdot\left(\frac{a_1}{1}\right)+2\cdot\left(\frac{a_2}{2}\right)+\cdots+k\cdot\left(\frac{a_k}{k}\right)\\&\geqslant\frac{k(k+1)}{2}\left(\frac{a_1}{1}\right)^{\frac{2}{k(k+1)}}\left(\frac{a_2}{2}\right)^{\frac{4}{k(k+1)}}\cdots\left(\frac{a_k}{k}\right)^{\frac{2k}{k(k+1)}}\end{aligned}$$

对于 $k=\{1,2,\cdots,n\}$,我们有

$$\begin{aligned}\prod_{k=1}^{n}(a_1+a_2+\cdots+a_k)&\geqslant\prod_{k=1}^{n}\left[\frac{k(k+1)}{2}\prod_{i=1}^{k}\left(\frac{a_i}{i}\right)^{\frac{2i}{k(k+1)}}\right]\\&=\frac{n!\ (n+1)!}{2^n}\prod_{i=1}^{n}\left(\frac{a_i}{i}\right)^{c_i}\end{aligned}$$

其中 c_i 表示为

$$c_i = 2i\left[\frac{1}{i(i+1)} + \frac{1}{(i+1)(i+2)} + \cdots + \frac{1}{n(n+1)}\right] = 2i\left(\frac{1}{i} - \frac{1}{n+1}\right) \leqslant 2$$

由题设条件，对于 $i \in \{1,2,\cdots,n\}$，有 $a_i \leqslant i$，因此可见 $\left(\frac{a_i}{i}\right)^{c_i} \geqslant \left(\frac{a_i}{i}\right)^2$，所以

$$a_1(a_1+a_2)\cdots(a_1+a_2+\cdots+a_n) \geqslant \frac{n!\ (n+1)!}{2^n}\prod_{i=1}^{n}\left(\frac{a_i}{i}\right)^2 = \frac{n+1}{2^n}a_1^2a_2^2\cdots a_n^2$$

当 $a_i = i, i \in \{1,2,\cdots,n\}$ 时等号成立.

49.(Titu Andreescu, Mathematical Reflections) 设 a,b,c 是正实数，证明

$$\frac{a^2}{\sqrt{4a^2+ab+4b^2}} + \frac{b^2}{\sqrt{4b^2+bc+4c^2}} + \frac{c^2}{\sqrt{4c^2+ca+4a^2}} \geqslant \frac{a+b+c}{3}$$

证明 我们来寻找变量 x,y 满足对所有 $a,b>0$ 时，成立

$$\frac{a^2}{\sqrt{4a^2+ab+4b^2}} \geqslant xa+yb$$

令 $a=b=1$，则变量 x,y 将满足关系

$$x+y=\frac{1}{3}$$

观察到不等式是齐次的，令 $t=\frac{a}{b}$，则上述不等式可以转化为

$$\frac{t^2}{\sqrt{4t^2+t+4}} \geqslant xt+y = x(t-1)+\frac{1}{3} \tag{1}$$

如果右边是负的，则不等式显然成立. 所以，假设右边是非负的，不等式两边平方，并进行某些代数运算之后，它等价于

$$9t^4-(4t^2+t+4)[3x(t-1)+1]^2 \geqslant 0$$

令上面不等式的左边为 $f(t)$，注意到 $f(1)=0$. 为确保 $f(t)$ 对所有 t 是非负的，它必须有二重根 $t=1$，为实现这一点，由综合除法，我们发现 $x=\frac{1}{2}, y=-\frac{1}{6}$. 此时

$$f(t)=\frac{1}{4}(15t-4)(t-1)^2$$

注意到，当 $t>\frac{4}{15}$ 时，f 是正的. 对于 $t \leqslant \frac{4}{15}$，式(1)变成

$$\frac{3t^2}{\sqrt{4t^2+t+4}} \geqslant \frac{3t-1}{2}$$

这当然也是成立的，因为右边是负的. 所以，对于 $a,b>0$，有

$$\frac{a^2}{\sqrt{4a^2+ab+4b^2}} \geqslant \frac{3a-b}{6}$$

这个不等式与其他两个类似的不等式相加,我们推出

$$\sum_{\text{cyc}} \frac{a^2}{\sqrt{4a^2+ab+4b^2}} \geqslant \sum_{\text{cyc}} \frac{3a-b}{6} = \frac{a+b+c}{3}$$

证毕.

50.(Alex Anderson, Mathematical Reflections) 设 $n \geqslant 2$,$a_1, a_2, \cdots, a_n$是实数,其和为 1,令

$$b_k = \sqrt{1-\frac{1}{4^k}}\sqrt{a_1^2+a_2^2+\cdots+a_k^2}$$

求 $b_1+b_2+\cdots+b_{n-1}+2b_n$的最小值.

解 首先,注意到

$$1-\frac{1}{4^k} = \frac{3}{4}\left(\frac{1}{4^{k-1}}+\frac{1}{4^{k-2}}+\cdots+\frac{1}{4}+1\right)$$

应用 Cauchy-Schwarz 不等式,有

$$\begin{aligned} b_k &= \sqrt{\frac{3}{4}} \cdot \sqrt{\frac{1}{4^{k-1}}+\frac{1}{4^{k-2}}+\cdots+\frac{1}{4}+1} \cdot \sqrt{a_1^2+a_2^2+\cdots+a_k^2} \\ &\geqslant \sqrt{\frac{3}{4}}\left(\frac{a_1}{2^{k-1}}+\frac{a_2}{2^{k-2}}+\frac{a_{k-1}}{2}+a_k\right) \end{aligned}$$

这样一来

$$\begin{aligned} \sum_{k=1}^{n} b_k &\geqslant \sqrt{\frac{3}{4}}\left[a_1\sum_{k=1}^{n}\frac{1}{2^{k-1}}+a_2\sum_{k=1}^{n-1}\frac{1}{2^{k-1}}+\cdots+a_{n-1}\left(1+\frac{1}{2}\right)+a_n\right] \\ &= \sqrt{\frac{3}{4}}\left[a_1\cdot 2\left(1-\frac{1}{2^n}\right)+\cdots+a_{n-1}\cdot 2\left(1-\frac{1}{2^2}\right)+a_n\cdot 2\left(1-\frac{1}{2}\right)\right] \\ &= \sqrt{\frac{3}{4}}\left[2(a_1+a_2+\cdots+a_n)\right]-\sqrt{\frac{3}{4}}\left(\frac{a_1}{2^{n-1}}+\frac{a_2}{2^{n-2}}+\cdots+\frac{a_{n-1}}{2}+a_n\right) \\ &\geqslant \sqrt{3}-b_n \end{aligned}$$

所以,我们得到

$$b_1+b_2+\cdots+2b_n \geqslant \sqrt{3}$$

设

$$a_1=\frac{1}{2^n-1}, a_2=\frac{2}{2^n-1}, a_3=\frac{2^2}{2^n-1}, \cdots, a_n=\frac{2^{n-1}}{2^n-1}$$

则 $a_1+a_2+\cdots+a_n=1$, 简单的计算,有

$$b_k=\left(2^k-\frac{1}{2^k}\right)\frac{1}{(2^n-1)\sqrt{3}}, k=1,2,\cdots,n$$

所以,$b_1+b_2+\cdots+2b_n=\sqrt{3}$, 因此,对所有的 n,所求的最小值为$\sqrt{3}$.

51. 设 $x_1,x_2,\cdots,x_n$ 是正实数，满足 $x_1+x_2+\cdots+x_n=1$，为方便起见，令 $x_{n+1}=x_1$，证明

$$\sum_{i=1}^{n}\sqrt{x_i^2+x_{i+1}^2}\leqslant 2-\frac{1}{\frac{\sqrt{2}}{2}+\sum_{i=1}^{n}\frac{x_i^2}{x_{i+1}}}$$

证明 所证不等式等价于

$$\sum_{i=1}^{n}\left(x_i+x_{i+1}-\sqrt{x_i^2+x_{i+1}^2}\right)\geqslant\frac{1}{\frac{\sqrt{2}}{2}+\sum_{i=1}^{n}\frac{x_i^2}{x_{i+1}}}$$

注意到

$$x_i+x_{i+1}-\sqrt{x_i^2+x_{i+1}^2}=\frac{2x_ix_{i+1}}{x_i+x_{i+1}+\sqrt{x_i^2+x_{i+1}^2}}=\frac{2x_i^2}{\frac{x_i^2}{x_{i+1}}+x_i+\frac{x_i}{x_{i+1}}\sqrt{x_i^2+x_{i+1}^2}}$$

所以，我们可以把上面的不等式改写成如下形式

$$\sum_{i=1}^{n}\frac{x_i^2}{\frac{x_i^2}{x_{i+1}}+x_i+\frac{x_i}{x_{i+1}}\sqrt{x_i^2+x_{i+1}^2}}\geqslant\frac{1}{\sqrt{2}+2\sum_{i=1}^{n}\frac{x_i^2}{x_{i+1}}}$$

由 Cauchy-Schwarz 不等式，有

$$\left(\sum_{i=1}^{n}\frac{x_i^2}{\frac{x_i^2}{x_{i+1}}+x_i+\frac{x_i}{x_{i+1}}\sqrt{x_i^2+x_{i+1}^2}}\right)\left[\sum_{i=1}^{n}\left(\frac{x_i^2}{x_{i+1}}+x_i+\frac{x_i}{x_{i+1}}\sqrt{x_i^2+x_{i+1}^2}\right)\right]\geqslant\left(\sum_{i=1}^{n}x_i\right)^2=1$$

所以，只须证明

$$\sum_{i=1}^{n}\left(\frac{x_i^2}{x_{i+1}}+x_i+\frac{x_i}{x_{i+1}}\sqrt{x_i^2+x_{i+1}^2}\right)\leqslant\sqrt{2}+2\sum_{i=1}^{n}\frac{x_i^2}{x_{i+1}}$$

整理可得

$$\sum_{i=1}^{n}\left(\frac{x_i}{x_{i+1}}\sqrt{x_i^2+x_{i+1}^2}-\frac{x_i^2}{x_{i+1}}\right)\leqslant\sqrt{2}-1$$

即

$$\sum_{i=1}^{n}\frac{x_ix_{i+1}}{\sqrt{x_i^2+x_{i+1}^2}+x_i}\leqslant\sqrt{2}-1$$

由 Cauchy-Schwarz 不等式，我们有

$$\sqrt{x_i^2+x_{i+1}^2}\geqslant\frac{x_i+x_{i+1}}{\sqrt{2}}$$

所以，只须证明

$$\sum_{i=1}^{n}\frac{x_ix_{i+1}}{(1+\sqrt{2})x_i+x_{i+1}}\leqslant 1-\frac{\sqrt{2}}{2}$$

这又可以改写成

$$\sum_{i=1}^{n}\frac{x_ix_{i+1}}{(1+\sqrt{2})x_i+x_{i+1}}\leqslant\sum_{i=1}^{n}\left(\frac{3-2\sqrt{2}}{2}x_i+\frac{\sqrt{2}-1}{2}x_{i+1}\right)$$

这可以转化为明显成立的不等式

$$\sum_{i=1}^{n}\frac{(\sqrt{2}-1)(x_i-x_{i+1})^2}{2\left[(1+\sqrt{2})x_i+x_{i+1}\right]}\geqslant 0$$

这就证明了不等式,等号成立当且仅当

$$x_1=x_2=\cdots=x_n=\frac{1}{n}$$

52. 设 $x,y,z\in\left[\frac{1}{2},2\right]$,证明

$$8\left(\frac{x}{y}+\frac{y}{z}+\frac{z}{x}\right)\geqslant 5\left(\frac{y}{x}+\frac{z}{y}+\frac{x}{z}\right)+9$$

证明 设

$$E(x,y,z)=8\left(\frac{x}{y}+\frac{y}{z}+\frac{z}{x}\right)-5\left(\frac{y}{x}+\frac{z}{y}+\frac{x}{z}\right)-9$$

不失一般性,假设 $x=\max\{x,y,z\}$,我们来证明

$$E(x,y,z)\geqslant E(x,\sqrt{xz},z)\geqslant 0$$

注意到

$$\begin{aligned}E(x,y,z)-E(x,\sqrt{xz},z)&=8\left(\frac{x}{y}+\frac{y}{z}-2\sqrt{\frac{x}{z}}\right)-5\left(\frac{y}{x}+\frac{z}{y}-2\sqrt{\frac{z}{x}}\right)\\&=\frac{(y-\sqrt{xz})^2(8x-5z)}{xyz}\geqslant 0\end{aligned}$$

作替换 $t=\sqrt{\frac{x}{z}}\ (1\leqslant t\leqslant 2)$. 我们有

$$\begin{aligned}E(x,\sqrt{xz},z)&=8\left(2\sqrt{\frac{x}{z}}+\frac{z}{x}-3\right)-5\left(2\sqrt{\frac{z}{x}}+\frac{x}{z}-3\right)\\&=8\left(2t+\frac{1}{t^2}-3\right)-5\left(\frac{2}{t}+t^2-3\right)\\&=\frac{8}{t^2}(t-1)^2(2t+1)-\frac{5}{t}(t-1)^2(t+2)\\&=\frac{(t-1)^2(8+6t-5t^2)}{t^2}\\&=\frac{(t-1)^2(4+5t)(2-t)}{t^2}\geqslant 0\end{aligned}$$

这就证明所证不等式. 在条件 $x=\max\{x,y,z\}$ 下,等号成立当且仅当 $x=y=z$ 或者 $(x,y,z)=\left(2,1,\frac{1}{2}\right)$.

同样的方法,可以证明不等式的一般情况:

如果 $p>1,x,y,z\in\left[\frac{1}{p},p\right]$,则

$$p(p+2)\left(\frac{x}{y}+\frac{y}{z}+\frac{z}{x}\right)\geqslant(2p+1)\left(\frac{y}{x}+\frac{z}{y}+\frac{x}{z}\right)+3(p^2-1)$$

53. 设 a,b,c,d 是非负实数,满足 $a+b+c+d=4$,证明

$$3(a^2+b^2+c^2+d^2)+4abcd\geqslant16$$

证法 1 设 $x=\frac{b+c+d}{3}$,则我们有 $x\leqslant\frac{4}{3},a+3x=4$. 不失一般性,假设 $a=\min\{a,b,c,d\}$,$a\leqslant1$.

设

$$E(a,b,c,d)=3(a^2+b^2+c^2+d^2)+4abcd-16$$

我们来证明

$$E(a,b,c,d)\geqslant E(a,x,x,x)\geqslant0$$

左边的不等式等价于

$$3(3x^2-S)\geqslant2a(x^3-bcd)$$

其中

$$S=bc+cd+db$$

由 Schur 不等式

$$(b+c+d)^3+9bcd\geqslant4(b+c+d)(bc+cd+db)$$

所以,我们有

$$x^3-bcd\leqslant\frac{4x}{3}(3x^2-S)$$

因此,只须证明

$$3(3x^2-S)\geqslant\frac{8ax}{3}(3x^2-S)\text{ 或者 }(3x^2-S)(9-8ax)\geqslant0$$

注意到

$$6(3x^2-S)=(b-c)^2+(c-d)^2+(d-b)^2\geqslant0$$

$$3(9-8ax)=27-8a(4-a)=8(1-a)^2+16(1-a)+3>0$$

所以

$$(3x^2-S)(9-8ax)\geqslant0$$

余下的,我们来证明第二个不等式 $E(a,x,x,x)\geqslant 0$. 为此,注意到

$$\begin{aligned}E(a,x,x,x)&=3(a^2+3x^2)+4ax^3-16=3(4-3x)^2+9x^2+4(4-3x)x^3-16\\&=4(8-18x+9x^2+4x^3-3x^4)\\&=4(1-x)^2(2+x)(4-3x)\geqslant 0\end{aligned}$$

这就证明了不等式,当 $(a,b,c,d)=(1,1,1,1)$,或者 $(a,b,c,d)=\left(0,\frac{4}{3},\frac{4}{3},\frac{4}{3}\right)$ 及其轮换,等号成立.

证法2 不等式等价于 $3(a+b)^2+3(c+d)^2+(3-2ab)(3-2cd)\geqslant 25$.

如果 $ab\geqslant\frac{3}{2}$,则不等式的左边当 cd 最小时达到最小化(保持 a,b 和 $c+d$ 不变),但这个乘积很明显在 $cd=0$ 时达到最小化. 不失一般性,令 $d=0$,所以只须证明在条件 $a+b+c=4$ 时,有 $a^2+b^2+c^2\geqslant\frac{16}{3}$. 这很容易地由Cauchy-Schwarz不等式或者AM-GM不等式得到.

如果 $ab<\frac{3}{2}$. 在这种情况下,不等式的左边当 cd 最大,即当 $c=d$ 时达到最小值. 此时,我们用 cd 来替换 ab 重复上面的论述,我们看到,如果 $cd\geqslant\frac{3}{2}$,不等式得证,否则,我们可以假定 $a=b$.

这样一来,只须考虑 $b=a$ 和 $d=c$ 的情况,此时,不等式变成

$$6(a^2+c^2)+4a^2c^2\geqslant 16$$

这可以改写成

$$6(a+c)^2+(3-2ac)^2\geqslant 25$$

利用条件 $a+c=2$,又可以简化为 $(3-2ac)^2\geqslant 1$ 或者 $ac\leqslant 1$,这由AM-GM不等式立即可得.

54. 设 x,y,z 是正实数,满足 $x^3+y^3+z^3=3$,证明

$$xy^4+yz^4+zx^4\leqslant 3$$

证明 设 $a^2=x^3,b^2=y^3,c^2=z^3$,则我们有

$$xy^4+yz^4+zx^4=a^{\frac{2}{3}}b^{\frac{8}{3}}+b^{\frac{2}{3}}c^{\frac{8}{3}}+c^{\frac{2}{3}}a^{\frac{8}{3}}$$

由Hölder不等式,有

$$\begin{aligned}(a^{\frac{2}{3}}b^{\frac{8}{3}}+b^{\frac{2}{3}}c^{\frac{8}{3}}+c^{\frac{2}{3}}a^{\frac{8}{3}})^3&=(a^{\frac{1}{3}}b\cdot a^{\frac{1}{3}}b\cdot b^{\frac{2}{3}}+b^{\frac{1}{3}}c\cdot b^{\frac{1}{3}}c\cdot c^{\frac{2}{3}}+c^{\frac{1}{3}}a\cdot c^{\frac{1}{3}}a\cdot a^{\frac{2}{3}})^3\\&\leqslant(ab^3+bc^3+ca^3)^2(a^2+b^2+c^2)\\&=3(ab^3+bc^3+ca^3)^2\end{aligned}$$

由著名的Vasile Cîrtoaje不等式 $(a^2+b^2+c^2)^2\geqslant 3(ab^3+bc^3+ca^3)$(在例4.20中证明

过),即得所证不等式.

55.(Vasile Cîrtoaje) 设 a,b,c,d,e 是非负实数,满足 $a+b+c+d+e=5$,证明

$$(a^2+b^2)(b^2+c^2)(c^2+d^2)(d^2+e^2)(e^2+a^2)\leqslant\frac{729}{2}$$

证明 由于不等式是轮换对称的,我们可以设 $e=\min\{a,b,c,d,e\}$. 又设 $x=a+\frac{e}{2}$,$y=d+\frac{e}{2}$,则

$$a^2+b^2\leqslant x^2+b^2$$

$$c^2+d^2\leqslant c^2+y^2$$

$$d^2+e^2\leqslant d^2+de\leqslant\left(d+\frac{e}{2}\right)^2=y^2$$

$$e^2+a^2\leqslant ae+a^2\leqslant\left(a+\frac{e}{2}\right)^2=x^2$$

所以,只须证明,当 $x+y+b+c=5$ 时

$$x^2y^2(b^2+c^2)(x^2+b^2)(y^2+c^2)\leqslant\frac{729}{2}$$

不失一般性,假设 $b\leqslant c$. 令 $u=x+\frac{b}{2}$,$v=c+\frac{b}{2}$,其中 $u+v+y=5$. 注意到

$$x^2(x^2+b^2)\leqslant\left(x^2+xb+\frac{b^2}{4}\right)^2=\left(x+\frac{b}{2}\right)^4=u^4$$

以及

$$b^2+c^2\leqslant bc+c^2\leqslant\left(c+\frac{b}{2}\right)^2=v^2$$

$$y^2+c^2\leqslant y^2+v^2$$

所以,只须证明

$$u^4y^2v^2(y^2+v^2)\leqslant\frac{729}{2}$$

由 AM-GM 不等式,有

$$yv\leqslant\left(\frac{y+v}{2}\right)^2$$

$$2yv(y^2+v^2)\leqslant\left(\frac{2yv+y^2+v^2}{2}\right)^2=\frac{(y+v)^4}{4}$$

所以,我们只须证明 $u^4\left(\frac{y+v}{2}\right)^6\leqslant\frac{729}{4}$,这可以改写成

$$\left(\frac{u}{2}\right)^2\left(\frac{y+v}{3}\right)^3\leqslant 1$$

最后,由 AM-GM 不等式,我们有

$$5=\frac{u}{2}+\frac{u}{2}+\frac{y+v}{3}+\frac{y+v}{3}+\frac{y+v}{3}$$
$$\geqslant 5\sqrt[5]{\left(\frac{u}{2}\right)^{2}\left(\frac{y+v}{3}\right)^{3}}$$

这就证明了不等式,当$(a,b,c,d,e)=\left(\frac{3}{2},\frac{3}{2},0,2,0\right)$及其轮换,等号成立.

刘培杰数学工作室
已出版(即将出版)图书目录——初等数学

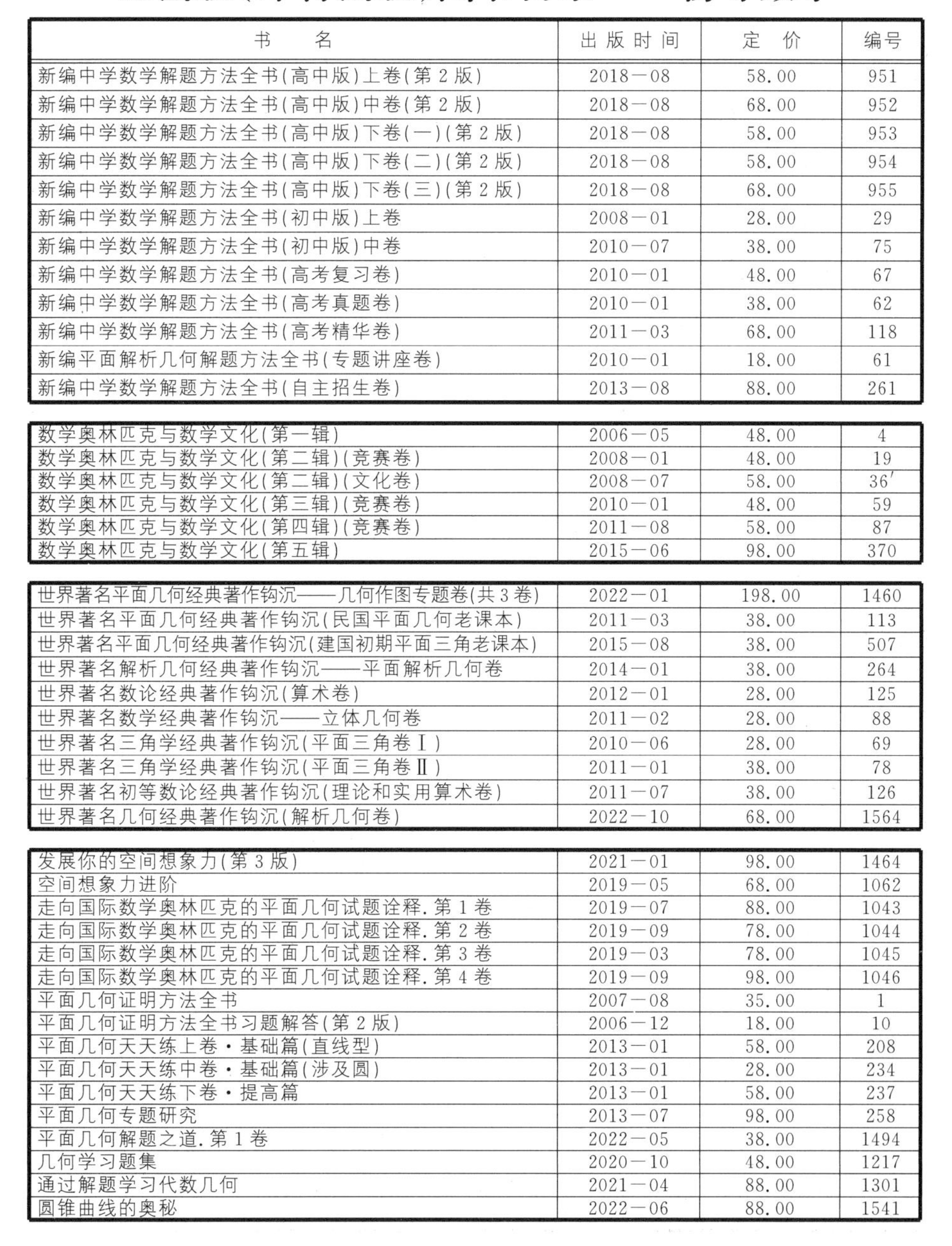

书　　名	出版时间	定　价	编号
新编中学数学解题方法全书(高中版)上卷(第2版)	2018—08	58.00	951
新编中学数学解题方法全书(高中版)中卷(第2版)	2018—08	68.00	952
新编中学数学解题方法全书(高中版)下卷(一)(第2版)	2018—08	58.00	953
新编中学数学解题方法全书(高中版)下卷(二)(第2版)	2018—08	58.00	954
新编中学数学解题方法全书(高中版)下卷(三)(第2版)	2018—08	68.00	955
新编中学数学解题方法全书(初中版)上卷	2008—01	28.00	29
新编中学数学解题方法全书(初中版)中卷	2010—07	38.00	75
新编中学数学解题方法全书(高考复习卷)	2010—01	48.00	67
新编中学数学解题方法全书(高考真题卷)	2010—01	38.00	62
新编中学数学解题方法全书(高考精华卷)	2011—03	68.00	118
新编平面解析几何解题方法全书(专题讲座卷)	2010—01	18.00	61
新编中学数学解题方法全书(自主招生卷)	2013—08	88.00	261
数学奥林匹克与数学文化(第一辑)	2006—05	48.00	4
数学奥林匹克与数学文化(第二辑)(竞赛卷)	2008—01	48.00	19
数学奥林匹克与数学文化(第二辑)(文化卷)	2008—07	58.00	36′
数学奥林匹克与数学文化(第三辑)(竞赛卷)	2010—01	48.00	59
数学奥林匹克与数学文化(第四辑)(竞赛卷)	2011—08	58.00	87
数学奥林匹克与数学文化(第五辑)	2015—06	98.00	370
世界著名平面几何经典著作钩沉——几何作图专题卷(共3卷)	2022—01	198.00	1460
世界著名平面几何经典著作钩沉(民国平面几何老课本)	2011—03	38.00	113
世界著名平面几何经典著作钩沉(建国初期平面三角老课本)	2015—08	38.00	507
世界著名解析几何经典著作钩沉——平面解析几何卷	2014—01	38.00	264
世界著名数论经典著作钩沉(算术卷)	2012—01	28.00	125
世界著名数学经典著作钩沉——立体几何卷	2011—02	28.00	88
世界著名三角学经典著作钩沉(平面三角卷Ⅰ)	2010—06	28.00	69
世界著名三角学经典著作钩沉(平面三角卷Ⅱ)	2011—01	38.00	78
世界著名初等数论经典著作钩沉(理论和实用算术卷)	2011—07	38.00	126
世界著名几何经典著作钩沉(解析几何卷)	2022—10	68.00	1564
发展你的空间想象力(第3版)	2021—01	98.00	1464
空间想象力进阶	2019—05	68.00	1062
走向国际数学奥林匹克的平面几何试题诠释.第1卷	2019—07	88.00	1043
走向国际数学奥林匹克的平面几何试题诠释.第2卷	2019—09	78.00	1044
走向国际数学奥林匹克的平面几何试题诠释.第3卷	2019—03	78.00	1045
走向国际数学奥林匹克的平面几何试题诠释.第4卷	2019—09	98.00	1046
平面几何证明方法全书	2007—08	35.00	1
平面几何证明方法全书习题解答(第2版)	2006—12	18.00	10
平面几何天天练上卷·基础篇(直线型)	2013—01	58.00	208
平面几何天天练中卷·基础篇(涉及圆)	2013—01	28.00	234
平面几何天天练下卷·提高篇	2013—01	58.00	237
平面几何专题研究	2013—07	98.00	258
平面几何解题之道.第1卷	2022—05	38.00	1494
几何学习题集	2020—10	48.00	1217
通过解题学习代数几何	2021—04	88.00	1301
圆锥曲线的奥秘	2022—06	88.00	1541

刘培杰数学工作室
已出版(即将出版)图书目录——初等数学

书　名	出版时间	定　价	编号
最新世界各国数学奥林匹克中的平面几何试题	2007－09	38.00	14
数学竞赛平面几何典型题及新颖解	2010－07	48.00	74
初等数学复习及研究(平面几何)	2008－09	68.00	38
初等数学复习及研究(立体几何)	2010－06	38.00	71
初等数学复习及研究(平面几何)习题解答	2009－01	58.00	42
几何学教程(平面几何卷)	2011－03	68.00	90
几何学教程(立体几何卷)	2011－07	68.00	130
几何变换与几何证题	2010－06	88.00	70
计算方法与几何证题	2011－06	28.00	129
立体几何技巧与方法(第2版)	2022－10	168.00	1572
几何瑰宝——平面几何500名题暨1500条定理(上、下)	2021－07	168.00	1358
三角形的解法与应用	2012－07	18.00	183
近代的三角形几何学	2012－07	48.00	184
一般折线几何学	2015－08	48.00	503
三角形的五心	2009－06	28.00	51
三角形的六心及其应用	2015－10	68.00	542
三角形趣谈	2012－08	28.00	212
解三角形	2014－01	28.00	265
探秘三角形:一次数学旅行	2021－10	68.00	1387
三角学专门教程	2014－09	28.00	387
图天下几何新题试卷.初中(第2版)	2017－11	58.00	855
圆锥曲线习题集(上册)	2013－06	68.00	255
圆锥曲线习题集(中册)	2015－01	78.00	434
圆锥曲线习题集(下册·第1卷)	2016－10	78.00	683
圆锥曲线习题集(下册·第2卷)	2018－01	98.00	853
圆锥曲线习题集(下册·第3卷)	2019－10	128.00	1113
圆锥曲线的思想方法	2021－08	48.00	1379
圆锥曲线的八个主要问题	2021－10	48.00	1415
论九点圆	2015－05	88.00	645
近代欧氏几何学	2012－03	48.00	162
罗巴切夫斯基几何学及几何基础概要	2012－07	28.00	188
罗巴切夫斯基几何学初步	2015－06	28.00	474
用三角、解析几何、复数、向量计算解数学竞赛几何题	2015－03	48.00	455
用解析法研究圆锥曲线的几何理论	2022－05	48.00	1495
美国中学几何教程	2015－04	88.00	458
三线坐标与三角形特征点	2015－04	98.00	460
坐标几何学基础.第1卷,笛卡儿坐标	2021－08	48.00	1398
坐标几何学基础.第2卷,三线坐标	2021－09	28.00	1399
平面解析几何方法与研究(第1卷)	2015－05	18.00	471
平面解析几何方法与研究(第2卷)	2015－06	18.00	472
平面解析几何方法与研究(第3卷)	2015－07	18.00	473
解析几何研究	2015－01	38.00	425
解析几何学教程.上	2016－01	38.00	574
解析几何学教程.下	2016－01	38.00	575
几何学基础	2016－01	58.00	581
初等几何研究	2015－02	58.00	444
十九和二十世纪欧氏几何学中的片段	2017－01	58.00	696
平面几何中考.高考.奥数一本通	2017－07	28.00	820
几何学简史	2017－08	28.00	833
四面体	2018－01	48.00	880
平面几何证明方法思路	2018－12	68.00	913
折纸中的几何练习	2022－09	48.00	1559
中学新几何学(英文)	2022－10	98.00	1562
线性代数与几何	2023－04	68.00	1633

刘培杰数学工作室
已出版(即将出版)图书目录——初等数学

书　　名	出版时间	定　价	编号
平面几何图形特性新析.上篇	2019－01	68.00	911
平面几何图形特性新析.下篇	2018－06	88.00	912
平面几何范例多解探究.上篇	2018－04	48.00	910
平面几何范例多解探究.下篇	2018－12	68.00	914
从分析解题过程学解题:竞赛中的几何问题研究	2018－07	68.00	946
从分析解题过程学解题:竞赛中的向量几何与不等式研究(全2册)	2019－06	138.00	1090
从分析解题过程学解题:竞赛中的不等式问题	2021－01	48.00	1249
二维、三维欧氏几何的对偶原理	2018－12	38.00	990
星形大观及闭折线论	2019－03	68.00	1020
立体几何的问题和方法	2019－11	58.00	1127
三角代换论	2021－05	58.00	1313
俄罗斯平面几何问题集	2009－08	88.00	55
俄罗斯立体几何问题集	2014－03	58.00	283
俄罗斯几何大师——沙雷金论数学及其他	2014－01	48.00	271
来自俄罗斯的5000道几何习题及解答	2011－03	58.00	89
俄罗斯初等数学问题集	2012－05	38.00	177
俄罗斯函数问题集	2011－03	38.00	103
俄罗斯组合分析问题集	2011－01	48.00	79
俄罗斯初等数学万题选——三角卷	2012－11	38.00	222
俄罗斯初等数学万题选——代数卷	2013－08	68.00	225
俄罗斯初等数学万题选——几何卷	2014－01	68.00	226
俄罗斯《量子》杂志数学征解问题100题选	2018－08	48.00	969
俄罗斯《量子》杂志数学征解问题又100题选	2018－08	48.00	970
俄罗斯《量子》杂志数学征解问题	2020－05	48.00	1138
463个俄罗斯几何老问题	2012－01	28.00	152
《量子》数学短文精粹	2018－09	38.00	972
用三角、解析几何等计算解来自俄罗斯的几何题	2019－11	88.00	1119
基谢廖夫平面几何	2022－01	48.00	1461
基谢廖夫立体几何	2023－04	48.00	1599
数学:代数、数学分析和几何(10－11年级)	2021－01	48.00	1250
立体几何.10—11年级	2022－01	58.00	1472
直观几何学:5—6年级	2022－04	58.00	1508
平面几何:9—11年级	2022－10	48.00	1571

书　　名	出版时间	定　价	编号
谈谈素数	2011－03	18.00	91
平方和	2011－03	18.00	92
整数论	2011－05	38.00	120
从整数谈起	2015－10	28.00	538
数与多项式	2016－01	38.00	558
谈谈不定方程	2011－05	28.00	119
质数漫谈	2022－07	68.00	1529

书　　名	出版时间	定　价	编号
解析不等式新论	2009－06	68.00	48
建立不等式的方法	2011－03	98.00	104
数学奥林匹克不等式研究(第2版)	2020－07	68.00	1181
不等式研究(第二辑)	2012－02	68.00	153
不等式的秘密(第一卷)(第2版)	2014－02	38.00	286
不等式的秘密(第二卷)	2014－01	38.00	268
初等不等式的证明方法	2010－06	38.00	123
初等不等式的证明方法(第二版)	2014－11	38.00	407
不等式·理论·方法(基础卷)	2015－07	38.00	496
不等式·理论·方法(经典不等式卷)	2015－07	38.00	497
不等式·理论·方法(特殊类型不等式卷)	2015－07	48.00	498
不等式探究	2016－03	38.00	582
不等式探秘	2017－01	88.00	689
四面体不等式	2017－01	68.00	715
数学奥林匹克中常见重要不等式	2017－09	38.00	845

刘培杰数学工作室

已出版(即将出版)图书目录——初等数学

书　　名	出版时间	定　价	编号
三正弦不等式	2018—09	98.00	974
函数方程与不等式:解法与稳定性结果	2019—04	68.00	1058
数学不等式.第1卷,对称多项式不等式	2022—05	78.00	1455
数学不等式.第2卷,对称有理不等式与对称无理不等式	2022—05	88.00	1456
数学不等式.第3卷,循环不等式与非循环不等式	2022—05	88.00	1457
数学不等式.第4卷,Jensen不等式的扩展与加细	2022—05	88.00	1458
数学不等式.第5卷,创建不等式与解不等式的其他方法	2022—05	88.00	1459
同余理论	2012—05	38.00	163
[x]与{x}	2015—04	48.00	476
极值与最值.上卷	2015—06	28.00	486
极值与最值.中卷	2015—06	38.00	487
极值与最值.下卷	2015—06	28.00	488
整数的性质	2012—11	38.00	192
完全平方数及其应用	2015—08	78.00	506
多项式理论	2015—10	88.00	541
奇数、偶数、奇偶分析法	2018—01	98.00	876
不定方程及其应用.上	2018—12	58.00	992
不定方程及其应用.中	2019—01	78.00	993
不定方程及其应用.下	2019—02	98.00	994
Nesbitt不等式加强式的研究	2022—06	128.00	1527
最值定理与分析不等式	2023—02	78.00	1567
一类积分不等式	2023—02	88.00	1579
邦费罗尼不等式及概率应用	2023—05	58.00	1637
历届美国中学生数学竞赛试题及解答(第一卷)1950—1954	2014—07	18.00	277
历届美国中学生数学竞赛试题及解答(第二卷)1955—1959	2014—04	18.00	278
历届美国中学生数学竞赛试题及解答(第三卷)1960—1964	2014—06	18.00	279
历届美国中学生数学竞赛试题及解答(第四卷)1965—1969	2014—04	28.00	280
历届美国中学生数学竞赛试题及解答(第五卷)1970—1972	2014—06	18.00	281
历届美国中学生数学竞赛试题及解答(第六卷)1973—1980	2017—07	18.00	768
历届美国中学生数学竞赛试题及解答(第七卷)1981—1986	2015—01	18.00	424
历届美国中学生数学竞赛试题及解答(第八卷)1987—1990	2017—05	18.00	769
历届中国数学奥林匹克试题集(第3版)	2021—10	58.00	1440
历届加拿大数学奥林匹克试题集	2012—08	38.00	215
历届美国数学奥林匹克试题集:1972～2019	2020—04	88.00	1135
历届波兰数学竞赛试题集.第1卷,1949～1963	2015—03	18.00	453
历届波兰数学竞赛试题集.第2卷,1964～1976	2015—03	18.00	454
历届巴尔干数学奥林匹克试题集	2015—05	38.00	466
保加利亚数学奥林匹克	2014—10	38.00	393
圣彼得堡数学奥林匹克试题集	2015—01	38.00	429
匈牙利奥林匹克数学竞赛题解.第1卷	2016—05	28.00	593
匈牙利奥林匹克数学竞赛题解.第2卷	2016—05	28.00	594
历届美国数学邀请赛试题集(第2版)	2017—10	78.00	851
普林斯顿大学数学竞赛	2016—06	38.00	669
亚太地区数学奥林匹克竞赛题	2015—07	18.00	492
日本历届(初级)广中杯数学竞赛试题及解答.第1卷(2000～2007)	2016—05	28.00	641
日本历届(初级)广中杯数学竞赛试题及解答.第2卷(2008～2015)	2016—05	38.00	642
越南数学奥林匹克题选:1962—2009	2021—07	48.00	1370
360个数学竞赛问题	2016—08	58.00	677
奥数最佳实战题.上卷	2017—06	38.00	760
奥数最佳实战题.下卷	2017—05	58.00	761
哈尔滨市早期中学数学竞赛试题汇编	2016—07	28.00	672
全国高中数学联赛试题及解答:1981—2019(第4版)	2020—07	138.00	1176
2022年全国高中数学联合竞赛模拟题集	2022—06	30.00	1521

刘培杰数学工作室

已出版(即将出版)图书目录——初等数学

书　　名	出版时间	定　价	编号
20世纪50年代全国部分城市数学竞赛试题汇编	2017－07	28.00	797
国内外数学竞赛题及精解:2018～2019	2020－08	45.00	1192
国内外数学竞赛题及精解:2019～2020	2021－11	58.00	1439
许康华竞赛优学精选集.第一辑	2018－08	68.00	949
天问叶班数学问题征解100题.Ⅰ,2016－2018	2019－05	88.00	1075
天问叶班数学问题征解100题.Ⅱ,2017－2019	2020－07	98.00	1177
美国初中数学竞赛:AMC8准备(共6卷)	2019－07	138.00	1089
美国高中数学竞赛:AMC10准备(共6卷)	2019－08	158.00	1105
王连笑教你怎样学数学:高考选择题解题策略与客观题实用训练	2014－01	48.00	262
王连笑教你怎样学数学:高考数学高层次讲座	2015－02	48.00	432
高考数学的理论与实践	2009－08	38.00	53
高考数学核心题型解题方法与技巧	2010－01	28.00	86
高考思维新平台	2014－03	38.00	259
高考数学压轴题解题诀窍(上)(第2版)	2018－01	58.00	874
高考数学压轴题解题诀窍(下)(第2版)	2018－01	48.00	875
北京市五区文科数学三年高考模拟题详解:2013～2015	2015－08	48.00	500
北京市五区理科数学三年高考模拟题详解:2013～2015	2015－09	68.00	505
向量法巧解数学高考题	2009－08	28.00	54
高中数学课堂教学的实践与反思	2021－11	48.00	791
数学高考参考	2016－01	78.00	589
新课程标准高考数学解答题各种题型解法指导	2020－08	78.00	1196
全国及各省市高考数学试题审题要津与解法研究	2015－02	48.00	450
高中数学章节起始课的教学研究与案例设计	2019－05	28.00	1064
新课标高考数学——五年试题分章详解(2007～2011)(上、下)	2011－10	78.00	140,141
全国中考数学压轴题审题要津与解法研究	2013－04	78.00	248
新编全国及各省市中考数学压轴题审题要津与解法研究	2014－05	58.00	342
全国及各省市5年中考数学压轴题审题要津与解法研究(2015版)	2015－04	58.00	462
中考数学专题总复习	2007－04	28.00	6
中考数学较难题常考题型解题方法与技巧	2016－09	48.00	681
中考数学难题常考题型解题方法与技巧	2016－09	48.00	682
中考数学中档题常考题型解题方法与技巧	2017－08	68.00	835
中考数学选择填空压轴好题妙解365	2017－05	38.00	759
中考数学:三类重点考题的解法例析与习题	2020－04	48.00	1140
中小学数学的历史文化	2019－11	48.00	1124
初中平面几何百题多思创新解	2020－01	58.00	1125
初中数学中考备考	2020－01	58.00	1126
高考数学之九章演义	2019－08	68.00	1044
高考数学之难题谈笑间	2022－06	68.00	1519
化学可以这样学:高中化学知识方法智慧感悟疑难辨析	2019－07	58.00	1103
如何成为学习高手	2019－09	58.00	1107
高考数学:经典真题分类解析	2020－04	78.00	1134
高考数学解答题破解策略	2020－11	58.00	1221
从分析解题过程学解题:高考压轴题与竞赛题之关系探究	2020－08	88.00	1179
教学新思考:单元整体视角下的初中数学教学设计	2021－03	58.00	1278
思维再拓展:2020年经典几何题的多解探究与思考	即将出版		1279
中考数学小压轴汇编初讲	2017－07	48.00	788
中考数学大压轴专题微言	2017－09	48.00	846
怎么解中考平面几何探索题	2019－06	48.00	1093
北京中考数学压轴题解题方法突破(第8版)	2022－11	78.00	1577
助你高考成功的数学解题智慧:知识是智慧的基础	2016－01	58.00	596
助你高考成功的数学解题智慧:错误是智慧的试金石	2016－04	58.00	643
助你高考成功的数学解题智慧:方法是智慧的推手	2016－04	68.00	657
高考数学奇思妙解	2016－04	38.00	610
高考数学解题策略	2016－05	48.00	670
数学解题泄天机(第2版)	2017－10	48.00	850

刘培杰数学工作室

已出版(即将出版)图书目录——初等数学

书 名	出版时间	定 价	编号
高考物理压轴题全解	2017—04	58.00	746
高中物理经典问题25讲	2017—05	28.00	764
高中物理教学讲义	2018—01	48.00	871
高中物理教学讲义:全模块	2022—03	98.00	1492
高中物理答疑解惑65篇	2021—11	48.00	1462
中学物理基础问题解析	2020—08	48.00	1183
初中数学、高中数学脱节知识补缺教材	2017—06	48.00	766
高考数学小题抢分必练	2017—10	48.00	834
高考数学核心素养解读	2017—09	38.00	839
高考数学客观题解题方法和技巧	2017—10	38.00	847
十年高考数学精品试题审题要津与解法研究	2021—10	98.00	1427
中国历届高考数学试题及解答.1949—1979	2018—01	38.00	877
历届中国高考数学试题及解答.第二卷,1980—1989	2018—10	28.00	975
历届中国高考数学试题及解答.第三卷,1990—1999	2018—10	48.00	976
数学文化与高考研究	2018—03	48.00	882
跟我学解高中数学题	2018—07	58.00	926
中学数学研究的方法及案例	2018—05	58.00	869
高考数学抢分技能	2018—07	68.00	934
高一新生常用数学方法和重要数学思想提升教材	2018—06	38.00	921
2018年高考数学真题研究	2019—01	68.00	1000
2019年高考数学真题研究	2020—05	88.00	1137
高考数学全国卷六道解答题常考题型解题诀窍:理科(全2册)	2019—07	78.00	1101
高考数学全国卷16道选择、填空题常考题型解题诀窍.理科	2018—09	88.00	971
高考数学全国卷16道选择、填空题常考题型解题诀窍.文科	2020—01	88.00	1123
高中数学一题多解	2019—06	58.00	1087
历届中国高考数学试题及解答:1917—1999	2021—08	98.00	1371
2000~2003年全国及各省市高考数学试题及解答	2022—05	88.00	1499
2004年全国及各省市高考数学试题及解答	2022—07	78.00	1500
突破高原:高中数学解题思维探究	2021—08	48.00	1375
高考数学中的"取值范围"	2021—10	48.00	1429
新课程标准高中数学各种题型解法大全.必修一分册	2021—06	58.00	1315
新课程标准高中数学各种题型解法大全.必修二分册	2022—01	68.00	1471
高中数学各种题型解法大全.选择性必修一分册	2022—06	68.00	1525
高中数学各种题型解法大全.选择性必修二分册	2023—01	58.00	1600
高中数学各种题型解法大全.选择性必修三分册	2023—04	48.00	1643
历届全国初中数学竞赛经典试题详解	2023—04	88.00	1624
新编640个世界著名数学智力趣题	2014—01	88.00	242
500个最新世界著名数学智力趣题	2008—06	48.00	3
400个最新世界著名数学最值问题	2008—09	48.00	36
500个世界著名数学征解问题	2009—06	48.00	52
400个中国最佳初等数学征解老问题	2010—01	48.00	60
500个俄罗斯数学经典老题	2011—01	28.00	81
1000个国外中学物理好题	2012—04	48.00	174
300个日本高考数学题	2012—05	38.00	142
700个早期日本高考数学试题	2017—02	88.00	752
500个前苏联早期高考数学试题及解答	2012—05	28.00	185
546个早期俄罗斯大学生数学竞赛题	2014—03	38.00	285
548个来自美苏的数学好问题	2014—11	28.00	396
20所苏联著名大学早期入学试题	2015—02	18.00	452
161道德国工科大学生必做的微分方程习题	2015—05	28.00	469
500个德国工科大学生必做的高数习题	2015—06	28.00	478
360个数学竞赛问题	2016—08	58.00	677
200个趣味数学故事	2018—02	48.00	857
470个数学奥林匹克中的最值问题	2018—10	88.00	985
德国讲义日本考题.微积分卷	2015—04	48.00	456
德国讲义日本考题.微分方程卷	2015—04	38.00	457
二十世纪中叶中、英、美、日、法、俄高考数学试题精选	2017—06	38.00	783

刘培杰数学工作室

已出版(即将出版)图书目录——初等数学

书　　名	出版时间	定　价	编号
中国初等数学研究　2009卷(第1辑)	2009-05	20.00	45
中国初等数学研究　2010卷(第2辑)	2010-05	30.00	68
中国初等数学研究　2011卷(第3辑)	2011-07	60.00	127
中国初等数学研究　2012卷(第4辑)	2012-07	48.00	190
中国初等数学研究　2014卷(第5辑)	2014-02	48.00	288
中国初等数学研究　2015卷(第6辑)	2015-06	68.00	493
中国初等数学研究　2016卷(第7辑)	2016-04	68.00	609
中国初等数学研究　2017卷(第8辑)	2017-01	98.00	712
初等数学研究在中国.第1辑	2019-03	158.00	1024
初等数学研究在中国.第2辑	2019-10	158.00	1116
初等数学研究在中国.第3辑	2021-05	158.00	1306
初等数学研究在中国.第4辑	2022-06	158.00	1520
几何变换(Ⅰ)	2014-07	28.00	353
几何变换(Ⅱ)	2015-06	28.00	354
几何变换(Ⅲ)	2015-01	38.00	355
几何变换(Ⅳ)	2015-12	38.00	356
初等数论难题集(第一卷)	2009-05	68.00	44
初等数论难题集(第二卷)(上、下)	2011-02	128.00	82,83
数论概貌	2011-03	18.00	93
代数数论(第二版)	2013-08	58.00	94
代数多项式	2014-06	38.00	289
初等数论的知识与问题	2011-02	28.00	95
超越数论基础	2011-03	28.00	96
数论初等教程	2011-03	28.00	97
数论基础	2011-03	18.00	98
数论基础与维诺格拉多夫	2014-03	18.00	292
解析数论基础	2012-08	28.00	216
解析数论基础(第二版)	2014-01	48.00	287
解析数论问题集(第二版)(原版引进)	2014-05	88.00	343
解析数论问题集(第二版)(中译本)	2016-04	88.00	607
解析数论基础(潘承洞,潘承彪著)	2016-07	98.00	673
解析数论导引	2016-07	58.00	674
数论入门	2011-03	38.00	99
代数数论入门	2015-03	38.00	448
数论开篇	2012-07	28.00	194
解析数论引论	2011-03	48.00	100
Barban Davenport Halberstam 均值和	2009-01	40.00	33
基础数论	2011-03	28.00	101
初等数论100例	2011-05	18.00	122
初等数论经典例题	2012-07	18.00	204
最新世界各国数学奥林匹克中的初等数论试题(上、下)	2012-01	138.00	144,145
初等数论(Ⅰ)	2012-01	18.00	156
初等数论(Ⅱ)	2012-01	18.00	157
初等数论(Ⅲ)	2012-01	28.00	158

刘培杰数学工作室
已出版(即将出版)图书目录——初等数学

书　　名	出版时间	定　价	编号
平面几何与数论中未解决的新老问题	2013－01	68.00	229
代数数论简史	2014－11	28.00	408
代数数论	2015－09	88.00	532
代数、数论及分析习题集	2016－11	98.00	695
数论导引提要及习题解答	2016－01	48.00	559
素数定理的初等证明.第2版	2016－09	48.00	686
数论中的模函数与狄利克雷级数(第二版)	2017－11	78.00	837
数论:数学导引	2018－01	68.00	849
范氏大代数	2019－02	98.00	1016
解析数学讲义.第一卷,导来式及微分、积分、级数	2019－04	88.00	1021
解析数学讲义.第二卷,关于几何的应用	2019－04	68.00	1022
解析数学讲义.第三卷,解析函数论	2019－04	78.00	1023
分析·组合·数论纵横谈	2019－04	58.00	1039
Hall代数:民国时期的中学数学课本:英文	2019－08	88.00	1106
基谢廖夫初等代数	2022－07	38.00	1531
数学精神巡礼	2019－01	58.00	731
数学眼光透视(第2版)	2017－06	78.00	732
数学思想领悟(第2版)	2018－01	68.00	733
数学方法溯源(第2版)	2018－08	68.00	734
数学解题引论	2017－05	58.00	735
数学史话览胜(第2版)	2017－01	48.00	736
数学应用展观(第2版)	2017－08	68.00	737
数学建模尝试	2018－04	48.00	738
数学竞赛采风	2018－01	68.00	739
数学测评探营	2019－05	58.00	740
数学技能操握	2018－03	48.00	741
数学欣赏拾趣	2018－02	48.00	742
从毕达哥拉斯到怀尔斯	2007－10	48.00	9
从迪利克雷到维斯卡尔迪	2008－01	48.00	21
从哥德巴赫到陈景润	2008－05	98.00	35
从庞加莱到佩雷尔曼	2011－08	138.00	136
博弈论精粹	2008－03	58.00	30
博弈论精粹.第二版(精装)	2015－01	88.00	461
数学 我爱你	2008－01	28.00	20
精神的圣徒　别样的人生——60位中国数学家成长的历程	2008－09	48.00	39
数学史概论	2009－06	78.00	50
数学史概论(精装)	2013－03	158.00	272
数学史选讲	2016－01	48.00	544
斐波那契数列	2010－02	28.00	65
数学拼盘和斐波那契魔方	2010－07	38.00	72
斐波那契数列欣赏(第2版)	2018－08	58.00	948
Fibonacci数列中的明珠	2018－06	58.00	928
数学的创造	2011－02	48.00	85
数学美与创造力	2016－01	48.00	595
数海拾贝	2016－01	48.00	590
数学中的美(第2版)	2019－04	68.00	1057
数论中的美学	2014－12	38.00	351

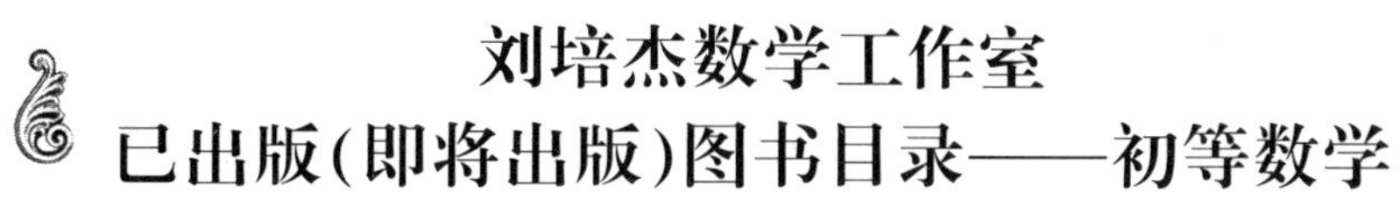

刘培杰数学工作室
已出版(即将出版)图书目录——初等数学

书　　名	出版时间	定　价	编号
数学王者　科学巨人——高斯	2015—01	28.00	428
振兴祖国数学的圆梦之旅:中国初等数学研究史话	2015—06	98.00	490
二十世纪中国数学史料研究	2015—10	48.00	536
数字谜、数阵图与棋盘覆盖	2016—01	58.00	298
时间的形状	2016—01	38.00	556
数学发现的艺术:数学探索中的合情推理	2016—07	58.00	671
活跃在数学中的参数	2016—07	48.00	675
数海趣史	2021—05	98.00	1314
数学解题——靠数学思想给力(上)	2011—07	38.00	131
数学解题——靠数学思想给力(中)	2011—07	48.00	132
数学解题——靠数学思想给力(下)	2011—07	38.00	133
我怎样解题	2013—01	48.00	227
数学解题中的物理方法	2011—06	28.00	114
数学解题的特殊方法	2011—06	48.00	115
中学数学计算技巧(第2版)	2020—10	48.00	1220
中学数学证明方法	2012—01	58.00	117
数学趣题巧解	2012—03	28.00	128
高中数学教学通鉴	2015—05	58.00	479
和高中生漫谈:数学与哲学的故事	2014—08	28.00	369
算术问题集	2017—03	38.00	789
张教授讲数学	2018—07	38.00	933
陈永明实话实说数学教学	2020—04	68.00	1132
中学数学学科知识与教学能力	2020—06	58.00	1155
怎样把课讲好:大罕数学教学随笔	2022—03	58.00	1484
中国高考评价体系下高考数学探秘	2022—03	48.00	1487
自主招生考试中的参数方程问题	2015—01	28.00	435
自主招生考试中的极坐标问题	2015—04	28.00	463
近年全国重点大学自主招生数学试题全解及研究.华约卷	2015—02	38.00	441
近年全国重点大学自主招生数学试题全解及研究.北约卷	2016—05	38.00	619
自主招生数学解证宝典	2015—09	48.00	535
中国科学技术大学创新班数学真题解析	2022—03	48.00	1488
中国科学技术大学创新班物理真题解析	2022—03	58.00	1489
格点和面积	2012—07	18.00	191
射影几何趣谈	2012—04	28.00	175
斯潘纳尔引理——从一道加拿大数学奥林匹克试题谈起	2014—01	28.00	228
李普希兹条件——从几道近年高考数学试题谈起	2012—10	18.00	221
拉格朗日中值定理——从一道北京高考试题的解法谈起	2015—10	18.00	197
闵科夫斯基定理——从一道清华大学自主招生试题谈起	2014—01	28.00	198
哈尔测度——从一道冬令营试题的背景谈起	2012—08	28.00	202
切比雪夫逼近问题——从一道中国台北数学奥林匹克试题谈起	2013—04	38.00	238
伯恩斯坦多项式与贝齐尔曲面——从一道全国高中数学联赛试题谈起	2013—03	38.00	236
卡塔兰猜想——从一道普特南竞赛试题谈起	2013—06	18.00	256
麦卡锡函数和阿克曼函数——从一道前南斯拉夫数学奥林匹克试题谈起	2012—08	18.00	201
贝蒂定理与拉姆贝克莫斯尔定理——从一个拣石子游戏谈起	2012—08	18.00	217
皮亚诺曲线和豪斯道夫分球定理——从无限集谈起	2012—08	18.00	211
平面凸图形与凸多面体	2012—10	28.00	218
斯坦因豪斯问题——从一道二十五省市自治区中学数学竞赛试题谈起	2012—07	18.00	196

刘培杰数学工作室
已出版(即将出版)图书目录——初等数学

书　　名	出版时间	定　价	编号
纽结理论中的亚历山大多项式与琼斯多项式——从一道北京市高一数学竞赛试题谈起	2012－07	28.00	195
原则与策略——从波利亚"解题表"谈起	2013－04	38.00	244
转化与化归——从三大尺规作图不能问题谈起	2012－08	28.00	214
代数几何中的贝祖定理(第一版)——从一道 IMO 试题的解法谈起	2013－08	18.00	193
成功连贯理论与约当块理论——从一道比利时数学竞赛试题谈起	2012－04	18.00	180
素数判定与大数分解	2014－08	18.00	199
置换多项式及其应用	2012－10	18.00	220
椭圆函数与模函数——从一道美国加州大学洛杉矶分校(UCLA)博士资格考题谈起	2012－10	28.00	219
差分方程的拉格朗日方法——从一道 2011 年全国高考理科试题的解法谈起	2012－08	28.00	200
力学在几何中的一些应用	2013－01	38.00	240
从根式解到伽罗华理论	2020－01	48.00	1121
康托洛维奇不等式——从一道全国高中联赛试题谈起	2013－03	28.00	337
西格尔引理——从一道第 18 届 IMO 试题的解法谈起	即将出版		
罗斯定理——从一道前苏联数学竞赛试题谈起	即将出版		
拉克斯定理和阿廷定理——从一道 IMO 试题的解法谈起	2014－01	58.00	246
毕卡大定理——从一道美国大学数学竞赛试题谈起	2014－07	18.00	350
贝齐尔曲线——从一道全国高中联赛试题谈起	即将出版		
拉格朗日乘子定理——从一道 2005 年全国高中联赛试题的高等数学解法谈起	2015－05	28.00	480
雅可比定理——从一道日本数学奥林匹克试题谈起	2013－04	48.00	249
李天岩一约克定理——从一道波兰数学竞赛试题谈起	2014－06	28.00	349
受控理论与初等不等式:从一道 IMO 试题的解法谈起	2023－03	48.00	1601
布劳维不动点定理——从一道前苏联数学奥林匹克试题谈起	2014－01	38.00	273
伯恩赛德定理——从一道英国数学奥林匹克试题谈起	即将出版		
布查特－莫斯特定理——从一道上海市初中竞赛试题谈起	即将出版		
数论中的同余数问题——从一道普特南竞赛试题谈起	即将出版		
范·德蒙行列式——从一道美国数学奥林匹克试题谈起	即将出版		
中国剩余定理:总数法构建中国历史年表	2015－01	28.00	430
牛顿程序与方程求根——从一道全国高考试题解法谈起	即将出版		
库默尔定理——从一道 IMO 预选试题谈起	即将出版		
卢丁定理——从一道冬令营试题的解法谈起	即将出版		
沃斯滕霍姆定理——从一道 IMO 预选试题谈起	即将出版		
卡尔松不等式——从一道莫斯科数学奥林匹克试题谈起	即将出版		
信息论中的香农熵——从一道近年高考压轴题谈起	即将出版		
约当不等式——从一道希望杯竞赛试题谈起	即将出版		
拉比诺维奇定理	即将出版		
刘维尔定理——从一道《美国数学月刊》征解问题的解法谈起	即将出版		
卡塔兰恒等式与级数求和——从一道 IMO 试题的解法谈起	即将出版		
勒让德猜想与素数分布——从一道爱尔兰竞赛试题谈起	即将出版		
天平称重与信息论——从一道基辅市数学奥林匹克试题谈起	即将出版		
哈密尔顿－凯莱定理:从一道高中数学联赛试题的解法谈起	2014－09	18.00	376
艾思特曼定理——从一道 CMO 试题的解法谈起	即将出版		

刘培杰数学工作室
已出版(即将出版)图书目录——初等数学

书　　名	出版时间	定　价	编号
阿贝尔恒等式与经典不等式及应用	2018-06	98.00	923
迪利克雷除数问题	2018-07	48.00	930
幻方、幻立方与拉丁方	2019-08	48.00	1092
帕斯卡三角形	2014-03	18.00	294
蒲丰投针问题——从2009年清华大学的一道自主招生试题谈起	2014-01	38.00	295
斯图姆定理——从一道“华约”自主招生试题的解法谈起	2014-01	18.00	296
许瓦兹引理——从一道加利福尼亚大学伯克利分校数学系博士生试题谈起	2014-08	18.00	297
拉姆塞定理——从王诗宬院士的一个问题谈起	2016-04	48.00	299
坐标法	2013-12	28.00	332
数论三角形	2014-04	38.00	341
毕克定理	2014-07	18.00	352
数林掠影	2014-09	48.00	389
我们周围的概率	2014-10	38.00	390
凸函数最值定理:从一道华约自主招生题的解法谈起	2014-10	28.00	391
易学与数学奥林匹克	2014-10	38.00	392
生物数学趣谈	2015-01	18.00	409
反演	2015-01	28.00	420
因式分解与圆锥曲线	2015-01	18.00	426
轨迹	2015-01	28.00	427
面积原理:从常庚哲命的一道CMO试题的积分解法谈起	2015-01	48.00	431
形形色色的不动点定理:从一道28届IMO试题谈起	2015-01	38.00	439
柯西函数方程:从一道上海交大自主招生的试题谈起	2015-02	28.00	440
三角恒等式	2015-02	28.00	442
无理性判定:从一道2014年“北约”自主招生试题谈起	2015-01	38.00	443
数学归纳法	2015-03	18.00	451
极端原理与解题	2015-04	28.00	464
法雷级数	2014-08	18.00	367
摆线族	2015-01	38.00	438
函数方程及其解法	2015-05	38.00	470
含参数的方程和不等式	2012-09	28.00	213
希尔伯特第十问题	2016-01	38.00	543
无穷小量的求和	2016-01	28.00	545
切比雪夫多项式:从一道清华大学金秋营试题谈起	2016-01	38.00	583
泽肯多夫定理	2016-03	38.00	599
代数等式证题法	2016-01	28.00	600
三角等式证题法	2016-01	28.00	601
吴大任教授藏书中的一个因式分解公式:从一道美国数学邀请赛试题的解法谈起	2016-06	28.00	656
易卦——类万物的数学模型	2017-08	68.00	838
“不可思议”的数与数系可持续发展	2018-01	38.00	878
最短线	2018-01	38.00	879
数学在天文、地理、光学、机械力学中的一些应用	2023-03	88.00	1576
从阿基米德三角形谈起	2023-01	28.00	1578
幻方和魔方(第一卷)	2012-05	68.00	173
尘封的经典——初等数学经典文献选读(第一卷)	2012-07	48.00	205
尘封的经典——初等数学经典文献选读(第二卷)	2012-07	38.00	206
初级方程式论	2011-03	28.00	106
初等数学研究(Ⅰ)	2008-09	68.00	37
初等数学研究(Ⅱ)(上、下)	2009-05	118.00	46,47
初等数学专题研究	2022-10	68.00	1568

刘培杰数学工作室

已出版(即将出版)图书目录——初等数学

书　　名	出版时间	定　价	编号
趣味初等方程妙题集锦	2014—09	48.00	388
趣味初等数论选美与欣赏	2015—02	48.00	445
耕读笔记(上卷):一位农民数学爱好者的初数探索	2015—04	28.00	459
耕读笔记(中卷):一位农民数学爱好者的初数探索	2015—05	28.00	483
耕读笔记(下卷):一位农民数学爱好者的初数探索	2015—05	28.00	484
几何不等式研究与欣赏.上卷	2016—01	88.00	547
几何不等式研究与欣赏.下卷	2016—01	48.00	552
初等数列研究与欣赏·上	2016—01	48.00	570
初等数列研究与欣赏·下	2016—01	48.00	571
趣味初等函数研究与欣赏.上	2016—09	48.00	684
趣味初等函数研究与欣赏.下	2018—09	48.00	685
三角不等式研究与欣赏	2020—10	68.00	1197
新编平面解析几何解题方法研究与欣赏	2021—10	78.00	1426
火柴游戏(第2版)	2022—05	38.00	1493
智力解谜.第1卷	2017—07	38.00	613
智力解谜.第2卷	2017—07	38.00	614
故事智力	2016—07	48.00	615
名人们喜欢的智力问题	2020—01	48.00	616
数学大师的发现、创造与失误	2018—01	48.00	617
异曲同工	2018—09	48.00	618
数学的味道	2018—01	58.00	798
数学千字文	2018—10	68.00	977
数贝偶拾——高考数学题研究	2014—04	28.00	274
数贝偶拾——初等数学研究	2014—04	38.00	275
数贝偶拾——奥数题研究	2014—04	48.00	276
钱昌本教你快乐学数学(上)	2011—12	48.00	155
钱昌本教你快乐学数学(下)	2012—03	58.00	171
集合、函数与方程	2014—01	28.00	300
数列与不等式	2014—01	38.00	301
三角与平面向量	2014—01	28.00	302
平面解析几何	2014—01	38.00	303
立体几何与组合	2014—01	28.00	304
极限与导数、数学归纳法	2014—01	38.00	305
趣味数学	2014—03	28.00	306
教材教法	2014—04	68.00	307
自主招生	2014—05	58.00	308
高考压轴题(上)	2015—01	48.00	309
高考压轴题(下)	2014—10	68.00	310
从费马到怀尔斯——费马大定理的历史	2013—10	198.00	Ⅰ
从庞加莱到佩雷尔曼——庞加莱猜想的历史	2013—10	298.00	Ⅱ
从切比雪夫到爱尔特希(上)——素数定理的初等证明	2013—07	48.00	Ⅲ
从切比雪夫到爱尔特希(下)——素数定理100年	2012—12	98.00	Ⅲ
从高斯到盖尔方特——二次域的高斯猜想	2013—10	198.00	Ⅳ
从库默尔到朗兰兹——朗兰兹猜想的历史	2014—01	98.00	Ⅴ
从比勃巴赫到德布朗斯——比勃巴赫猜想的历史	2014—02	298.00	Ⅵ
从麦比乌斯到陈省身——麦比乌斯变换与麦比乌斯带	2014—02	298.00	Ⅶ
从布尔到豪斯道夫——布尔方程与格论漫谈	2013—10	198.00	Ⅷ
从开普勒到阿诺德——三体问题的历史	2014—05	298.00	Ⅸ
从华林到华罗庚——华林问题的历史	2013—10	298.00	Ⅹ

刘培杰数学工作室
已出版(即将出版)图书目录——初等数学

书　　名	出版时间	定　价	编号
美国高中数学竞赛五十讲. 第 1 卷(英文)	2014－08	28.00	357
美国高中数学竞赛五十讲. 第 2 卷(英文)	2014－08	28.00	358
美国高中数学竞赛五十讲. 第 3 卷(英文)	2014－09	28.00	359
美国高中数学竞赛五十讲. 第 4 卷(英文)	2014－09	28.00	360
美国高中数学竞赛五十讲. 第 5 卷(英文)	2014－10	28.00	361
美国高中数学竞赛五十讲. 第 6 卷(英文)	2014－11	28.00	362
美国高中数学竞赛五十讲. 第 7 卷(英文)	2014－12	28.00	363
美国高中数学竞赛五十讲. 第 8 卷(英文)	2015－01	28.00	364
美国高中数学竞赛五十讲. 第 9 卷(英文)	2015－01	28.00	365
美国高中数学竞赛五十讲. 第 10 卷(英文)	2015－02	38.00	366

书　　名	出版时间	定　价	编号
三角函数(第 2 版)	2017－04	38.00	626
不等式	2014－01	38.00	312
数列	2014－01	38.00	313
方程(第 2 版)	2017－04	38.00	624
排列和组合	2014－01	28.00	315
极限与导数(第 2 版)	2016－04	38.00	635
向量(第 2 版)	2018－08	58.00	627
复数及其应用	2014－08	28.00	318
函数	2014－01	38.00	319
集合	2020－01	48.00	320
直线与平面	2014－01	28.00	321
立体几何(第 2 版)	2016－04	38.00	629
解三角形	即将出版		323
直线与圆(第 2 版)	2016－11	38.00	631
圆锥曲线(第 2 版)	2016－09	48.00	632
解题通法(一)	2014－07	38.00	326
解题通法(二)	2014－07	38.00	327
解题通法(三)	2014－05	38.00	328
概率与统计	2014－01	28.00	329
信息迁移与算法	即将出版		330

书　　名	出版时间	定　价	编号
IMO 50 年. 第 1 卷(1959－1963)	2014－11	28.00	377
IMO 50 年. 第 2 卷(1964－1968)	2014－11	28.00	378
IMO 50 年. 第 3 卷(1969－1973)	2014－09	28.00	379
IMO 50 年. 第 4 卷(1974－1978)	2016－04	38.00	380
IMO 50 年. 第 5 卷(1979－1984)	2015－04	38.00	381
IMO 50 年. 第 6 卷(1985－1989)	2015－04	58.00	382
IMO 50 年. 第 7 卷(1990－1994)	2016－01	48.00	383
IMO 50 年. 第 8 卷(1995－1999)	2016－06	38.00	384
IMO 50 年. 第 9 卷(2000－2004)	2015－04	58.00	385
IMO 50 年. 第 10 卷(2005－2009)	2016－01	48.00	386
IMO 50 年. 第 11 卷(2010－2015)	2017－03	48.00	646

刘培杰数学工作室
已出版(即将出版)图书目录——初等数学

书　　名	出版时间	定　价	编号
数学反思(2006—2007)	2020—09	88.00	915
数学反思(2008—2009)	2019—01	68.00	917
数学反思(2010—2011)	2018—05	58.00	916
数学反思(2012—2013)	2019—01	58.00	918
数学反思(2014—2015)	2019—03	78.00	919
数学反思(2016—2017)	2021—03	58.00	1286
数学反思(2018—2019)	2023—01	88.00	1593
历届美国大学生数学竞赛试题集. 第一卷(1938—1949)	2015—01	28.00	397
历届美国大学生数学竞赛试题集. 第二卷(1950—1959)	2015—01	28.00	398
历届美国大学生数学竞赛试题集. 第三卷(1960—1969)	2015—01	28.00	399
历届美国大学生数学竞赛试题集. 第四卷(1970—1979)	2015—01	18.00	400
历届美国大学生数学竞赛试题集. 第五卷(1980—1989)	2015—01	28.00	401
历届美国大学生数学竞赛试题集. 第六卷(1990—1999)	2015—01	28.00	402
历届美国大学生数学竞赛试题集. 第七卷(2000—2009)	2015—08	18.00	403
历届美国大学生数学竞赛试题集. 第八卷(2010—2012)	2015—01	18.00	404
新课标高考数学创新题解题诀窍:总论	2014—09	28.00	372
新课标高考数学创新题解题诀窍:必修 1～5 分册	2014—08	38.00	373
新课标高考数学创新题解题诀窍:选修 2—1,2—2,1—1,1—2分册	2014—09	38.00	374
新课标高考数学创新题解题诀窍:选修 2—3,4—4,4—5分册	2014—09	18.00	375
全国重点大学自主招生英文数学试题全攻略:词汇卷	2015—07	48.00	410
全国重点大学自主招生英文数学试题全攻略:概念卷	2015—01	28.00	411
全国重点大学自主招生英文数学试题全攻略:文章选读卷(上)	2016—09	38.00	412
全国重点大学自主招生英文数学试题全攻略:文章选读卷(下)	2017—01	58.00	413
全国重点大学自主招生英文数学试题全攻略:试题卷	2015—07	38.00	414
全国重点大学自主招生英文数学试题全攻略:名著欣赏卷	2017—03	48.00	415
劳埃德数学趣题大全. 题目卷. 1:英文	2016—01	18.00	516
劳埃德数学趣题大全. 题目卷. 2:英文	2016—01	18.00	517
劳埃德数学趣题大全. 题目卷. 3:英文	2016—01	18.00	518
劳埃德数学趣题大全. 题目卷. 4:英文	2016—01	18.00	519
劳埃德数学趣题大全. 题目卷. 5:英文	2016—01	18.00	520
劳埃德数学趣题大全. 答案卷:英文	2016—01	18.00	521
李成章教练奥数笔记. 第 1 卷	2016—01	48.00	522
李成章教练奥数笔记. 第 2 卷	2016—01	48.00	523
李成章教练奥数笔记. 第 3 卷	2016—01	38.00	524
李成章教练奥数笔记. 第 4 卷	2016—01	38.00	525
李成章教练奥数笔记. 第 5 卷	2016—01	38.00	526
李成章教练奥数笔记. 第 6 卷	2016—01	38.00	527
李成章教练奥数笔记. 第 7 卷	2016—01	38.00	528
李成章教练奥数笔记. 第 8 卷	2016—01	48.00	529
李成章教练奥数笔记. 第 9 卷	2016—01	28.00	530

刘培杰数学工作室
已出版(即将出版)图书目录——初等数学

书　　名	出版时间	定　价	编号
第19～23届"希望杯"全国数学邀请赛试题审题要津详细评注(初一版)	2014—03	28.00	333
第19～23届"希望杯"全国数学邀请赛试题审题要津详细评注(初二、初三版)	2014—03	38.00	334
第19～23届"希望杯"全国数学邀请赛试题审题要津详细评注(高一版)	2014—03	28.00	335
第19～23届"希望杯"全国数学邀请赛试题审题要津详细评注(高二版)	2014—03	38.00	336
第19～25届"希望杯"全国数学邀请赛试题审题要津详细评注(初一版)	2015—01	38.00	416
第19～25届"希望杯"全国数学邀请赛试题审题要津详细评注(初二、初三版)	2015—01	58.00	417
第19～25届"希望杯"全国数学邀请赛试题审题要津详细评注(高一版)	2015—01	48.00	418
第19～25届"希望杯"全国数学邀请赛试题审题要津详细评注(高二版)	2015—01	48.00	419
物理奥林匹克竞赛大题典——力学卷	2014—11	48.00	405
物理奥林匹克竞赛大题典——热学卷	2014—04	28.00	339
物理奥林匹克竞赛大题典——电磁学卷	2015—07	48.00	406
物理奥林匹克竞赛大题典——光学与近代物理卷	2014—06	28.00	345
历届中国东南地区数学奥林匹克试题集(2004～2012)	2014—06	18.00	346
历届中国西部地区数学奥林匹克试题集(2001～2012)	2014—07	18.00	347
历届中国女子数学奥林匹克试题集(2002～2012)	2014—08	18.00	348
数学奥林匹克在中国	2014—06	98.00	344
数学奥林匹克问题集	2014—01	38.00	267
数学奥林匹克不等式散论	2010—06	38.00	124
数学奥林匹克不等式欣赏	2011—09	38.00	138
数学奥林匹克超级题库(初中卷上)	2010—01	58.00	66
数学奥林匹克不等式证明方法和技巧(上、下)	2011—08	158.00	134,135
他们学什么:原民主德国中学数学课本	2016—09	38.00	658
他们学什么:英国中学数学课本	2016—09	38.00	659
他们学什么:法国中学数学课本.1	2016—09	38.00	660
他们学什么:法国中学数学课本.2	2016—09	28.00	661
他们学什么:法国中学数学课本.3	2016—09	38.00	662
他们学什么:苏联中学数学课本	2016—09	28.00	679
高中数学题典——集合与简易逻辑·函数	2016—07	48.00	647
高中数学题典——导数	2016—07	48.00	648
高中数学题典——三角函数·平面向量	2016—07	48.00	649
高中数学题典——数列	2016—07	58.00	650
高中数学题典——不等式·推理与证明	2016—07	38.00	651
高中数学题典——立体几何	2016—07	48.00	652
高中数学题典——平面解析几何	2016—07	78.00	653
高中数学题典——计数原理·统计·概率·复数	2016—07	48.00	654
高中数学题典——算法·平面几何·初等数论·组合数学·其他	2016—07	68.00	655

刘培杰数学工作室

已出版(即将出版)图书目录——初等数学

书　　名	出版时间	定　价	编号
台湾地区奥林匹克数学竞赛试题.小学一年级	2017－03	38.00	722
台湾地区奥林匹克数学竞赛试题.小学二年级	2017－03	38.00	723
台湾地区奥林匹克数学竞赛试题.小学三年级	2017－03	38.00	724
台湾地区奥林匹克数学竞赛试题.小学四年级	2017－03	38.00	725
台湾地区奥林匹克数学竞赛试题.小学五年级	2017－03	38.00	726
台湾地区奥林匹克数学竞赛试题.小学六年级	2017－03	38.00	727
台湾地区奥林匹克数学竞赛试题.初中一年级	2017－03	38.00	728
台湾地区奥林匹克数学竞赛试题.初中二年级	2017－03	38.00	729
台湾地区奥林匹克数学竞赛试题.初中三年级	2017－03	28.00	730
不等式证题法	2017－04	28.00	747
平面几何培优教程	2019－08	88.00	748
奥数鼎级培优教程.高一分册	2018－09	88.00	749
奥数鼎级培优教程.高二分册.上	2018－04	68.00	750
奥数鼎级培优教程.高二分册.下	2018－04	68.00	751
高中数学竞赛冲刺宝典	2019－04	68.00	883
初中尖子生数学超级题典.实数	2017－07	58.00	792
初中尖子生数学超级题典.式、方程与不等式	2017－08	58.00	793
初中尖子生数学超级题典.圆、面积	2017－08	38.00	794
初中尖子生数学超级题典.函数、逻辑推理	2017－08	48.00	795
初中尖子生数学超级题典.角、线段、三角形与多边形	2017－07	58.00	796
数学王子——高斯	2018－01	48.00	858
坎坷奇星——阿贝尔	2018－01	48.00	859
闪烁奇星——伽罗瓦	2018－01	58.00	860
无穷统帅——康托尔	2018－01	48.00	861
科学公主——柯瓦列夫斯卡娅	2018－01	48.00	862
抽象代数之母——埃米·诺特	2018－01	48.00	863
电脑先驱——图灵	2018－01	58.00	864
昔日神童——维纳	2018－01	48.00	865
数坛怪侠——爱尔特希	2018－01	68.00	866
传奇数学家徐利治	2019－09	88.00	1110
当代世界中的数学.数学思想与数学基础	2019－01	38.00	892
当代世界中的数学.数学问题	2019－01	38.00	893
当代世界中的数学.应用数学与数学应用	2019－01	38.00	894
当代世界中的数学.数学王国的新疆域(一)	2019－01	38.00	895
当代世界中的数学.数学王国的新疆域(二)	2019－01	38.00	896
当代世界中的数学.数林撷英(一)	2019－01	38.00	897
当代世界中的数学.数林撷英(二)	2019－01	48.00	898
当代世界中的数学.数学之路	2019－01	38.00	899

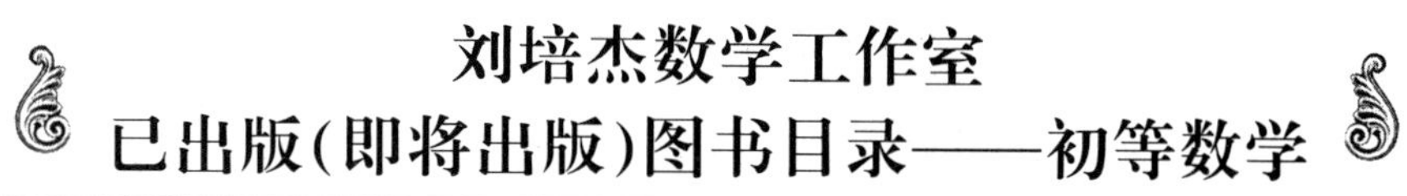

刘培杰数学工作室
已出版(即将出版)图书目录——初等数学

书　　名	出版时间	定　价	编号
105 个代数问题:来自 AwesomeMath 夏季课程	2019—02	58.00	956
106 个几何问题:来自 AwesomeMath 夏季课程	2020—07	58.00	957
107 个几何问题:来自 AwesomeMath 全年课程	2020—07	58.00	958
108 个代数问题:来自 AwesomeMath 全年课程	2019—01	68.00	959
109 个不等式:来自 AwesomeMath 夏季课程	2019—04	58.00	960
国际数学奥林匹克中的 110 个几何问题	即将出版		961
111 个代数和数论问题	2019—05	58.00	962
112 个组合问题:来自 AwesomeMath 夏季课程	2019—05	58.00	963
113 个几何不等式:来自 AwesomeMath 夏季课程	2020—08	58.00	964
114 个指数和对数问题:来自 AwesomeMath 夏季课程	2019—09	48.00	965
115 个三角问题:来自 AwesomeMath 夏季课程	2019—09	58.00	966
116 个代数不等式:来自 AwesomeMath 全年课程	2019—04	58.00	967
117 个多项式问题:来自 AwesomeMath 夏季课程	2021—09	58.00	1409
118 个数学竞赛不等式	2022—08	78.00	1526
紫色彗星国际数学竞赛试题	2019—02	58.00	999
数学竞赛中的数学:为数学爱好者、父母、教师和教练准备的丰富资源.第一部	2020—04	58.00	1141
数学竞赛中的数学:为数学爱好者、父母、教师和教练准备的丰富资源.第二部	2020—07	48.00	1142
和与积	2020—10	38.00	1219
数论:概念和问题	2020—12	68.00	1257
初等数学问题研究	2021—03	48.00	1270
数学奥林匹克中的欧几里得几何	2021—10	68.00	1413
数学奥林匹克题解新编	2022—01	58.00	1430
图论入门	2022—09	58.00	1554
澳大利亚中学数学竞赛试题及解答(初级卷)1978～1984	2019—02	28.00	1002
澳大利亚中学数学竞赛试题及解答(初级卷)1985～1991	2019—02	28.00	1003
澳大利亚中学数学竞赛试题及解答(初级卷)1992～1998	2019—02	28.00	1004
澳大利亚中学数学竞赛试题及解答(初级卷)1999～2005	2019—02	28.00	1005
澳大利亚中学数学竞赛试题及解答(中级卷)1978～1984	2019—03	28.00	1006
澳大利亚中学数学竞赛试题及解答(中级卷)1985～1991	2019—03	28.00	1007
澳大利亚中学数学竞赛试题及解答(中级卷)1992～1998	2019—03	28.00	1008
澳大利亚中学数学竞赛试题及解答(中级卷)1999～2005	2019—03	28.00	1009
澳大利亚中学数学竞赛试题及解答(高级卷)1978～1984	2019—05	28.00	1010
澳大利亚中学数学竞赛试题及解答(高级卷)1985～1991	2019—05	28.00	1011
澳大利亚中学数学竞赛试题及解答(高级卷)1992～1998	2019—05	28.00	1012
澳大利亚中学数学竞赛试题及解答(高级卷)1999～2005	2019—05	28.00	1013
天才中小学生智力测验题.第一卷	2019—03	38.00	1026
天才中小学生智力测验题.第二卷	2019—03	38.00	1027
天才中小学生智力测验题.第三卷	2019—03	38.00	1028
天才中小学生智力测验题.第四卷	2019—03	38.00	1029
天才中小学生智力测验题.第五卷	2019—03	38.00	1030
天才中小学生智力测验题.第六卷	2019—03	38.00	1031
天才中小学生智力测验题.第七卷	2019—03	38.00	1032
天才中小学生智力测验题.第八卷	2019—03	38.00	1033
天才中小学生智力测验题.第九卷	2019—03	38.00	1034
天才中小学生智力测验题.第十卷	2019—03	38.00	1035
天才中小学生智力测验题.第十一卷	2019—03	38.00	1036
天才中小学生智力测验题.第十二卷	2019—03	38.00	1037
天才中小学生智力测验题.第十三卷	2019—03	38.00	1038

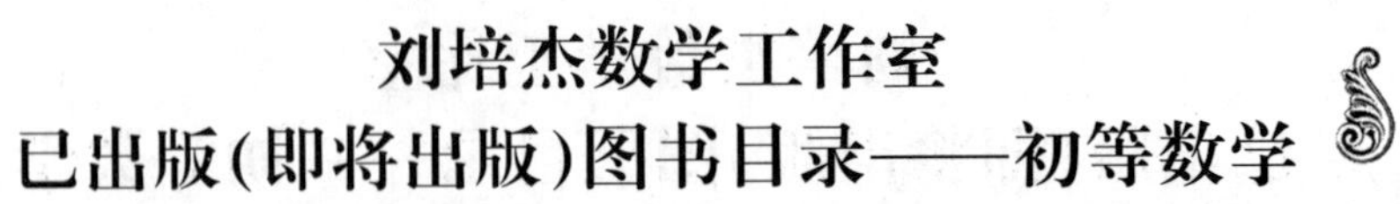

刘培杰数学工作室

已出版(即将出版)图书目录——初等数学

书　　名	出版时间	定　价	编号
重点大学自主招生数学备考全书:函数	2020－05	48.00	1047
重点大学自主招生数学备考全书:导数	2020－08	48.00	1048
重点大学自主招生数学备考全书:数列与不等式	2019－10	78.00	1049
重点大学自主招生数学备考全书:三角函数与平面向量	2020－08	68.00	1050
重点大学自主招生数学备考全书:平面解析几何	2020－07	58.00	1051
重点大学自主招生数学备考全书:立体几何与平面几何	2019－08	48.00	1052
重点大学自主招生数学备考全书:排列组合・概率统计・复数	2019－09	48.00	1053
重点大学自主招生数学备考全书:初等数论与组合数学	2019－08	48.00	1054
重点大学自主招生数学备考全书:重点大学自主招生真题.上	2019－04	68.00	1055
重点大学自主招生数学备考全书:重点大学自主招生真题.下	2019－04	58.00	1056
高中数学竞赛培训教程:平面几何问题的求解方法与策略.上	2018－05	68.00	906
高中数学竞赛培训教程:平面几何问题的求解方法与策略.下	2018－06	78.00	907
高中数学竞赛培训教程:整除与同余以及不定方程	2018－01	88.00	908
高中数学竞赛培训教程:组合计数与组合极值	2018－04	48.00	909
高中数学竞赛培训教程:初等代数	2019－04	78.00	1042
高中数学讲座:数学竞赛基础教程(第一册)	2019－06	48.00	1094
高中数学讲座:数学竞赛基础教程(第二册)	即将出版		1095
高中数学讲座:数学竞赛基础教程(第三册)	即将出版		1096
高中数学讲座:数学竞赛基础教程(第四册)	即将出版		1097
新编中学数学解题方法 1000 招丛书.实数(初中版)	2022－05	58.00	1291
新编中学数学解题方法 1000 招丛书.式(初中版)	2022－05	48.00	1292
新编中学数学解题方法 1000 招丛书.方程与不等式(初中版)	2021－04	58.00	1293
新编中学数学解题方法 1000 招丛书.函数(初中版)	2022－05	38.00	1294
新编中学数学解题方法 1000 招丛书.角(初中版)	2022－05	48.00	1295
新编中学数学解题方法 1000 招丛书.线段(初中版)	2022－05	48.00	1296
新编中学数学解题方法 1000 招丛书.三角形与多边形(初中版)	2021－04	48.00	1297
新编中学数学解题方法 1000 招丛书.圆(初中版)	2022－05	48.00	1298
新编中学数学解题方法 1000 招丛书.面积(初中版)	2021－07	28.00	1299
新编中学数学解题方法 1000 招丛书.逻辑推理(初中版)	2022－06	48.00	1300
高中数学题典精编.第一辑.函数	2022－01	58.00	1444
高中数学题典精编.第一辑.导数	2022－01	68.00	1445
高中数学题典精编.第一辑.三角函数・平面向量	2022－01	68.00	1446
高中数学题典精编.第一辑.数列	2022－01	58.00	1447
高中数学题典精编.第一辑.不等式・推理与证明	2022－01	58.00	1448
高中数学题典精编.第一辑.立体几何	2022－01	58.00	1449
高中数学题典精编.第一辑.平面解析几何	2022－01	68.00	1450
高中数学题典精编.第一辑.统计・概率・平面几何	2022－01	58.00	1451
高中数学题典精编.第一辑.初等数论・组合数学・数学文化・解题方法	2022－01	58.00	1452
历届全国初中数学竞赛试题分类解析.初等代数	2022－09	98.00	1555
历届全国初中数学竞赛试题分类解析.初等数论	2022－09	48.00	1556
历届全国初中数学竞赛试题分类解析.平面几何	2022－09	38.00	1557
历届全国初中数学竞赛试题分类解析.组合	2022－09	38.00	1558

联系地址:哈尔滨市南岗区复华四道街 10 号　哈尔滨工业大学出版社刘培杰数学工作室

网　　址:http://lpj.hit.edu.cn/

邮　　编:150006

联系电话:0451－86281378　　13904613167

E-mail:lpj1378@163.com